実験医学 増刊 Vol.42-No.15 2024

情報からマテリアルへ
ノンコーディングRNA研究

機能分子としてのRNAを
見つけ、知り、創薬に使う新時代

編集＝中川真一、廣瀬哲郎、松本有樹修

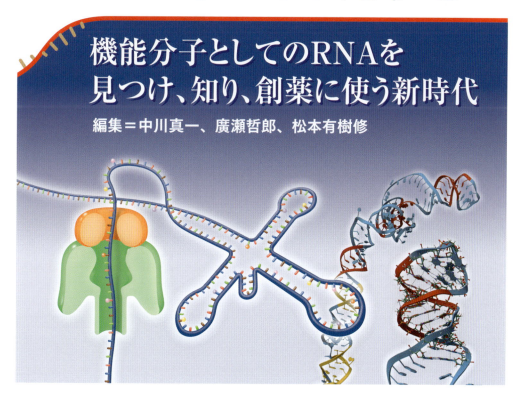

羊土社

表紙画像解説

細胞性粘菌キイロタマホコリカビの野生株と *dutA* RNA を強制発現した株．詳細は第2章-12を参照．

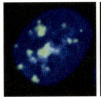

熱ストレス前後HeLa細胞の染色画像．詳細は第2章-5を参照．

【注意事項】本書の情報について

本書に記載されている内容は，発行時点における最新の情報に基づき，正確を期するよう，執筆者，監修・編者ならびに出版社はそれぞれ最善の努力を払っております．しかし科学・医学・医療の進歩により，定義や概念，技術の操作方法や診療の方針が変更となり，本書をご使用になる時点においては記載された内容が正確かつ完全ではなくなる場合がございます．また，本書に記載されている企業名や商品名，URL等の情報が予告なく変更される場合もございますのでご了承ください．

❖ 本書関連情報のメール通知サービスをご利用ください

メール通知サービスにご登録いただいた方には，本書に関する下記情報をメールにてお知らせいたしますので，ご登録ください．

- 本書発行後の更新情報や修正情報（正誤表情報）
- 本書の改訂情報
- 本書に関連した書籍やコンテンツ，セミナーなどに関する情報

※ご登録の際は，羊土社会員のログイン/新規登録が必要です

ご登録はこちらから

序

　一昔前まで，「ノンコーディングRNAの研究」といえば，RNAサイレンシングを担う「小さなRNA」と，タンパク質をコードしない長鎖ノンコーディングRNAの研究のことであった．そして，実験医学増刊号『ノンコーディングRNAテキストブック』が発行された2015年頃までに，これら「ノンコーディングRNA」の基本的な役割についてはおおかた明らかとなり，ポストゲノム時代を迎えて勃興したノンコーディングRNA研究の爆発的な進展も一段落ついた感もあった．

　それから約10年が経ち，ノンコーディングRNA研究は，大きな転換期を迎えている．この間，RNA研究のみならず生命科学全般に影響を与えたパラダイムシフトの1つが，特定の立体構造をもたない分子が多価の弱い相互作用を介して形成する「分子コンデンセート」の重要性への，新たな認識である．この概念は，特定の立体構造が仲介する特異性の高い相互作用こそ重要，という従来の分子生物学のドグマを超え，生体高分子の働き方についてのわれわれの理解を，大きく拡張することとなった．特にRNAはその柔軟性から多くの分子コンデンセート形成において中心的な役割を果たしており，実際，長鎖ノンコーディングRNAの主要な機能の1つである核内構造体の形成機構の解明は，分子コンデンセート形成の分子メカニズムの理解に大きな貢献をしている．一方，ノンコーディングRNAではないmRNAも，PボディやストレスボディなどのRNA分子コンデンセートの構成要素として機能しており，分子コンデンセート形成能は長鎖ノンコーディングRNAの専売特許ではないことも明らかとなりつつある．つまり，RNAという分子（マテリアル）の物理化学的な性質そのものが現象の理解に重要なのであり，その観点からいえば，いわゆるノンコーディングRNAと，それ以外のRNAに，本質的な違いがあるわけではない．さらに，ここ数年で医療のあり方を大きく変えたmRNAワクチンの開発にしても，情報としてのRNAではなく物質としてのRNAの研究があってこそ初めて可能になったものであり，従来より開発されていた核酸医薬やアプタマー研究と相まって，RNAという分子は使える分子である，という認識を大きく広めることとなった．かくして，機能性のRNAを発見し理解する，というモチベーションから始まったノンコーディングRNA研究は，RNA，ひいては核酸をマテリアルとして理解し利用するという大きな流れに合流し，新たなフェーズに入りつつあるように思われる．

　本書では，このようなノンコーディングRNA研究の新時代の幕開けを意識しつつ，ノンコーディングRNAを「見つける」，「知る」，「使う」の各ステップにおいて，これまでにない革新をもたらした最新の知見および関連研究を紹介する．本書を通じ，従来のノンコーディングRNA研究の枠組みを超え，マテリアルとしてのRNAの新たなポテンシャルを探る新たな研究の胎動を感じていただければ幸いである．

2024年8月

編者を代表して
中川真一

実験医学 増刊 Vol.42-No.15 2024

情報からマテリアルへ
ノンコーディングRNA研究

機能分子としての RNA を見つけ、知り、創薬に使う新時代

序 ……………………………………………………………………………………… 中川真一

概論 RNA 研究の新たな地平：ノンコーディング RNA 研究から
マテリアルとしての RNA 研究へ ……………………………… 中川真一　8（2264）

第1章 ncRNA を "見つける" —新たな解析手法と見出された分子

1. ロングリード解析による網羅的な RNA 解読 ……………… 鈴木絢子，鈴木　穣　14（2270）

2. 新生 RNA 解析技術からわかる ncRNA の転写反応 ……… 中山千尋，野島孝之　20（2276）

3. deep sequencing を用いた機能性低分子 RNA の探索
……………………………………………… 牛田千里，清澤秀孔，河合剛太　27（2283）

4. ナノポアシークエンシングによる RNA 修飾解析 ………… 野口　亮，鈴木　勉　35（2291）

5. 難抽出性 RNA に焦点を当てた ncRNA 研究への新規アプローチ
……………………………………………………………… 藤原奈央子，廣瀬哲郎　43（2299）

6. lncRNA から翻訳されるポリペプチドの生物学的意義
……………………………………………………………… 白石大智，松本有樹修　50（2306）

CONTENTS

第2章　ncRNA を"知る"―見出される新たな機能・意義

1. microRNA 研究　アップデート
―miRNA の生合成・分解，作用機序と機能
　　　　　　　　　　　　　　　　　　浅野吉政，吉田豊珍，東　将太，程 久美子　57（2313）

2. piRNA を介したトランスポゾンの転写抑制機構 ………… 大西　遼，岩崎由香　66（2322）

3. レトロトランスポゾン由来の短い非コーディング RNA
―進化，機能，および生理的重要性 ………………………………… 芳本　玲　74（2330）

4. 非膜オルガネラの骨格として働く arcRNA ………………… 山崎智弘，廣瀬哲郎　80（2336）

5. リピート ncRNA による遺伝子発現制御 …………………… 二宮賢介，廣瀬哲郎　89（2345）

6. クロマチン高次構造と RNA
―ELEANOR を例に ………………………… Maierdan Palihati，斉藤典子　95（2351）

7. 非コード RNA 転写によるゲノム高次構造の制御 ………… 梅村悠介，深谷雄志　101（2357）

8. *Xist* RNA によるエピゲノム制御 ……………………………………… 佐渡　敬　109（2365）

9. がんと非コード領域 ………………………………………………………… 谷上賢瑞　116（2372）

10. 細胞質局在長鎖ノンコーディング RNA の機能
―circRNA，Cyrano，そして NORAD ……………………… 中川真一　127（2383）

11. リボソーム RNA 遺伝子座から転写される ncRNA 群と核小体の機能
　　　　　　　　　　　　　　　　　　　　　　　　　　　　　　井手　聖　133（2389）

12. 馴染みの少ない生物種で見出された lncRNA ………… 川田健文，嵯峨幸夏　140（2396）

実験医学 増刊

第3章　RNAを"使う"―RNAを使い細胞を操作する

1. 翻訳を操作するアンチセンス lncRNA「SINEUP」
　　高橋葉月，Piero Carninci　148（2404）

2. サイボーグRNAアプタマー創薬を天然型DNAアプタマーでrebootする
　　吉本敬太郎，坂田飛鳥，稲見有希　154（2410）

3. ブリッジRNA依存性IS110リコンビナーゼの発見，機能，構造，応用
　　西増弘志　163（2419）

4. RNA合成生物学による細胞制御の新潮流　秦　悠己，齊藤博英　170（2426）

5. RNAを標的とする低分子化合物　堂野主税，中谷和彦　177（2433）

6. アンチセンス核酸医薬
　　―最近の核酸医薬の進歩・課題と福山型先天性筋ジストロフィーに対する
　　アンチセンス核酸医薬品の開発　長坂美和子，池田（谷口）真理子　186（2442）

7. 修飾mRNAを用いた遺伝子発現技術　河﨑泰林，高羽未来，阿部　洋　193（2449）

索　引　202（2458）

実験医学 増刊 Vol.42-No.15 2024

情報 から マテリアル へ
ノンコーディング
RNA研究

機能分子としてのRNAを
見つけ、知り、創薬に使う新時代

編集＝中川真一、廣瀬哲郎、松本有樹修

概 論

RNA研究の新たな地平：
ノンコーディングRNA研究から
マテリアルとしてのRNA研究へ

中川真一

> ポストゲノム時代になってさかんに行われるようになったノンコーディングRNA（ncRNA）の研究は，主としてRNAサイレンシングにかかわる小さなRNAと長鎖ノンコーディングRNAを対象として進められてきた．ところが最近になって，分子コンデンセート形成を始めとしたマテリアルとしてのRNA分子の役割は，狭義のncRNAに限ったものではなく，mRNAを始めとしたRNA分子の一般的な性質であることが明らかになりつつある．本書では，ncRNA研究関連の最新の話題を紹介しつつ，マテリアルとしてのRNAを見つけ，知り，使ってゆく，新たなncRNA研究の将来展望を探っていきたい．

1．近年のノンコーディングRNA研究の動向

いま，ノンコーディングRNA（ncRNA）研究が再び熱を帯びてきている．ノンコーディングRNAの研究というよりも，RNA研究全体が大きな熱を帯びた転換期を迎えつつある，と言ったほうがよいかもしれない．一般に，遺伝子を中心とした分子生物学の研究は，「見つける」，「知る」，「使う」，の3つの段階を踏みながら発展していくものであるが，ncRNA研究界隈では，過去5年ほどの間に，そのすべてのステップにおいて大きな出来事があった（**図1**）．

1）ncRNAを「見つける」

「見つける」に関して大きな貢献を果たしたのが，1分子シークエンシング技術・ロングリードシークエンシング技術の爆発的な発展である．これまで不可能であったリピート配列の解析が可能となり，2022年に発表されたT2Tゲノム（テロメアからテロメアまでの染色体丸ごとの完全長シークエンス）の決定は大きなニュースとなった[1]．リピート配列から転写されるRNAは基本的に多価（multivalent）であり，後ほど述べるように，多価性（multivalency）は，RNA

[略語]
arcRNA：architectural RNA
miRNA：microRNA（マイクロRNA）
ncRNA：non-coding RNA（ノンコーディングRNA）
piRNA：PIWI-interacting RNA
T2T：telomere to telomere

New horizons in RNA research: from non-coding RNA studies to material-based RNA research
Shinichi Nakagawa：Hokkaido University, Faculty of Pharmaceutical Sciences（北海道大学薬学研究院）

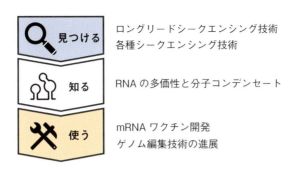

図1　ncRNA研究の3ステップと重要トピック

が機能を発揮するメカニズムを考えるうえで，非常に重要な概念となる．実際，リピート配列から転写される機能性の新規ncRNAが近年次々と報告されており[2]，T2Tゲノムの完成により，それらリピート配列由来のncRNAを網羅的に捉え，包括的な研究を進める環境が初めて整った意義は大きい．また，1分子シークエンシング技術・ロングリードシークエンシング技術は，長い配列を読むだけが能なのではない．RNAという分子を，「情報」でなく「物質（マテリアル）」として取り扱うことができるというところに，従来のサンガー法では決してなし得なかった技術的な凄さがある．そして，ncRNA研究の本質とは，情報としてのRNA機能ではなく物質としてのRNA機能を探求するところにあり，そういった意味で，この技術がncRNA研究に与える影響の大きさは自ずと理解できるところであろう．この技術によって，間接的にしか調べることができなかったRNAの塩基修飾を，かつてないレベルで網羅的に，かつ詳細に調べることが可能になった[3]．RNA修飾を解析する技術は現在進行形で改良が続けられており，ncRNAの分子動作機構についても新たなコンセプトが生まれることが期待されている．

　もう一点，「見つける」に関して忘れてはならないのが，リボソームプロファイリング技術の急速な普及である．リボソームプロファイリングとは，リボソームがまさにいま翻訳しているそのRNA領域をシークエンシングによって同定する技術であり，これにより，翻訳活性を塩基レベルで可視化することが可能になった（第1章-6参照）．従来は一次配列の特徴を情報生物学的な観点から解析することでしかncRNAとmRNAを見分けるすべがなかったが，実験的にそれを検証することが可能となった．その結果，タンパク質をコードする能力をもたないと見なされていた細胞質ncRNAの多くが，実はmRNAとして機能している，という事実が明らかとなりつつある[4]．この発見によってncRNAによる生体制御機構の新たな水平線が見えてきたわけではないが，ncRNA研究から出発して機能未知の新規生体高分子が大量に発見されたということの意義は大きいだろう．

2）ncRNAを「知る」

　「知る」に関して近年大きなパラダイムシフトとなったのが，細胞内相分離に代表される，多価の弱い相互作用による分子コンデンセート（molecular condensates）形成の重要性の認識である[5]．細胞内には周囲を取り囲む脂質二重膜が存在しないにもかかわらず特定の分子プロセスにかかわる因子が集合した，いわゆる非膜オルガネラが存在している．非膜オルガネラの形成にかかわる因子の同定はこれまで着々と進められてきたが，それらがどのような原理で集合するのかということに関しては，驚くほど注意が払われてこなかった．それが，過去10年ほどの間に，非膜オルガネラのような柔軟な分子コンデンセートは多価の弱い相互作用が重要であ

ること，そのような相互作用の多くは特定の構造を取りにくい天然変性領域（intrinsically disordered region）とよばれているドメインによって担われていること，その際，静電相互作用やπ-πスタッキングなどの相互作用が重要な役割を果たしていることなどが次々と明らかになってきた．ここで重要なのが，タンパク質のなかでも，RNA結合タンパク質は特に顕著な天然変性領域をもつものが多く，それらが本質的に柔軟な構造を取りやすいRNA分子と相互作用することで，柔軟な巨大分子集合体を形成することができる，という点である[6]．また，RNAはタンデムに並んだ相同配列を介して容易に多価性を生み出すことができるので，多価の弱い相互作用による分子コンデンセート形成のコアをつくるうえできわめて便利な分子である．実際，リピート配列由来の新規機能性ncRNAの発見に加え，既知のncRNAの機能解析においても，「同じ（機能をもつ）配列を複数もつ」ことが分子機能を発揮する際に本質的な役割を果たしているという例が次々と報告されているほか，RNA配列同士の相互作用が分子コンデンセート形成を誘導することができるという共通認識も形成されつつある[7]．「非膜オルガネラにはその構成成分としてRNA分子を含むものが多い」ことは古くから認識されていたが，その分子的基盤は，このRNAの多価性と，多くのRNA結合タンパク質がもつ天然変性領域の性質であったのだ．この理解のもと，*NEAT1*や*XIST*，あるいは*NORAD*といった個別のncRNAの分子動作メカニズムについても，次々とその詳細が明らかにされつつある．

3）RNAを「使う」

「使う」に関して，mRNAワクチン技術の開発がncRNA研究にも強烈なインパクトを与えているのは論を俟たないところであろう．5′キャップ構造の発見，シュードウリジンの発見，ポリA配列の発見，mRNAワクチンの開発を可能にしたこれらの発見はすべて，分子生物学の黎明期に行われた，生命の神秘を分子の言葉で明らかにしたいというcuriosity-drivenの基礎研究の成果である．その後長い時を経て，それらの基礎研究の成果が人工合成mRNAを用いた遺伝子治療をめざす研究者たちのたゆまぬ努力によって医薬品の開発へとつながり，世界的なCOVID-19のパンデミックの克服に大きな貢献をしたのは記憶に新しい．

RNAという分子は「使える」分子である．この認識は広く研究者の間に共有され，ncRNA研究においても，「見つける」，「知る」の段階を経てその研究成果を医薬品の開発につなげようという大きなうねりが起きつつある．また，ここ数年でCRISPR-Cas9の利用に端を発したゲノム編集技術が広く普及したことも，RNA研究の基礎研究で得られた成果を応用へとつなげる動きを加速しているのは間違いない．そのCRISPRにしても，最初の報告は，全く関係のない遺伝子の下流にある奇妙なくり返し配列に関する記載であった．役に立たない発見などない．もし役に立たないとすれば，それは役立て方を知らないだけなのだ．RNA関連技術の爆発的な発展は，この事実を多くの研究者に気づかせてくれた．さらに重要なことに，RNAが関与するツールはCRISPRで打ち止めになったわけではない．ごく最近になって，ブリッジRNAを介して2つのDNA間の組換え反応を仲介する酵素が大腸菌の挿入配列因子から発見されており[8][9]，分子生物学の黎明期より使われてきたこのモデル生物がもつ分子ですらわれわれが完全に理解しているわけではない，ことは特筆に値しよう．

2．新たな時代を迎えるRNA研究

ここで改めてncRNA研究の歴史を振り返ってみると，遺伝学的な解析によって長鎖ncRNAである*XIST*，*roX*，*meiRNA*やmiRNA遺伝子*lin-4*など，個別の機能性ncRNA遺伝子が報告

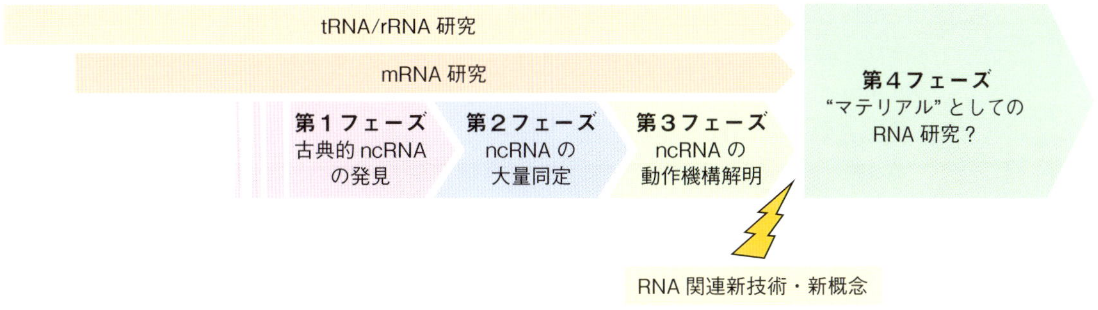

図2　RNA研究の歴史と発展

されていた1990年代の第1フェーズ，miRNAをはじめとした小さなRNAの動作機構について大幅に理解が進むとともに，トランスクリプトーム解析によって大量の長鎖ncRNAが次々と発見された2000年代の第2フェーズ，小さなRNAだけでなく長鎖ncRNAについてもその具体的な動作メカニズムや生理機能が明らかとなってきた2010年代以降の第3フェーズに大きく区分することができるかと思う．前回，実験医学増刊号『ノンコーディングRNAテキストブック』が出版された2015年は，ちょうどこの第3フェーズが円熟期を迎えたタイミングであったが，最近のncRNA研究分野関連のエポックメイキングな出来事を見てみると，もはや「ncRNA研究」というカテゴリー分け自体があまり意味をなさないフェーズに入りつつあるようにも思われる．先に述べた通り，ncRNA研究の本質とは，RNAを情報として扱うのではなく，具体的な機能をもつ分子として捉えるところにあり，そういった意味では，tRNAやrRNAなどの研究や近年大流行のmRNAのエピトランスクリプトーム研究と，そのアプローチや方法論に大きな違いがあるわけではない．ポストゲノム時代に入った頃からか，miRNAやpiRNAに代表される小さなRNAと長鎖ncRNAに関する研究を特にncRNA研究として一括りにする傾向が続いてきたが，今後はそれぞれの研究が合流し，機能分子としてのRNAを見つけ，知り，そして使う，新たなRNA研究として発展を遂げてゆくのかもしれない（**図2**）．

　本書では，このRNA研究分野の大きな再編成を意識しながら，ncRNAを「見つける」，ncRNAを「知る」，ncRNAを「使う」，の各方面における最新の知見をまとめた．各論のなかには小さなRNAと長鎖ncRNAという狭義のncRNAの研究と密接な関連があるわけではないものも含まれるが，ncRNA研究の第4の波は，そういった研究分野も取り込んで発展してゆくことになるだろう．

1）新たな解析手法と見出された分子

　第1章「ncRNAを"見つける"」では，新たなncRNAの姿を明らかにする最新の方法論や技術を取り上げる．第1章-1ではロングリードシークエンシング技術の登場によって可能になったT2Tゲノムの決定の意義とRNA研究における今後の展望について取り上げる．第1章-4ではRNAを物質として捉えることができるロングリードシークエンサーを用いてRNAの修飾を調べる最先端の技術について紹介する．また，ここ10年余りの間に，ショートリードのシークエンシング技術を応用して単なる発現解析以外の解析を可能とした技術が次々と出現し，ncRNA研究にも大きな影響を与えている．第1章-2では，特定の修飾状態をもつRNAポリメラーゼがつくり出す転写産物について見えてきた世界を，第1章-3ではRNAシークエンシングによってRNAの構造を解析する技術について，第1章-5では，難抽出性という生化学的な性質を利

用して新しいカテゴリーのncRNAを同定する試みについて解説する．また，第1章-6では，リボソームプロファイリング技術を駆使して，従来はncRNAとして分類されていた転写産物が実は未知のペプチドをコードしているという近年の大きな発見について概説する．

2）見出される新たな機能・意義

第2章「ncRNAを"知る"」では，ncRNA研究をリードしてきた各種ncRNAについて，前回の増刊号が発行された2015年以降に得られた知識の主要なアップデートを取り上げる．第2章-1では長らくncRNAを牽引してきたmiRNA研究について，第2章-2ではここ数年著しく理解が進んだpiRNAによるクロマチン制御の分子機構について，第2章-8ではエピゲノム制御ncRNAのモデルシステムであり続けている*XIST*による染色体不活性化について，第2章-9では*MALAT1*をはじめとしたがん関連ncRNAについて取り上げる．また，ここ数年は，個別のncRNAについて，従来とは全く異なる新しいコンセプトが提出されたり，これまで手薄であった分子量論的な解析が行われたりするようになってきた期間でもあった．第2章-4ではarcRNAというncRNAのカテゴリを確立した*NEAT1*の研究によって明らかになってきた非膜オルガネラ形成の共通原理について，第2章-10では分子量論的解析によって明らかとなってきた，細胞質で機能する*NORAD*や環状RNAなどのncRNAについて取り上げる．その他，かつてジャンクと扱われたリピート領域由来のRNAについて大きく理解が進んだものも複数あり，第2章-3では分子生物学の黎明期に発見されていながらその機能が長らく不明だったレトロトランスポゾン由来ncRNAの新機能について，第2章-5では同じく古くからその存在が知られていながら分子機能が不明だった*HSAT III*の予想外の機能と分子動作機構について，第2章-11ではリボソーム遺伝子座から転写される多種多様な新規ncRNA群について，第2章-12では非モデル生物で見出されたさまざまなncRNAの機能について紹介する．さらに，近年，ncRNAと転写制御の役割，さらにはクロマチン構造へのかかわりが大きな注目を浴びているが，第2章-6では*ELEANOR*を中心としたクロマチン制御について，第2章-7ではモデル実験によって明らかとなってきた転写制御とncRNAの役割について解説する．

3）RNAを使い細胞を操作する

第3章「RNAを"使う"」では，ncRNAに限らず，RNAを含む核酸分子の利用法について最新の話題を紹介する．第3章-1では翻訳を促進する活性をもつncRNAを利用したSINEUP技術について，第3章-2ではDNA/RNAアプタマーをはじめとした人工核酸の開発と利用について，第3章-3では，CRISPR-Cas9に続くバクテリア由来の新たなツールであるブリッジRNA依存性DNA組換え酵素について，第3章-4では合成生物学的なアプローチにおけるRNA分子の利用法について解説する．また，第3章-5ではRNAを標的とした低分子化合物の開発について，第3章-6ではアンチセンス核酸を利用したエキソンスキップ治療法について，第3章-7ではmRNAワクチンの開発で一躍脚光を浴びることになった修飾RNAを用いた遺伝子発現技術を取り上げ，RNA関連技術の医療応用について今後の展望を議論してゆく．

文献

1）Nurk S, et al：Science, 376：44-53, doi:10.1126/science.abj6987（2022）
2）Yap K, et al：Mol Cell, 72：525-540.e13, doi:10.1016/j.molcel.2018.08.041（2018）
3）Leger A, et al：Nat Commun, 12：7198, doi:10.1038/s41467-021-27393-3（2021）
4）Matsumoto A & Nakayama KI：Cell Struct Funct, 43：75-83, doi:10.1247/csf.18005（2018）
5）Shin Y & Brangwynne CP：Science, 357：eauf4382, doi:10.1126/science.aaf4382（2017）
6）Hirose T, et al：Nat Rev Mol Cell Biol, 24：288-304, doi:10.1038/s41580-022-00558-8（2023）
7）Roden C & Gladfelter AS：Nat Rev Mol Cell Biol, 22：183-195, doi:10.1038/s41580-020-0264-6（2021）

8) Durrant MG, et al：Nature, 630：984-993, doi:10.1038/s41586-024-07552-4（2024）
9) Hiraizumi M, et al：Nature, 630：994-1002, doi:10.1038/s41586-024-07570-2（2024）

＜著者プロフィール＞
中川真一：1998年京都大学理学研究科生物物理学教室で学位取得．英国ケンブリッジ大学解剖学教室でポスドク後，京都大学生命科学研究科助手，理化学研究所発生再生科学総合研究センター研究員，理化学研究所独立主幹研究員，理化学研究所准主任研究員を経て2016年より北海道大学薬学研究院教授．配列から機能が予測できないノンコーディングRNAや天然変性タンパク質のマウス変異体を作り表現型を日々探しています．趣味は顕微鏡観察．

| 第1章 | ncRNAを"見つける"──新たな解析手法と見出された分子 |

1. ロングリード解析による 網羅的なRNA解読

鈴木絢子，鈴木　穣

> ロングリードシークエンスの技術発展により，これまでショートリードシークエンス技術では解析が難しかったさまざまな分子イベントを同定できるようになった．2022年のヒトゲノム完全解読の折には，リピートの豊富な難読領域を読み解く際に，ロングリードシークエンス技術が大いに役立っている．当該技術は，ゲノム解読だけでなく，そこから転写されるRNAの新規アイソフォームの同定やその多様性にかかわる発見に貢献している．本稿では，ロングリードシークエンサーを駆使したcDNA/RNAシークエンス解析にフォーカスし，それらの解析手法と，最近のいくつかの研究報告例について概説したい．

はじめに

　ロングリードシークエンス技術[※1]，特にPacBioシークエンサーやOxford Nanopore Technologies（ONT）ナノポアシークエンサーなどの普及により，RNAやcDNAといった転写産物の全長解読を実施できるようになり，当該技術を用いたさまざまな研究が展開されている．特に近年これらシークエンサーのスループットや塩基決定精度が改良され，その網羅性・正確性は以前より明らかに改善されている．長鎖シークエンスが可能となったことにより，スプライシングアイソフォームやアレル特異的に発現する転写産物の全体構造をより簡便に検出することができるようになった（**図1**）．さらに，直接RNA分子を解析できるようになったため，RNAの修飾パターンを読み解くことも可能となった（第1章-4参照）．

　ヒトに関していえば，Telomere-to-Telomere（T2T）コンソーシアム[※2]により，ヒトゲノムの完全解読が報告された．これにより，これまでシークエンス技術では太刀打ちできなかった高度リピート領域へのアプローチが始まった[1]．それらの領域から新たに見出されると考えられるさまざまな新規転写産物に対

[略語]
HLA：human leukocyte antigen（ヒト白血球抗原）
MALAT1：metastasis associated in lung adenocarcinoma transcript 1
PRO-seq：precision nuclear run-on sequencing

> **※1　ロングリードシークエンス**
> 従来の短鎖型の次世代シークエンサーよりも長い配列解読をすることができる．1分子シークエンサーともよばれ，PCR増幅を行うことなくシークエンスした場合，メチル化等の塩基修飾パターンも検出することができる．

Comprehensive analyses of RNA sequencing by long read technologies
Ayako Suzuki/Yutaka Suzuki：Department of Computational Biology and Medical Sciences, Graduate School of Frontier Sciences, The University of Tokyo（東京大学大学院新領域創成科学研究科メディカル情報生命専攻）

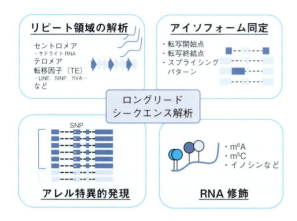

図1 ロングリード技術によるRNA解析

する注目も高まっている[2]．T2Tでは，これまでその正確な塩基配列が定かでなかったセントロメア・ペリセントロメア領域やテロメア周辺，アクロセントリック染色体の短腕などのリピートリッチ領域を，ロングリード技術などさまざまなゲノム解析技術を駆使して解読している．これらの新規領域からはさまざまなRNAが転写されている．T2Tの報告では，ロングリードゲノムデータより得られるDNAメチル化情報とPRO-seqという新生転写産物を計測する手法を統合して，転移因子（transposable element：TE）やセントロメア領域における転写状態について明らかにしている[3]．T2T解読は，ヒトにとどまらずさまざまな生物種で開始されている．また，ヒトにおいてはその遺伝的多様性を明らかにすべく，Human Pangenome Reference Consortium（HPRC）が組織されている[4]．HPRCではさまざまな遺伝的背景を有した複数のヒトの2倍体ゲノムを解読しており，昨年47人分のほぼ完全に近いゲノム解読の結果を発表している[5]．ゲノムから読み出されるさまざまなRNAの量・構造，それらが発現する細胞の状態，時空間を，ロングリードシークエンス技術による計測によって改めて見渡すことは，さまざまな生命現象にかかわる分子イベントの新たな実態を明らかにするのではないかと考えられる．

1 ロングリード技術によるRNAシークエンス解析

ここで，ロングリードシークエンサーによるRNAシークエンス解析の一般的な手法について概説しておく．ロングリードシークエンサーは，数十kbの配列を解読することができるため，長いRNAであっても全長を読み切ることができると考えられる．通常，RNAシークエンス解析を行う際には，逆転写したcDNA配列をシークエンス解析に供する．よってロングリード解析では，いかに全長を保ったまま，RNAを効率よく逆転写・cDNA増幅を行えるのかが重要である．特に，少量のサンプルや臨床検体の場合，必要な量および質のRNAサンプルを取得することが難しいことも多い．また，RNAの分解や，逆転写・増幅時の影響によっては，cDNAが短くなってしまい，10 kbを超えるような長い転写産物の全長を解読するのは難しいことも多い．ライブラリ調製の際にはプロトコールに工夫が必要である．

また，ロングリードシークエンサーはいわゆる1分子シークエンサーであり，cDNAにコンバートせずに直接RNAをシークエンスすることができる．このdirect RNA（dRNA）シークエンスでは，核酸の修飾パターンを読み取ることができるため，塩基配列の解読に加えて，m^6AなどのRNAの修飾が検出可能である（第1章-4参照）．

図2ではONT社の大型シークエンサーPromethIONを用いて，poly-A + RNAのシークエンス解析を行う一連の流れを示している．これによりmRNAやlong non-coding RNA（lncRNA）などの比較的長いRNAの全長が解読できる．cDNAシークエンスでは，poly-A配列に相補的なpoly-dT配列を用いて，逆転写を開始させる（この際に，逆転写反応の前に，3′末端poly-Aを認識するプライマー配列をligationしておくプロトコールもある）．その後，テンプレートスイッチにて，5′末端にプライマー配列を付加し，PCR増幅することで，全長cDNA増幅産物を作製する．これらにモータータンパク質のついたアダプター配列をligationす

※2 Telomere-to-Telomere（T2T）コンソーシアム

ヒトゲノムの完全解読をめざしたさまざまな研究機関からなるコンソーシアム．既存のヒトゲノム配列は，リピート領域など配列決定がなされていない領域が存在したが，それらのギャップが埋められたT2T-CHM13という新しいヒトゲノム参照配列を発表している．

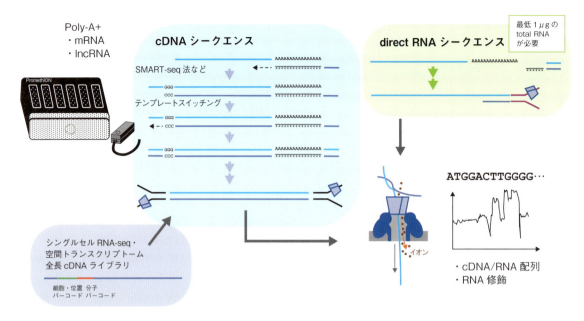

図2　全長cDNA/RNAシークエンス解析
ナノポアシークエンサーを用いた際の，全長cDNA/RNAシークエンスライブラリ調製の主な流れを示している．調製したcDNAもしくはRNAシークエンスライブラリはフローセルにロードされ，シークエンスされる．ナノポアを核酸が通過する際のイオン電流の変化を検出することで，配列を解読する．

ることでcDNAシークエンスライブラリを調製する．dRNAシークエンスでは，3′末端poly-Aを認識するプライマー配列をligationさせ，さらに，モータータンパク質のついたアダプター配列をligationしてライブラリを調製する．dRNAシークエンス解析では開発当初大量のRNAが必要であったが，最近キットが改良され，必要RNA量がだいぶ少なくなってきた．これら調製したライブラリはPromethIONのフローセルにロードすることでシークエンス解析に供される．

また，最近，ナノポアシークエンサーのadaptive samplingを利用したターゲットRNAシークエンスも報告されている．Adaptive samplingは配列を登録しておくことで，その配列を有する核酸分子あるいはそれ以外をナノポアから排出し，標的配列を有する分子を濃縮・減少させてシークエンスする手法である．これとdRNAシークエンスを組合わせることで，高発現遺伝子や既知の転写産物のシークエンスを排除し，低発現や新規の転写産物を検出するという試みが報告されている[6)7)]．

2　全長転写産物構造の網羅的解読

ロングリードRNAシークエンス技術の普及により，さまざまなサンプルにて全長転写産物の網羅的配列解読がより簡単に可能となった．ヒトでは，細胞種や組織特異的な遺伝子発現情報のリソースであるGenotype-Tissue Expression（GTEx）があるが，このGTExでの組織サンプルやさまざまなヒト細胞株の転写産物をロングリード解析した研究が報告されている[8)]．当該報告では，ヒトの約2万遺伝子に対して，9万種類以上の転写産物が解読され，その多くが新規であったと述べられている．ロングリード解析によってトランスクリプトーム階層の多様さ・複雑さがより鮮明になったことを指し示す研究報告であると考えられる．実際に転写開始点・転写終結点の違いや選択的スプライシングにより，さまざまな細胞・組織[9)10)]，それらの発生・分化段階，さらには疾患にて特異的に発現するRNAアイソフォームが見出されており，その全長構造の同定が進められている．さらに，こうした組織特異的アイソフォームがどのように選択されるのか明らかにするための研究でもロングリード技術が活

用されている．ハエとヒトの神経系における転写産物に着目した研究では，転写開始点と3′末端が密接に関係していることを明らかにしている[11]．

また，特に脳では，領域ごとに大変多様な遺伝子発現パターンを示すことが知られており，ロングリード解析によりさまざまな領域特異的転写産物アイソフォームが同定されている[12)13]．ヒトの前頭葉の解析では，アルツハイマー患者およびコントロール群の凍結死後脳からRNAを抽出し，cDNAライブラリをPromethIONでシークエンスしている．当該研究では，脳の疾患に関連する医学・生物学的解釈が可能な遺伝子群に着目しており，12検体を解析した結果，これらの遺伝子に53個の新規のアイソフォームを見出している[14]．また，シングルセルRNA-seq（scRNA-seq）や空間トランスクリプトームライブラリをロングリードシークエンサーで読み解くことで，脳を構成する各細胞および領域に特異的に発現するアイソフォームを解析する研究も行われている[15)~17]．通常，scRNA-seqや空間トランスクリプトームのライブラリはショートリードシークエンサーによって3′末端のみが解読されるが，断片化せずに細胞バーコードや位置バーコードが付加された全長cDNAライブラリをロングリードシークエンサーで解読することで，1細胞あるいは領域ごとに発現しているRNAアイソフォームやRNA上に転写されたゲノム変異を解析することができる．

また，われわれの研究グループでは，ロングリード解析技術を，がん細胞における異常転写産物の同定に活用している．がんでは，ゲノム変異やRNAスプライシング・RNA品質管理機構の異常により，正常細胞とは転写産物の発現パターンが異なることがある．肺がんの研究では，複数の非小細胞肺がん細胞株における全長cDNA配列をナノポアシークエンサーで網羅的に解読し，RefSeqやGENCODEなど既存のデータベースに収載されていない新規の転写産物構造を多数同定した[18]．また，これら転写産物から翻訳されるアミノ酸配列を推定し，新生抗原（ネオアンチジェン）候補を探索している．ネオアンチジェンは，がん細胞特異的な変異などにより生じた抗原であり，正常細胞には存在しないことから，免疫細胞に認識されることで，抗腫瘍免疫を誘導しうる．われわれは，ゲノム変異によるものだけでなく，異常なRNAアイソフォームを

由来とするネオアンチジェンがあるのではないかと考えた．実際にそのアイソフォームから推定された候補ペプチドに対してHLAへの結合親和性を推定するなどの解析を行った．当該研究では，主にタンパク質コード遺伝子に着目していたが，がん細胞特異的な転写産物にはncRNAも数多く含まれると考えられ，その全長構造を網羅的に決定し，その機能を解析していくことは重要である．

以前は，得られた全長cDNA/RNAシークエンスデータからこうしたアイソフォームの構造を解析することはそれなりに難しかったが，最近では数多くの解析ツールが提供されている．TALON[19]やFLAIR[20]などが知られており，転写産物の配列構造を解析し，各アイソフォームにおける発現量の算出や新規アイソフォームの抽出を行う．こうした解析ツールの性能を比較したベンチマーク論文も発表されているため，データの種類や目的に沿ってツールを選択可能である[21)22]．

3 アレル特異的発現

アレル特異的な転写産物の発現パターンをより正確に解析できることも，ロングリードデータの利点の1つである．ヒト細胞の場合は，各細胞にゲノムDNAが2コピー存在する．全長cDNA/RNAを解析する際に，SNPのパターンによってリードを分類することで，2コピーの染色体のうちどちらから転写されたRNAであるか見分けることができる．これまでのショートリードシークエンス解析においても，遺伝子発現のアレルimbalanceを解析することは可能であったが，SNP部位にマップされたリードを解析するものであり，アレル特異的な転写産物の全長配列は不明であった．

われわれの研究グループでは，がん細胞にて生じている転写制御異常を，アレルごとに分けて解析することを試みた研究を報告している[23]（**図3**）．この研究では，非小細胞肺がん検体に対してロングリード技術による全ゲノムシークエンスおよびcDNAシークエンス解析を行っている．まずロングリード全ゲノムデータから各コピーのSNPパターンを読み解くことでハプロタイプフェージングを行った．この情報をもとに，全ゲノムデータより得られるゲノム変異・DNAメチル化異常と，cDNAデータより得られる全長転写産物を各

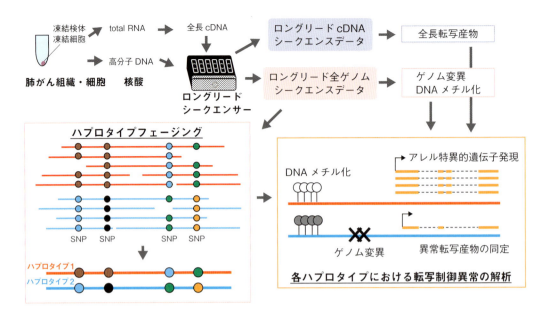

図3　肺がんのロングリード解析
われわれのグループにおける肺がんゲノムフェージングと，染色体背景を考慮した多層オミクス情報の統合の研究について図示している[23]．肺がんゲノムDNAよりロングリードシークエンサーで取得した全ゲノムデータを用いてハプロタイプフェージング解析を行い，構築したフェーズブロック上にゲノム・エピゲノム・トランスクリプトーム情報をマップすることで，ハプロタイプごとに転写制御状態を解析している．

ハプロタイプにマップし，2本の染色体でそれぞれ生じている転写制御異常を分けて解析した．その結果，いくつかの転写制御領域におけるゲノム変異を，同一ハプロタイプで生じているアレル特異的なDNAメチル化異常と遺伝子発現異常に結びつけることができた．このような研究はがんだけでなく，遺伝病などでも行われている[24]．これまでひとくくりに解析されてきた2本の染色体を分けて解析することで，見出されたゲノム変異・エピゲノム異常が転写産物の発現パターンとより結びつきやすくなり，機能的意義の解釈に結びつくことと考えられる．今後，T2TやPangenome等から公開されている新規リファレンス配列を用いた解析を加えていくことで，遺伝子領域にとどまらないさまざまな領域のがん転写制御異常を解き明かしていくことができるのではないかと考えている．

おわりに

本稿では，ロングリードシークエンス技術によるRNA解析について述べた．特に長鎖シークエンスの利点を活かした全長cDNA/RNA解析にフォーカスして，基本的な事項と最近の研究報告をまとめた．本稿で紹介したロングリードシークエンスを用いて，実際に取得されたデータのなかにはlncRNAも相当数含まれると考えられる．ただし，MALAT1などをはじめとして多くのlncRNAは，その鎖長が長大である．また低発現量なものも多く，現在のロングリードRNA解析技術では，そのシークエンス深度が十分ではないと考えられる．しかし，ロングリードシークエンスの技術向上は日進月歩である．今後，これらのlncRNAの解析も推進されていくのではないかと考えられる．また，T2Tでのヒトゲノム完全解読を皮切りに，これまでのシークエンス技術を用いた解読が難しかったゲノム領域とそこで生じる転写制御にフォーカスが向けられはじめている．こういった領域から転写されるRNAの多くをncRNAが占めており，これらの種類や機能についてさまざまな研究が推進されている．ロングリード技術やさまざまな新規ゲノム技術によって，その生物学的意義や機能は，これからより詳細に明らかになっていくと期待される．

文献

1) Nurk S, et al：Science, 376：44-53, doi:10.1126/science.abj6987（2022）
2) Kovaka S, et al：Nat Methods, 20：12-16, doi:10.1038/s41592-022-01716-8（2023）
3) Hoyt SJ, et al：Science, 376：eabk3112, doi:10.1126/science.abk3112（2022）
4) Wang T, et al：Nature, 604：437-446, doi:10.1038/s41586-022-04601-8（2022）
5) Liao WW, et al：Nature, 617：312-324, doi:10.1038/s41586-023-05896-x（2023）
6) Wang J, et al：Nat Commun, 15：481, doi:10.1038/s41467-023-44656-3（2024）
7) Naarmann-de Vries IS, et al：RNA, 29：1939-1949, doi:10.1261/rna.079727.123（2023）
8) Glinos DA, et al：Nature, 608：353-359, doi:10.1038/s41586-022-05035-y（2022）
9) Zhu C, et al：Nat Commun, 12：4203, doi:10.1038/s41467-021-24484-z（2021）
10) Wu H, et al：Commun Biol, 6：1104, doi:10.1038/s42003-023-05481-y（2023）
11) Alfonso-Gonzalez C, et al：Cell, 186：2438-2455.e22, doi:10.1016/j.cell.2023.04.012（2023）
12) Shimada M, et al：Sci Adv, 10：eadj5279, doi:10.1126/sciadv.adj5279（2024）
13) Leung SK, et al：Cell Rep, 37：110022, doi:10.1016/j.celrep.2021.110022（2021）
14) Aguzzoli Heberle B, et al：Nat Biotechnol, doi:10.1038/s41587-024-02245-9, Epub ahead of print（2024）
15) Joglekar A, et al：Nat Neurosci, 27：1051-1063, doi:10.1038/s41593-024-01616-4（2024）
16) Yang Y, et al：Cell Rep, 42：113335, doi:10.1016/j.celrep.2023.113335（2023）
17) Lebrigand K, et al：Nucleic Acids Res, 51：e47, doi:10.1093/nar/gkad169（2023）
18) Oka M, et al：Genome Biol, 22：9, doi:10.1186/s13059-020-02240-8（2021）
19) Wyman D, et al：bioRxiv, doi:10.1101/672931（2021）
20) Tang AD, et al：Nat Commun, 11：1438, doi:10.1038/s41467-020-15171-6（2020）
21) Dong X, et al：Nat Methods, 20：1810-1821, doi:10.1038/s41592-023-02026-3（2023）
22) Su Y, et al：Nat Commun, 15：3972, doi:10.1038/s41467-024-48117-3（2024）
23) Sakamoto Y, et al：Nat Commun, 13：3464, doi:10.1038/s41467-022-31133-6（2022）
24) Mastrorosa FK, et al：Genome Med, 15：42, doi:10.1186/s13073-023-01194-3（2023）

＜筆頭著者プロフィール＞
鈴木絢子：2015年東京大学大学院新領域創成科学研究科博士課程修了. 国立がん研究センター先端医療開発センター研究員などを経て, '21年より現職. 現在は, ロングリードシークエンサーなどの大規模オミクス計測技術を用いたがん研究に取り組んでいる.

| 第1章 | ncRNAを"見つける"—新たな解析手法と見出された分子 |

2. 新生RNA解析技術からわかるncRNAの転写反応

中山千尋，野島孝之

近年，転写されたばかりのRNA（新生RNA）を解析する技術が次々に開発されたことで，ヒトゲノムのほとんどの領域で転写が起きていることがわかってきた．われわれのゲノムは，タンパク質をコードする領域とそうでない領域（非コードDNA）の2つに分類される．それら2つのゲノム領域から転写されるRNAの質は同じであろうか．本稿では，単なる転写のノイズであると考えられてきた多くの長鎖非コードRNA（lncRNA）の発現解析方法，それによって明らかになったlncRNA転写制御と安定性制御機構について紹介する．

はじめに

現在までの大規模RNAシークエンス解析により，ゲノム中のタンパク質をコードしない領域，いわゆる非コードDNA領域から数多く転写産物（ncRNA）が見つかっている．その発見には，RNA解析技術の発展が大きくかかわっている．ここでは，ncRNA研究の強力なツールである新生RNA解析技術と，それにより明らかになったncRNA転写制御の最新の知見について紹介する．

1 RNAポリメラーゼⅡ（Pol Ⅱ）転写産物の安定性

真核細胞のゲノムを転写するDNA依存RNAポリメラーゼには3種類あり，それぞれPol Ⅰ，Ⅱ，Ⅲとよばれている．ゲノムの非コードDNA領域のうち，Pol ⅠはリボソーマルRNA（rRNA）を，Pol Ⅲは比較的短い高次構造RNA，例えばtRNA，5S rRNA，U6 snRNAを転写する（**図1A**）．タンパク質コード遺伝子からは，Pol ⅡによってmRNAが転写される．安定的

[略語]
cPAS：cryptic PAS
eRNA：enhancer RNA
lncRNA：long non-coding RNA（長鎖非コードRNA）
PAS：polyadenylation site（ポリアデニル化部位）
Pol Ⅱ：RNA polymerase Ⅱ

PROMPT：promoter upstream transcripts
TE：transposable element
TES：transcript end site（転写産物の終結点）
TSS：transcription start site（転写の開始点）
TTS：transcription termination site（転写の終結点）
UsnRNA：uridine-rich small nuclear RNA

Non-coding RNA transcription revealed by nascent RNA sequencing technologies
Chihiro Nakayama[1,2] /Takayuki Nojima[1]：Cancer Genome Regulation, Medical Institute of Bioregulation, Kyushu University[1] /Graduate School of Medical Sciences, Kyushu University[2]（九州大学生体防御医学研究所腫瘍防御学分野[1] /九州大学大学院医学系学府医学専攻[2]）

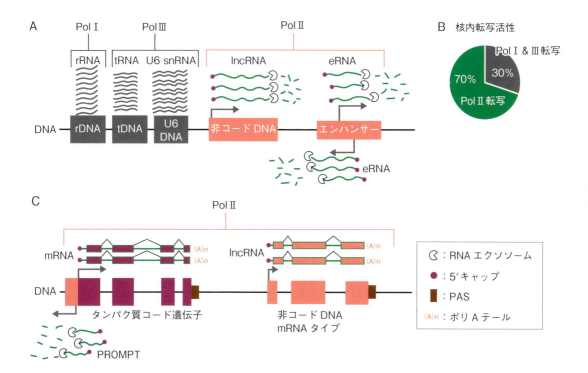

図1　RNAポリメラーゼⅡ（Pol Ⅱ）転写産物の安定性
A）Pol ⅠとPol ⅢはrDNA, tDNA, U6 DNAなどの非コードDNA転写を担い，それら由来の転写産物（灰色）は，高次構造をとることで細胞内で安定である．Pol Ⅱも非コードDNAの転写を行うが，それら転写産物はRNAエクソソームによって迅速に分解されるため，不安定である．B）Pol Ⅱ由来の新生RNA（緑色）は核内転写産物の約70％を占める．C）Pol Ⅱ由来の長鎖非コードRNA（lncRNA）の一部はスプライシングとポリアデニル化を受けることで細胞内で安定化される．一方，タンパク質コード遺伝子プロモーターのアンチセンス領域（非コードDNA）はPol Ⅱによって転写され，その転写産物（PROMPT）は，**図1A**のPol Ⅱ由来非コードRNAと同様にRNAエクソソームによって分解される．

なRNAの解析から，細胞内に存在するRNAのうち，実に90％がPol ⅠとPol Ⅲ由来の転写産物であると計測されている[1]．その一方，合成されたばかりのRNA（新生RNA）を放射性標識した実験では，それらの割合は，わずか30％程度であると推測されている[2]（**図1B**）．この大きな差は一体何を意味しているのであろうか．Pol ⅠとPol Ⅲ由来の転写産物は高次構造を形成するため，細胞内における半減期が長いことが知られている．これらの知見を合わせると，Pol Ⅱ転写産物のほとんどは転写後に分解されていることが見えてくる（**図1A**）．さらに言えば，われわれの予想をはるかに超えた量のPol Ⅱ由来RNAが，ゲノムから転写されているのである．

タンパク質コード遺伝子のPol Ⅱ転写産物，つまりmRNA前駆体は，転写と共役した5′末端キャッピング，スプライシング，3′ RNAプロセシングによって，成熟mRNAとなる（**図1C**）．成熟mRNAは非常に安定であり，細胞質に運ばれた後に翻訳される．タンパク質コード遺伝子構造は，転写開始点（transcription start site：TSS）と転写産物終了点（transcript end site：TES）[※1]は，それぞれ5′末端キャップ部位とポリアデニル化部位（PAS）によって決定されている．そのため，lncRNAの遺伝子構造をゲノム上で見つける目的で，5′末端キャップ部位やPASの解析がさかんに行われてきた[3]（**図1C**）．現在までに同定された

> **※1　TES**
> TES：transcript end siteの名の通り，転写産物の末端であり，タンパク質コード遺伝子においてはPASと同等．これに対し，Pol Ⅱの転写自体が終結する点はTTS（transcriptional termination site）とよばれ，TESより下流に位置する．

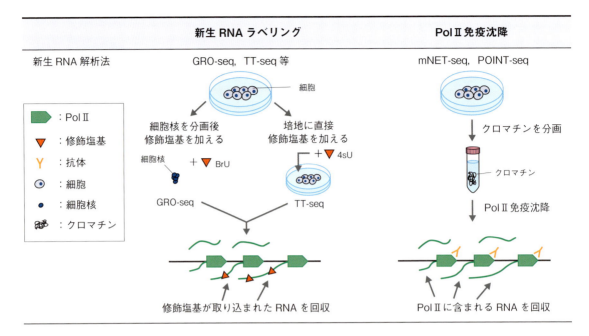

図2　新生RNA解析技術

lncRNA遺伝子は109,000に上り，約20,000といわれるタンパク質コード遺伝子と比較しても格段に多い[4]．しかしながら，これらのlncRNAは分解から逃れた後の検出可能なRNAの一部なのかもしれない．そのため，今後の技術発展によって，より多くのlncRNAが見つかる可能性は十分にある．

2 新生RNA解析技術の開発

　細胞内におけるRNAの安定性はまちまちである．そのため，細胞内の定常状態RNAレベルが転写活性を反映しているわけではないと容易に想像がつくであろう．特に，lncRNAに関しては，そのほとんどが転写後迅速に分解されることが知られている．そのため，lncRNAの発現を調べるためには，新生RNAを解析することが最適である．ここでは，代表的な新生RNA解析技術について，その開発の歴史とともに紹介する（**図2**参照）．

　1990年代後半に，転写制御研究の1つとしてNuclear Run-Onアッセイ※2が開発された[5]．これは試験管内で，生化学的に単離した細胞核と放射性標識された塩基を用いて，新規の転写反応を行うものである．この方法は，グロビン遺伝子など特定の遺伝子に対して行われていた．これをゲノムワイド解析に応用したものが，Lisらが開発したGRO-seq（Global Run-On sequencing）法である[6]．GRO-seq法では，修飾塩基（BrU）を用いたRun-Onアッセイ後，新たにBrUを取り込んだRNA（つまり新生RNA）をその特異的抗体で濃縮し，シークエンス解析でゲノム上にマッピングすることで，PolⅡの位置情報がわかる．この方法の派生法として，再びLisらは，BrUの代わりにビオチン標識塩基を用いるPRO（Precision nuclear Run-On）-seq法を開発し，より高解像度の新生RNA解析を可能とした[7]．さらには，より簡便な方法として，細胞の培養液中に直接修飾塩基（4-sU）を添加するメタボリック新生RNA標識法〔TT（Transient Transcript）-seq法〕が，Cramerらによって開発されている[8]．その一方で，修飾塩基のRNA取り込みバイアスや成熟RNAのコンタミが問題視され，修飾塩基に頼

> **※2　Nuclear Run-Onアッセイ**
> 細胞から生化学的に細胞核を単離後，その抽出液と修飾塩基もしくは放射性塩基を混合し，試験管内で新規転写反応を行う．

らない新生RNA解析法も開発されている．Weissmanらによって開発された，転写伸長中の酵母Pol Ⅱに含まれるRNAフットプリンティングの原理を利用した，NET（Native Elongating Transcript)-seq法である[9]．この原理は，Proudfootらによって哺乳類細胞用に改良され，mammalian NET-seq法として転写研究に広く用いられている[10]．さらには，その派生法として，より簡便な全長新生RNA解析法POINT（POlymerase Intact Nascent Transcript)-seq法が，野島らによって開発されている[11]．

上述の新生RNA解析技術により，従来の定常状態RNA解析では困難とされてきた，エンハンサーから転写されるenhancer RNA（eRNA），プロモーターのアンチセンス鎖から転写されるPROMPT等のlncRNAの転写制御が次々に明らかになってきた．また，これらのlncRNAは，RNAエクソソームといわれるタンパク質複合体により分解されることも新生RNA解析により明らかになった[12]．つまり，lncRNAは細胞内で非常に不安定であり，従来の定常状態RNAの解析では発見されなかったと考えられる．そのため，lncRNA転写を理解するうえで，新生RNA解析が必要であると広く認知されるようになった．

3 新生RNA解析によるlncRNA転写制御メカニズムの解明

新生RNA解析の発展により，lncRNA自体の機能だけでなく，非コードDNA領域における転写活性も注目されてきた．しかしながら，lncRNA転写の重要性とその転写制御はいまだに謎が多く残されている．ここでは，新生RNA解析により明らかになったlncRNAの転写開始，RNAプロセシング，転写終結の制御について紹介する．

1）lncRNAの転写開始

タンパク質コード遺伝子のプロモーター領域はゲノム上でも高度で複雑な制御を受ける領域である．では，lncRNAのプロモーター領域はどのように認識されるのか．近年そのメカニズムの1つとして，RNAとゲノムDNAとのハイブリッド構造（R-loop)※3によるlncRNA転写開始制御が報告された[13]．タンパク質コード遺伝子からPol Ⅱが転写を始めると，その新生RNA

が鋳型鎖DNAとのR-loopを形成する．その際に，非鋳型鎖DNAがヌクレオソーム欠失領域となり，Pol Ⅱ転写装置が確率的に結合することで，非鋳型鎖であったDNAからPROMPT等のlncRNAが産生されると考えられている[13]．ただ，他にも転写因子やクロマチンリモデラーによるlncRNAプロモーター制御も報告されており，タンパク質コード遺伝子と同様に細胞特異的な制御を受けているといわれている[14]．

2）lncRNAのRNAプロセシング

新生RNA解析から，lncRNAの転写活性はmRNAのそれと変わらないが，ほとんどのlncRNAはRNAエクソソーム複合体によって転写後に素早く分解されていることが明らかになった[12]．さらに，一般的なlncRNAのスプライシングやポリアデニル化の効率は，mRNAと比べ有意に低いことがわかっている．実は，機能的なlncRNAとして知られているものは，それらのRNAプロセシング効率がmRNAと同様に高い．そのため，mRNAタイプのlncRNAの機能がよく解析されているのであろう．

3）lncRNAの転写終結

タンパク質コード遺伝子の転写は，新生RNA上のPAS下流の配列がCPA（cleavage and polyadenylation）複合体に含まれるCPSF73によって分解されることで終結する（図3A）．Pol Ⅱは，PASでのRNA切断後，しばらく遺伝子下流で転写を続けるが，CPSF73によって切断されたRNA 5′末端には5′-3′エキソヌクレアーゼXRN2がよび込まれ，XRN2が魚雷のように新生RNAを消化しながらPol Ⅱを追いかける．Pol ⅡがXRN2に追いつかれた際に，何らかのPol Ⅱ構造変化が生じ，転写が終結すると考えられている[15]．しかしながら，多くのlncRNAはポリAテールをもたないことやlncRNA転写終結がPASに依存しないことが明らかになってきた．ここでは，哺乳類lncRNAの転写終結にかかわる代表的なタンパク質複合体を紹介する．

ⅰ）Integrator複合体

IntS1～14の14個のタンパク質からなる複合体で，スプライシングのコア因子であるUsnRNA遺伝子の転

※3　R-loop

RNAとDNAのハイブリッド構造．R-loop構造特異的なRNA分解酵素としてRNase H1/2がある．

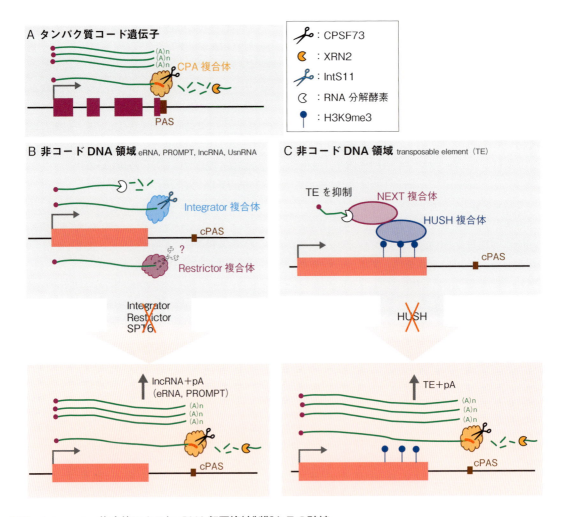

図3 Integrator複合体によるlncRNA転写終結制御とその破綻
A）タンパク質コード遺伝子の転写は，PASを認識するCPA複合体依存的に終結する．B）非コードDNAの転写は，一般的にPAS非依存的なIntegrator複合体やRestrictor複合体によって終結する．これらの複合体自体やこれら複合体のリクルートに必要なSPT6を失った細胞では，非コードDNAのさらに下流（cPAS）で，CPA複合体依存的な転写終結がみられる．C）transposable element（TE）はH3K9me3によってマークされており，このヒストンマークをターゲットにHUSH複合体がよび込まれ，これとRNA分解活性をもつNEXT複合体が結合することでTEの転写を抑制している．HUSH複合体を失った細胞では，CPA複合体依存的な終結を行う．

写終結に必要であることが報告されていた[16]．その後，ゲノムワイドな新生RNA解析から，Integrator複合体はeRNAなどのlncRNAの転写終結も促進することが示され，それだけでなくeRNAの転写を抑制することもわかってきた[17]（図3B）．さらに，Pol II伸長複合体に存在するSPT6は，Integrator複合体をエンハンサー等の非コードDNAによび込み，lncRNA転写を抑制することが明らかになっている[18]．Integrator複合体構成成分の1つであるIntS11はRNA切断活性がある

β-lactamaseドメインを有し，これはCPA複合体中のCPSF73と高い相同性がある．Integrator複合体もCPA同様にRNA切断をすることで転写終結を促すと考えられているが，XRN2非依存的であることが示されている[11]．Integrator複合体の発現抑制は非コードDNA下流の弱いPAS（cryptic PAS：cPAS）を活性化する．今のところ，Integrator複合体がどのような配列を認識してRNAを切断するのかよくわかっていない．

ii）Restrictor 複合体

WDR82とZC3H4からなる複合体で，eRNAをはじめとするlncRNAの転写終結を促進することが報告されている（**図3B**）。酵母における研究から，ヒストンH3K4me3の維持にかかわる複合体SET1/COMPASSがcryptic unstable transcripts（CUTs，哺乳類のPROMPTsと同等）の産生を抑制していることがわかっていた[19]。その後，哺乳類のSET1A/B複合体にWDR82が含まれていることがきっかけとなり，そのlncRNA転写における役割が研究されてきた。WDR82をノックダウンした細胞の新生RNA解析の結果，eRNAの転写が劇的に促進されることがわかった。さらに，WDR82と結合する因子としてZC3H4が同定され，両者の複合体がlncRNA転写を抑制することが示されている[20) 21)]。Restrictor複合体による転写終結機構についてはいまだに不明点が多く，RNA切断が起きているかどうかもわかっていない。

iii）HUSH 複合体とNEXT 複合体

ヒトゲノム領域の半数以上を占めるといわれている非コードDNA，トランスポゾンエレメント（TE）は通常転写されないようにサイレンシングされている。そのサイレンシングにはSETDB1によるヒストンH3K9me3マークが重要である。近年，SETDB1が，TASOR，MPP8，PPHL1からなるHUSH（human silencing hub）複合体をTEによび込み，TEの転写を抑制することが明らかになった[22)]（**図3C**）。さらに，HUSH複合体はlncRNAの分解にかかわるNEXT（nuclear exosome targeting）複合体と相互作用することでTE転写産物の発現抑制を増強することが明らかになっている[23)]。

iv）Microprocessor 複合体

ヒトのマイクロRNAは，ほとんどの場合ホスト遺伝子内に埋め込まれており，Pol II転写中にDROSHAとDGCR8から構成されたMicroprocessor複合体によってRNA切断を受ける。マイクロRNAがタンパク質コード遺伝子のイントロンに存在する場合（例*MCM7*遺伝子），Microprocessor複合体はその転写へ影響しない。しかしながら，マイクロRNAがlncRNA遺伝子に存在する場合（例*MIR181A1HG*遺伝子），Microprocessor複合体ノックダウンは転写終結破綻を誘起することが報告された[24)]。両者の遺伝子の違いの1つは，前述した通りRNAスプライシング効率である。そのため，RNAスプライシング効率が，Microprocessor複合体のlncRNA転写終結における機能を左右していることが示唆される。

4）新たなlncRNAカテゴリー，リードスルーRNA

最近の新生RNA解析によって，ウイルス感染や浸透圧の変化などによる細胞ストレスは転写レベルで大きな影響をもたらすことが明らかになってきた[25)]。それらの細胞ストレスは，特に転写終結を破綻させる。タンパク質コード遺伝子の転写終結破綻によって増強される遺伝子下流の転写産物は，リードスルーRNA[※4]とよばれ，最近注目されているlncRNAカテゴリーである。転写終結破綻はゲノム不安定化を誘起することが知られており，R-loopがそれに関与していることが報告されている[18)]。今後，転写終結制御を介した機能的lncRNAの発見が増える可能性がある。

おわりに

新生RNA解析技術は，従来の定常状態RNA解析では解明できなかったlncRNAの転写制御を明らかにしてきている[25)]。eRNAなどのlncRNAが転写されること自体が近隣のmRNA転写活性の制御因子の1つであること，細胞ストレスによりlncRNA転写活性が変化することなどの知見は，lncRNA転写制御が重要であることを示している。今後，発生や臨床検体などの希少サンプルにおけるlncRNA転写制御を明らかにすることが課題になっているが，現状の新生RNA解析は1サンプルあたりに大量の細胞を必要とする。そのため，少細胞数用に新生RNA解析が改良される必要がある。実際に，世界中でこの課題に取り組んでいる流れがある。最近，1細胞レベルでの新生RNA解析方法が報告されたばかりである[26)]。しかし，発現量の低い遺伝子の検出は難しく，リードカバレージやデータ解析方法等の改善が必要である。また，ロングリードシークエンサー（Oxford Nanopore Technologies社，Pacific

---

※4　リードスルーRNA

遺伝子下流まで転写された非コードRNA。細胞ストレスにより，数十〜百キロ塩基のリードスルーRNAが産生されることがある。

Biosciences of California社）を用いた新生RNA 1分子解析も，lncRNAの性質を理解するうえで重要になってくるであろう．さらに言えば，RNAメチル化などの塩基修飾を新生RNAレベルで調べることにより，lncRNA遺伝子発現制御の新しい階層が生まれるかもしれない．

文献

1) Moss T & Stefanovsky VY : Cell, 109 : 545-548, doi:10.1016/s0092-8674(02)00761-4 (2002)
2) Pombo A, et al : EMBO J, 18 : 2241-2253, doi:10.1093/emboj/18.8.2241 (1999)
3) Proudfoot NJ, et al : Cell, 108 : 501-512, doi:10.1016/s0092-8674(02)00617-7 (2002)
4) Fang S, et al : Nucleic Acids Res, 46 : D308-D314, doi:10.1093/nar/gkx1107 (2018)
5) Birse CE, et al : Science, 280 : 298-301, doi:10.1126/science.280.5361.298 (1998)
6) Core LJ & Lis JT : Science, 319 : 1791-1792, doi:10.1126/science.1150843 (2008)
7) Kwak H, et al : Science, 339 : 950-953, doi:10.1126/science.1229386 (2013)
8) Schwalb B, et al : Science, 352 : 1225-1228, doi:10.1126/science.aad9841 (2016)
9) Churchman LS & Weissman JS : Nature, 469 : 368-373, doi:10.1038/nature09652 (2011)
10) Nojima T, et al : Cell, 161 : 526-540, doi:10.1016/j.cell.2015.03.027 (2015)
11) Sousa-Luís R, et al : Mol Cell, 81 : 1935-1950.e6, doi:10.1016/j.molcel.2021.02.034 (2021)
12) Schlackow M, et al : Mol Cell, 65 : 25-38, doi:10.1016/j.molcel.2016.11.029 (2017)
13) Tan-Wong SM, et al : Mol Cell, 76 : 600-616.e6, doi:10.1016/j.molcel.2019.10.002 (2019)
14) Marquardt S, et al : Cell, 157 : 1712-1723, doi:10.1016/j.cell.2014.04.036 (2014)
15) West S, et al : Nature, 432 : 522-525, doi:10.1038/nature03035 (2004)
16) Baillat D, et al : Cell, 123 : 265-276, doi:10.1016/j.cell.2005.08.019 (2005)
17) Kirstein N, et al : Curr Opin Cell Biol, 70 : 37-43, doi:10.1016/j.ceb.2020.11.003 (2021)
18) Nojima T, et al : Mol Cell, 72 : 970-984.e7, doi:10.1016/j.molcel.2018.10.011 (2018)
19) Shilatifard A : Annu Rev Biochem, 81 : 65-95, doi:10.1146/annurev-biochem-051710-134100 (2012)
20) Austenaa LMI, et al : Nat Struct Mol Biol, 28 : 337-346, doi:10.1038/s41594-021-00572-y (2021)
21) Estell C, et al : Elife, 10 : e67305, doi:10.7554/eLife.67305 (2021)
22) Seczynska M & Lehner PJ : Trends Genet, 39 : 251-267, doi:10.1016/j.tig.2022.12.005 (2023)
23) Garland W, et al : Mol Cell, 82 : 1691-1707.e8, doi:10.1016/j.molcel.2022.03.004 (2022)
24) Dhir A, et al : Nat Struct Mol Biol, 22 : 319-327, doi:10.1038/nsmb.2982 (2015)
25) Nojima T & Proudfoot NJ : Nat Rev Mol Cell Biol, 23 : 853, doi:10.1038/s41580-022-00551-1 (2022)
26) Mahat DB, et al : Nature, 631 : 216-223, doi:10.1038/s41586-024-07517-7 (2024)

＜著者プロフィール＞

中山千尋：京都大学大学院エネルギー科学研究科にて，R-loop構造のNMR解析を行い，修士号を取得．2022年度より九州大学大学院博士課程で，がんクロマチン環境や細胞ストレスにおける転写制御を研究中．博士取得後は海外生活したい．

野島孝之：博士（理学），東京医科歯科大学大学院修了．オックスフォード大学サーウイリアムダン病理学研究所にて博士研究員．2021年から九州大学生体防御医学研究所で研究室主宰．転写終結を介したlncRNA発現とその機能について興味をもっており，最終的にlncRNA研究を医療に応用したいと思っている．

第1章　ncRNAを"見つける"―新たな解析手法と見出された分子

3. deep sequencing を用いた機能性低分子 RNA の探索

牛田千里，清澤秀孔，河合剛太

細胞内に構造を形成して機能する 50〜200 nt 程度の比較的小さな RNA〔structured small non-coding RNA（ssncRNA）〕が存在していることは以前から知られているが，実際にはまだ見つかっていない ssncRNA が数多く存在している可能性が高い．近年，deep sequencing を利用して RNA の構造を *in vivo* および *in vitro* で網羅的に解析する技術が複数開発されており，これらを活用することによって新たな ssncRNA の発見が期待できる．本稿では，このような手法を概説したうえで，私たちが見出したいくつかの ssncRNA について紹介する．

はじめに

　RNA の構造はその機能と密接に関係する．例えば，大腸菌 tmRNA[※1] は約 350 ヌクレオチド（nt）の RNA であり，5′ 末端と 3′ 末端で tRNA 様構造を形成する．この RNA は 3′ 末端にアラニンを結合してリボソームに入り，*trans*-translation とよばれる変則的な翻訳に機能する．tmRNA における tRNA 様構造の発見は，*trans*-translation における tmRNA の機能と作用機序の解明に大きく貢献した[1]〜[3]．その背景には，2 つの特筆すべき点がある．1 つは，大腸菌だけでなく枯草菌やマイコプラ

ズマなど複数のバクテリアで tmRNA のホモログを同定し，互いの配列を比較できたことである．これにより，tmRNA の保存された配列とその配列から予想される二次構造を描くことができた．もう 1 つは，すでに tRNA に共通の二次構造（クローバーリーフ構造）が判明しており，tRNA の構造と機能に関する詳細かつ膨大な情報が提供されていたことである．tmRNA の共通二次構造が tRNA の共通二次構造の一部と類似していること，なかでもアラニン tRNA に似ていることは，tmRNA がアラニンを 3′ 末端に結合して翻訳に

[略語]
ES 細胞：embryonic stem cells
LSU rRNA：large subunit ribosomal RNA
MsncR：mouse structured small ncRNA
RNA-seq：RNA sequencing
ssncRNA：structured small ncRNA

※1　tmRNA

真正細菌がもつ翻訳の品質管理のための 350 残基程度の RNA．5′ 末端と 3′ 末端の領域で tRNA 様の構造を形成し，中間部に特定のペプチドをコードする配列をもつ．翻訳が停止したリボソームに結合し，分子内のコード領域で翻訳を再開させる．合成途中のタンパク質に付加されたアミノ酸配列は分解のシグナルになっている．

Search for structured small non-coding RNAs by the deep sequencing
Chisato Ushida[1] /Hidenori Kiyosawa[2] /Gota Kawai[2]：Department of Biochemistry and Molecular Biology, Faculty of Agriculture and Life Science, Hirosaki University[1] /Department of Life Science, Faculty of Advanced Engineering, Chiba Institute of Technology[2]（弘前大学農学生命科学部分子生命科学科[1] /千葉工業大学先進工学部生命科学科[2]）

関与することを示唆した.

RNAの二次構造や立体構造を, そのRNAの塩基配列だけを手がかりに正確に予測することはいまだ難しい. tmRNAのように, 複数の「適度に類似した」(あるいは「適度に異なる」) 塩基配列をもつホモログの存在と, そこから推測される二次構造や立体構造を支持するウェット実験のデータが必要である. AlphaFold2の公開はタンパク質の立体構造予測に大きなインパクトをもたらした. その予測精度の高さには, X線結晶構造解析やクライオ電顕等の実験により決定された膨大な数の立体構造データが貢献している. RNAの立体構造も同様に塩基配列から高精度に予測することができるようになれば, ゲノムにコードされている数多の機能未知ncRNAの機能を, より迅速かつ容易に解明できるものと期待される. 現在PDBに登録されているRNAの立体構造は約7千である (2024年4月現在). これはタンパク質の登録数 (約21万) にくらべて1/30とかなり少ない. 幸い, 近年, RNA-RNA相互作用やRNA-タンパク質相互作用を in vivo および in vitro で網羅的に解析する技術が複数開発されてきた. その成果はRNAの構造や機能の予測に大きく貢献している. これらの手法を活用すれば, これまでに知られていなかった新しい種類のRNAを発見できる可能性や, 従来は全く別のグループのRNA種として認識されていたRNA同士の類似性を提示し, それらの新たな分子機能や生理機能, 作用機序を理解することにつながる.

本稿ではそれらの手法について概説するとともに, われわれがこれまで注目してきた多様な構造をもつ「structured small non-coding RNA:ssncRNA」について紹介する. ssncRNAに興味をもつに至った経緯の1つに, 清澤らによる50～100 ntの新たな一群のRNAの発見がある. 本稿ではこれらについても紹介する.

1 大規模にRNAの相互作用および構造を解析する方法

RNAの二次構造や立体構造を決定する方法には, 化学プロービング法 (chemical probing) や酵素プロービング法, NMR法, X線結晶構造解析, クライオ電顕による解析などがある. X線結晶構造解析やクライオ電顕による解析では, 目的とするRNAが形成するタンパク質との複合体を対象とすることが多い. 最近では, 化学プロービング法や酵素プロービング法とRNA-seqを組合わせた方法や, RNA-RNA間もしくはRNA-タンパク質間のクロスリンク (架橋) とRNA-seqを組合わせた方法により, RNA-RNA相互作用あるいはRNA-タンパク質相互作用を網羅的に解析して, RNAの二次構造および立体構造の予測に結びつけることもさかんに行われている.

PARIS, LIGR-seq, SPLASH, RIC-seq, COMRADESなどの方法では, 架橋剤を用いてRNA分子内あるいはRNA分子間に架橋を形成し, その部分の配列を決定することで, 近接するRNAの領域やRNAの種類を知る. 一方, CLASH, hiCLIP, MARIOなどの方法では, RNAとタンパク質の間に架橋を形成し, そこに含まれるRNAの配列を網羅することで, タンパク質を介して近くに位置するRNAの配列やRNAの種類を知る. それぞれの手法に共通する操作は, 架橋の形成, RNAの断片化, 断片化したRNAの末端をつなげる近接ライゲーション (proximity ligation), RNA-seqである. 結果として得られた膨大な数の配列をコンピューターにより解析し, 塩基対を形成するRNAの種類と領域を同定する (**図1**). 配列上は互いに遠くに位置していても空間的には近くに位置するRNAとRNAの相互作用を直接もしくは間接的に検出できる. その結果は, RNAの二次構造や立体構造を予測するうえでの大きな手がかりとなる. さらには, 特定のRNAの多様なRNA-RNA相互作用を把握できることから, 着目するRNAの動態を知る手がかりともなる. また, これらの方法について特筆すべきは in vivo でのRNA-RNA相互作用を解析できる点である. 使用する架橋剤や架橋したRNAの精製法などはそれぞれに工夫される[4][5].

Luらは PARIS および PARIS2 を開発し, マウスの脳や培養細胞, 細胞抽出液を対象に, 大規模なRNA-RNA相互作用の解析を行った[6][7]. まずはその関係がよく知られている U4/U6 snRNA に着目し, PARISで既知の塩基対形成を検出できることを示した. 次いで, 構造や作用機序に多くの不明な点が残されている数種類の機能性ncRNAに着目した. U8 snoRNA はそのうちの1つである. このRNAは LSU rRNA 前駆体のプロセシングに働くことが知られているが, そ

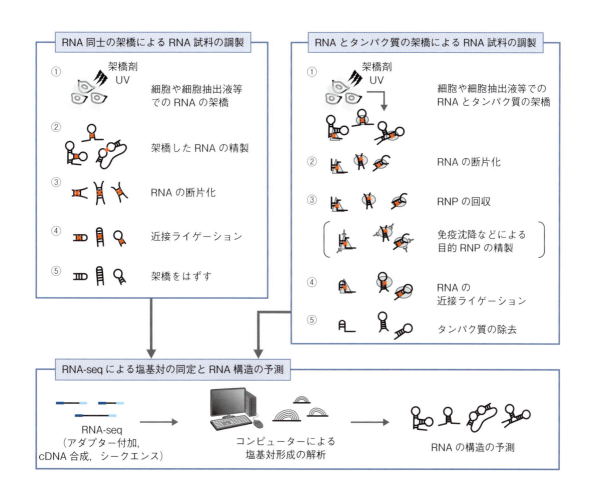

図1 架橋とRNA-seqを用いたRNA-RNA相互作用の網羅的解析

RNA分子内もしくはRNA分子間で架橋を形成してRNA-RNA相互作用を網羅的に解析する方法（図左），およびRNA-タンパク質間で架橋を形成してRNA-RNA相互作用を網羅的に解析する方法（図右），それぞれの概要を示す．前者ではソラレンやその誘導体であるアモトサレン，ビオチン化ソラレン等で細胞や細胞抽出液などを処理し，紫外線照射してRNA間の架橋を形成する（図左，①）．架橋形成にはホルムアルデヒドを用いる方法もある．架橋したRNAを二次元電気泳動法などにより精製した後（図左，②），RNase等で処理して短い断片にする（図左，③）．次いで，リガーゼ処理もしくはアダプターオリゴRNAの結合により架橋された短いRNA断片の末端をつなぐ（近接ライゲーション，［図左，④］）．再び紫外線照射を施すなどしてRNA間の架橋をはずし（図左，⑤），得られた一本鎖RNAの集団をRNA-seqの試料とする．RNAとタンパク質に架橋を形成する場合は，単に細胞や細胞抽出液などに紫外線照射したり，ホルムアルデヒドとEGS〔ethylene glycol bis（succinimidyl succinate）〕で処理したりする（図右，①）．これをRNaseで処理してRNAを短い断片にする（図右，②）．架橋したRNPを回収する（図右，③）．CLASHやHiCLIPといった方法ではこの段階で免疫沈降により目的RNPを精製する．RNAの近接ライゲーションを行った後（図右，④），タンパク質を除去して（図右，⑤），RNA-seqの試料とする．RNA-seqから得た膨大な配列情報をコンピューターで処理し，塩基対形成のパターンを決定し，着目するRNAの二次構造や立体構造を予測する（図下）．

の作用機序は不明である．LuらはPARISおよびPARIS2の結果から，U8 snoRNAが28S rRNAやU13 snoRNAの特定の領域と不完全な塩基対を形成すること，また，U8 snoRNA同士が部分的な塩基対形成を介して二量体を形成していることを見出した．このことから，U8 snoRNAはLSU rRNA前駆体における28S rRNA領域やU13 snoRNA，他のU8 snoRNA分子と塩基対形成を介したダイナミックなRNA-RNA相互作用を基盤にその機能を発揮しているという新たなモデルを提示した．しかも，それぞれの塩基対形成をヒト由来の培養細胞とマウスの脳を用いた両方の実験で検出しており，これら3つのRNAの関係が少なくとも哺

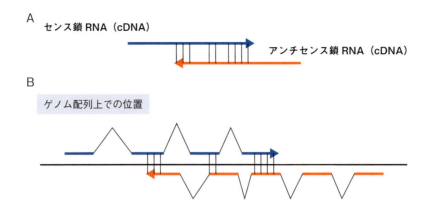

図2　SATペアの概念図
mRNA配列間，もしくはcDNA配列間で相補的な配列が存在する場合（A），それら配列をゲノム配列上にマップした場合，ゲノム配列上ではイントロンが存在するため，Bのような配置になることが考えられる．Aでは便宜上，センス鎖とアンチセンス鎖という語を使用しているが，センス鎖とアンチセンス鎖は相対的な呼び名のため，われわれは両方をまとめて，sense-antisense transcripts（SAT）ペア，およびそれらを産生する遺伝子座をSAT遺伝子座とよんだ．

乳類で保存されている可能性を示した．ヒトにおいてはU8 snoRNA遺伝子（*SNORD118*）の変異が「頭蓋内石灰化および囊胞を伴う白質脳症（leukoencephalopathy with calcification and cysts：LCC）」とよばれる脳疾患の原因であるとされている[8]．Luらはその変異の多くがU8 snoRNAの28S rRNAやU13 snoRNAとの相互作用，また，U8 snoRNA二量体形成に大きく影響する可能性を実験で示している．

牛田らは線虫CeR-2 RNAをU8 snoRNAホモログの候補として報告している[9]．最近，Luらにより同定されたU8 snoRNAと28S rRNAの塩基対は，線虫CeR-2 RNAと26S rRNAの間でも形成しうることを配列から見出した（未発表）．線虫のU13 snoRNAホモログはいまだ見つかっていない．冒頭に述べたように，ゲノムやRNAの配列情報のみを頼りに，系統的に離れている生物種で相同な機能性ncRNAを同定することはいまだ難しい．線虫においてもPARIS等の方法を用いてRNA-RNA相互作用を体系的かつ網羅的に解析することで，その候補を得ることができるかもしれない．

2 Structured small non-coding RNA（ssncRNA）

われわれが初めに新規の低分子RNAに注目したのは，マウスのゲノム上において染色体二本鎖DNAの同じ場所でありながら，プラス鎖とマイナス鎖の両方からRNAが転写される領域では，頻繁に低分子RNAがみられたことによる[10) 11)]（**図2**）．このようなゲノム領域では，もし，二本鎖DNAの両鎖から同一細胞内でRNAが転写されれば，それら転写産物間で二本鎖RNAを形成する可能性がある．このような遺伝子座のペア（以降，sense-antisense transcriptsペア：SATペア）の情報科学的な解析は当初，cDNA配列データをベースとしてなされ，ヒトやマウスでは2,000～2,500ペアほど同定された[12]．その後cDNA配列データが充実してくるに従って，6,000ペア以上も同定されるに至った[13]．ただし，これらはあくまでもcDNA配列をゲノム配列にマップした結果，ゲノム配列のプラス鎖とマイナス鎖の同じ箇所にマップされたものを計算した結果であり，実際に同一細胞内でセンス鎖とアンチセンス鎖の両方が発現しているとは限らない．

一方，線虫，ショウジョウバエ，シロイヌナズナなどでは，SATペアを産出する遺伝子座からの転写産物間で相補的な二本鎖を形成し，その後siRNAが形成され互いの発現が制御されている例が多く知られている．ヒトやマウスをはじめとする哺乳類ではそのような個別のペアの報告はほとんどない．しかしながら近年，マウスの精巣において内在性のSATペア由来のsiRNAが多数産生されていることが報告されている[14]．

われわれがマウスのSATペアを解析中に発見した低

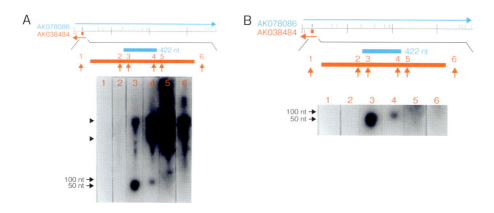

図3 SAT遺伝子座から低分子RNAが産生された例1
A) AK078086（青色）は公開マウスゲノム配列のプラス鎖にマップされ，AK038484（赤色）はマイナス鎖にマップされる．おのおのの矢印で転写方向を示してある．互いの第1エキソンの配列がゲノム上で重なっている部分を拡大して表示している．スケールを示すため，AK078086の第1エキソンの長さ（422 nt）を示してある．赤色の矢印は，AK038484と同じ方向で転写される低分子RNAを検出するための30 ntプローブの位置を示す．B) 3と4の位置のプローブで50～100 nt程度の低分子RNAが検出された（サンプルは脳）．文献10をもとに作成．

分子RNAはsiRNAなどのサイズより少し大きく，50～100 ntほどの大きさであった[10)][11)]．**図3**で示した例では，公開配列のプラス鎖にタンパク質コード遺伝子のAK078086（GenBank ID）がマップされマイナス鎖には非コード遺伝子と予想されるAK038484がマップされており，互いの第1エキソン配列が二本鎖ゲノムDNA上で重なっている．マイナス鎖にマップされたAK038484からの転写産物がハイブリダイズするように配列特異的な30 ntのオリゴヌクレオチドをプローブとしてノーザン解析をすると，**図3**中の赤矢印の位置に作製したプローブでのみ，50 nt～100 ntほどの低分子RNAが検出された（組織は脳）．そもそもAK038484の全長配列を用いてノーザン解析をした際，低分子RNAが検出されたため，AK038484のどの位置と低分子RNAの配列が一致するかを確認するために1～6の位置に30 ntのプローブを設定し，ノーザン解析を行った結果である[10)]．

図4では，プラス鎖にAK050033が，マイナス鎖にAK080971がマップされる例である[2)]．**図3**と同様に，互いの配列が重なっている領域に特異的にハイブリダイズする40 ntのオリゴヌクレオチドのプローブを作製して（**図4A**），ノーザン解析を行った．**図4A**における3の位置ではプラス鎖から，2，4，5の位置ではマイナス鎖から低分子RNAの発現がみられた（**図4B**，パネルSがプラス鎖からの発現，パネルASがマイナ

ス鎖からの発現）．ポリアクリルアミドゲルにてより正確なサイズを求めたところ，S3の位置から産生されるRNAは約80 nt，AS2のものは約60 ntであり，S3のRNAは線維芽細胞（NIH3T3）からの転写はあったが，脳や精巣では発現していなかった．

これらの低分子RNAの検出は，低分子RNAを狙って検出されたものではなく，SATペアのノーザン解析中に偶然発見されたものであり，トランスクリプトーム中には50～100 nt程度の未知の低分子RNAがまだ相当存在する可能性も考えられたため，われわれはこのサイズの低分子RNAをターゲットとしたトランスクリプトーム解析を試みた．またこのサイズのRNAがその長さとして転写されるとは考えにくく，SATペアを産生する遺伝子座の特徴である可能性も考えられた．同時期にマイクロアレイベースの解析で，同サイズの低分子RNAがゲノムレベルで多数同定された[15)]．

3 マウス脳から抽出したRNAの網羅的解析

前述のように，40～80 nt程度の低分子RNAがセンス－アンチセンス遺伝子座で確率的に多く見つかったことから，マウスの細胞中に多くのssncRNAが存在することが予想された．そこで，マウスの脳から特定の二次構造を形成するssncRNAを見つけることを試み

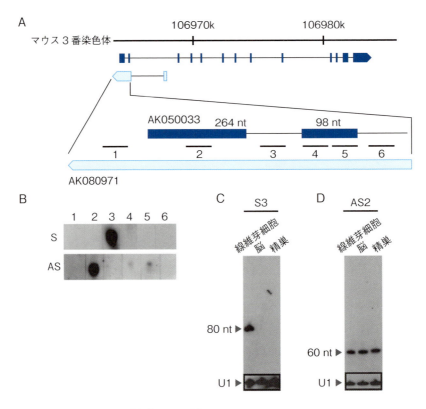

図4 SAT遺伝子座から低分子RNAが産生された例2

A) AK050033が公開マウスゲノム配列のプラス鎖に，AK080971がマイナス鎖にマップされる例である．AK050033の第1，第2エキソンとAK080971の第2エキソンが重なっている部分を拡大表示している．スケールを示すため，AK050033の第1エキソン（264 nt）と第2エキソン（98 nt）のサイズを示してある．1～6はこの領域からの低分子RNAを検出するための40 ntプローブの位置を示す．B) パネルSはプラス鎖からの，パネルASはマイナス鎖から検出された低分子RNAである（アガロースゲル）．1～6はAにおけるプローブの位置である．サンプルは線維芽細胞（NIH3T3）である．C, D) Bにおける低分子RNAのポリアクリルアミドゲル電気泳動によって推定されたより正確なサイズである．S3で検出される約80 ntの低分子RNAの発現は線維芽細胞特異的であった．コントロールとしてU1RNA検出のバンドを示してある．文献11をもとに作成．

た[16]．マウスの脳から抽出したRNAから40～140残基程度の分画を得て，次世代シークエンサーによるdeep sequencingによって1億程度の塩基配列を得た．そのうち100万配列について二次構造を予測し，ステムループのパターンで分類を行った．二次構造予測は，RNA鎖の折りたたみのエントロピーを考慮した予測プログラムであるvsfold5[※2]を用いた[17) 18)]．vsfold5はシュードノット構造も予測できるが，この解析では二次構造をステムと階層で分類することとしたため，シュードノット構造の予測は行っていない．100万個の二次構造をそのパターンによって148のグループに分け，それぞれに含まれる配列を既知のRNAと比較することによって2つの新規RNA候補を見出した．こ

こで見出した既知のRNAの配列をもとの1億の配列から除去したところ，70万程度の配列が残り，これの二次構造予測と分類および既知のRNAの除去を行った結果，合計で16個の新規ssncRNAの候補を得ることができた．見出したRNAは，mouse ssncRNAからMsncR-1～16とした（**図5**）．このうち，MsncR-11

> **※2 vsfold5**
> RNAの二次構造を予測するプログラムの1つ．RNAの二次構造のエネルギーを折りたたみのエントロピーを含めて計算するため，より正確な予測が可能である．vsfold5では，二次構造に加えてシュードノット構造の予測も可能である．なお，予測の際にはRNAの硬さに相当するパラメータを与える必要がある．

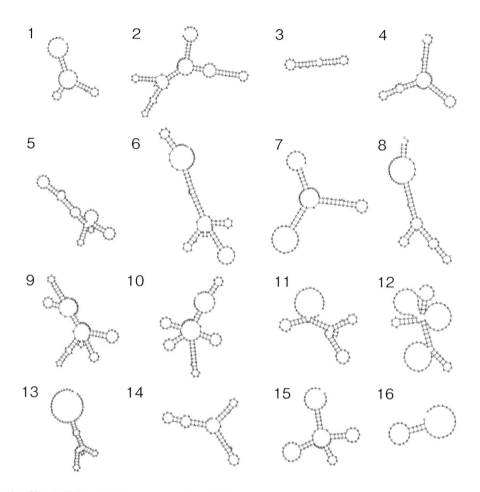

図5 マウス脳から見出された新規non-coding RNA
マウス脳から抽出したRNAの配列解析を行い,特定の二次構造を形成する新規のRNAを見出した.これらのRNAをmouse structured small ncRNA(MsncR)とした.二次構造はvsfold5によって予測された.文献16より引用.

としたRNAについてその構造から機能を推定した[19].このRNAはミトコンドリアゲノム上でCOX I 遺伝子の上流に対応しており,その逆鎖にはtRNAがコードされている.NMR法によってMsncR-11の二次構造を解析したところ,tRNAに類似したクローバーリーフ構造を形成していることがわかり,この構造がtRNAとしてRNaseの基質となることによってCOX I mRNAが形成されるという機能が提案できた.他の15個のMsncRについては依然として機能未知であるが,今後,このようなssncRNAがさらに見出され,その機能が明らかにされると期待できる.ここでは詳細は省くが,次世代シークエンサーとDNAマイクロアレイによる解析によって高度好熱菌 *Thermus thermophilus* からssncRNAを探索する試みも行っている[20].

おわりに

non-coding RNAに関しては,核内の構造体形成に関与するlncRNAなどが注目されているが,200 nt以下程度で特定の構造を形成して機能するssncRNAについても未知のものが大量に存在している可能性が高いと考えている.これらのRNAを発見することによって,例えば *trans*-translation やCRISPRシステムのような新たな生命現象の発見につながることが期待できる.また例えばクロマチン構造の制御にsiRNAが関与していることが知られているように,エピジェネティクスとssncRNAが関係していることも知られている.特にssncRNA内の配列多型がその機能,ひいては個体の表現型に影響している可能性もある.ゲノム配列間

に適度な頻度のSNPをもつマウス近交系間のF₁雑種では，親の近交系とは発現が大きく変わる遺伝子も多く存在するため[21][22]，両親の近交系のゲノムに由来するssncRNAを区別して解析する系も構築している．これらの系を用いた大規模な解析によって，まだ知られていないさまざまな機能をもつssncRNAが発見されることが期待できる．

文献

1) Tyagi JS & Kinger AK：Nucleic Acids Res, 20：138, doi:10.1093/nar/20.1.138（1992）
2) Komine Y, et al：Proc Natl Acad Sci U S A, 91：9223-9227, doi:10.1073/pnas.91.20.9223（1994）
3) Ushida C, et al：Nucleic Acids Res, 22：3392-3396, doi:10.1093/nar/22.16.3392（1994）
4) Lu Z & Chang HY：Cold Spring Harb Perspect Biol, 10：a034926, doi:10.1101/cshperspect.a034926（2018）
5) Wang D, et al：Wiley Interdiscip Rev RNA, 13：e1712, doi:10.1002/wrna.1712（2022）
6) Lu Z, et al ：Cell, 165 ：1267-1279, doi:10.1016/j.cell.2016.04.028（2016）
7) Zhang M, et al：Nat Commun, 12：2344, doi:10.1038/s41467-021-22552-y（2021）
8) Jenkinson EM, et al ：Nat Genet, 48 ：1185-1192, doi:10.1038/ng.3661（2016）
9) Hokii Y, et al：Nucleic Acids Res, 38：5909-5918, doi:10.1093/nar/gkq335（2010）
10) Kiyosawa H, et al：Genome Res, 15：463-474, doi:10.1101/gr.3155905（2005）
11) Okada Y, et al：Hum Mol Genet, 17：1631-1640, doi:10.1093/hmg/ddn051（2008）
12) Kiyosawa H, et al：Genome Res, 13：1324-1334, doi:10.1101/gr.982903（2003）
13) Engström PG, et al：PLoS Genet, 2：e47, doi:10.1371/journal.pgen.0020047（2006）
14) Werner A, et al：Genome Res, 31：1174-1186, doi:10.1101/gr.265603.120（2021）
15) Kapranov P, et al：Science, 316：1484-1488, doi:10.1126/science.1138341（2007）
16) Kiyosawa H, et al：Genomics, 106：122-128, doi:10.1016/j.ygeno.2015.05.003（2015）
17) Dawson WK, et al：PLoS One, 2：e905, doi:10.1371/journal.pone.0000905（2007）
18) Dawson W, et al：Nucleosides Nucleotides Nucleic Acids, 25：171-189, doi:10.1080/15257770500446915（2006）
19) Okui S, et al：J Biochem, 159：341-350, doi:10.1093/jb/mvv106（2016）
20) Kawai G, et al：J Biochem, 162：423-430, doi:10.1093/jb/mvx046（2017）
21) Kondo S, et al：J Cell Sci, 132：jcs228973, doi:10.1242/jcs.228973（2019）
22) Saito A, et al：Exp Anim, 73：310-318, doi:10.1538/expanim.24-0002（2024）

＜著者プロフィール＞

牛田千里：1993年名古屋大学大学院理学研究科博士課程中退，博士（理学）．弘前大学理学部助手，同大学農学生命科学部助手等を経て，2018年より現職．専門は分子生物学．

清澤秀孔：1994年米国ユタ州立大学大学院分子生物学プログラム修了，Ph. D.（分子生物学／生物学）．米国ペンシルバニア大学／フィラデルフィア小児病院博士研究員，理研バイオリソース研究センター等を経て，2017年より現職．専門は分子生物学．

河合剛太：1989年東京大学大学院理学系研究科博士課程修了，理学博士．横浜国立大学助手，東京大学助手等を経て，2004年より現職．専門は構造生物学．

第1章　ncRNAを"見つける"─新たな解析手法と見出された分子

4. ナノポアシークエンシングによる RNA 修飾解析

野口　亮，鈴木　勉

RNA修飾はさまざまな生命現象に関与し，発生や分化，環境ストレスなどにより，時空間的に変動することから，エピトランスクリプトミクスという概念が誕生している．また，RNA修飾の欠損や制御の破綻は疾患の原因になることから，RNA修飾の網羅的なシークエンス解析の需要が高まっている．ナノポアシークエンサーはRNAをcDNAへ変換することなく解析できる唯一のシークエンサーであり，RNA修飾の単分子解析に適している．本稿では，ナノポアシークエンシングを用いてm^6Aを中心としたRNA修飾を検出する代表的な情報解析の手法を解説するとともに，著者らが取り組んでいるtRNA修飾の解析技術について紹介する．

はじめに

　RNAは転写後にプロセシングを受けて成熟するが，その際に多様な化学修飾（RNA修飾）が酵素的に導入される．RNA修飾はRNAに質的な情報を付与し，遺伝子発現の調節を介して，さまざまな生命現象に関与する．RNA修飾はmRNA，lncRNA，rRNA，tRNA，核内低分子RNAなどあらゆるRNAに普遍的に存在し，現在までに，約150種類の多様なRNA修飾がさまざまな生物から発見されている[1]．真核生物のmRNAには，

[略語]

CNN：convolutional neural network（畳み込みニューラルネットワーク）

GLORI：glyoxal and nitrite-mediated deamination of unmethylated adenosines

Indel：insertion/deletion（挿入/欠損）

IVT：in vitro transcript（in vitro 転写産物）

m^6A：N^6-methyladenosine（N^6-メチルアデノシン）

MELAS：mitochondrial myopathy, encephalopathy, lactic acidosis, stroke-like episodes（ミトコンドリア脳筋症・乳酸アシドーシス・脳卒中様発作症候群）

MERRF：myoclonus epilepsy associated with ragged-red fibers（ミオクローヌスてんかん症候群）

Ψ：pseudouridine（シュードウリジン）

RNN：recurrent neural network（回帰型ニューラルネットワーク）

SHAPE：selective 2′-hydroxyl acylation and primer extension

SVM：support-vector machine（サポートベクターマシン）

τm^5U：5-taurinomethyluridine（5-タウリノメチルウリジン）

tRNA：transfer RNA（転移RNA）

Detection of RNA modifications by nanopore sequencing
Ryo Noguchi/Tsutomu Suzuki：Department of Chemistry and Biotechnology, School of Engineering, The University of Tokyo（東京大学大学院工学系研究科化学生命工学専攻）

5′末端のキャップ構造に加え，イノシン（I）とN^6-メチルアデノシン（m^6A）がメジャーな修飾として知られているが，それ以外にもシュードウリジン（Ψ）や5-メチルシチジン（m^5C）など数種類の修飾が見出されている[2]．特にm^6Aは頻度の高いmRNA修飾であり，スプライシングや核外輸送，翻訳，分解など，mRNAのライフサイクルのほぼすべての段階に関与することが知られている[3]．m^6Aは可逆的なメチル化修飾であり，Writerによって導入され，Eraserによって脱メチル化を受けることでダイナミックに変動し[4]，減数分裂[5]，性決定[6]，概日リズム[7]，胚性幹細胞の分化[8]，T細胞の分化[9]などさまざまな生命現象に関与することが知られている．また，肝疾患，心臓病，がんに代表されるヒトの疾患との関連性が報告されている[2]．RNA修飾の動的な制御に関する研究は，近年の次世代シークエンサーを用いたトランスクリプトームワイドな修飾検出技術によって急速に発展し，エピトランスクリプトミクスとよばれる新たな概念が誕生し，生命科学に新たな潮流を生み出している[10]．最近，米国科学・工学・医学アカデミー（NASEM）が，RNA修飾が生命現象に与える影響の重要性を認識し，医療や農業を含む生命科学のさまざまな分野に貢献するため，RNA修飾をシークエンスするためのロードマップを作成し，大規模な研究報告書を発表した[11]．この報告書は，エピトランスクリプトームシークエンス技術の発展をめざし，国家プロジェクト，産業界，第3セクター，国際的な協力体制を構築することで，ヒトゲノムプロジェクトに匹敵するような巨大な研究ムーブメントを創出することをめざしている．

次世代シークエンサーを用いたRNA修飾の検出手法は，RNA修飾特異的な抗体を用いた免疫沈降による修飾断片の濃縮，あるいは化学的な修飾や酵素処理などの前処理によって標的となる修飾を誘導体化あるいは特異的に切断した上で，cDNA化の際の逆転写反応の停止（RT stop signature）や塩基の欠失（deletion）や置換（misincorporation）によって得られる情報を検出することを基本原理としている[12][13]．しかし，これらの前処理を経ても逆転写反応で検出できるRNA修飾の種類は限られており，多くのRNA修飾の情報はcDNA化の過程で消去されるという根本的な問題がある．また，標的とするRNA修飾ごとに前処理とライブラリーの調製プロトコルが異なるために，異分野の研究者が気軽にRNA修飾を解析できるような状況ではないのが現状である．また一般的に，これらの手法の定量性は乏しく，偽陽性も多く，再現性の低さも大きな問題になっている．

このような現状を克服しうる新たなシークエンシング手法として，ナノポアシークエンサーが挙げられる．オックスフォードナノポアテクノロジーズ（ONT）社が提供するナノポアシークエンサーは，RNAをcDNA化することなく直接解析する（Direct RNA sequencing）ことが可能である[14]．ナノポアシークエンサーはポリマー膜上に固定されたナノポアタンパク質のなかをRNA鎖が通過する際に，ナノポア内を流れるイオン電流を計測し，解析することで通過中のRNA残基の種類を特定することを基本原理としている（**図1**）．実際に，RNA鎖が通過する際に生じる電流シグナルをONT社が提供するベースコーラー※（GuppyやDorado）を用いることで配列解析が可能である．一方で，修飾された塩基や残基がナノポアを通過する際には特徴的な電流シグナルが生じるため，このシグナルを解析することで，原理的にすべてのRNA修飾を解析することが可能である．近年，m^6Aを中心としてmRNAやlncRNAに含まれるRNA修飾をナノポアシークエンスで検出する研究が急速に発展しつつある[15]〜[17]．本稿では，ナノポアシークエンサーを用いたmRNA修飾の解析手法について解説する．また，著者らが独自に開発しているtRNA修飾の情報解析について紹介する．

1 ナノポアシークエンシングによるRNA修飾検出

ナノポアシークエンシングによって得られたデータからRNA修飾を検出するための手法は3種類に大別できる（**図2**）．また，これまでに開発された主なRNA修飾解析用のソフトウェアを時系列順にまとめた（**図3**）．

※　ベースコーラー

次世代シークエンシングのデータ解析に用いられるソフトウェア．生のシークエンスデータ（電流シグナルなど）を解読し，DNAまたはRNAの塩基配列を特定する役割を担う．ナノポアシークエンシングにおいては，ONT社が開発したGuppyやDoradoが主に使われている．

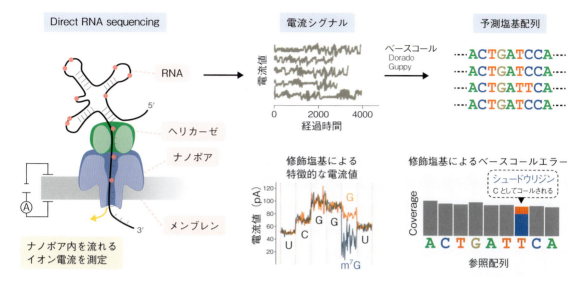

図1 ナノポアシークエンシングによるRNA修飾解析の概要
アダプターを結合したRNA分子を，直接的にナノポアシークエンサーで解析する．この際にヘリカーゼがRNA分子を解きながら3′方向からナノポアタンパク質に挿入する．ナノポア内を流れるイオン電流を計測し電流シグナルを得る．未修飾塩基と比較してRNA修飾部位は特徴的な電流値を示す．次に，GuppyやDoradoなどのベースコーラーを用いて電流シグナルを塩基配列に変換し，参照配列にマッピングすると，RNA修飾部位はベースコールエラーとして検出できる．例えばΨはCとしてコールされるため，検出が可能である．

1）ベースコールのエラーに基づく修飾検出

この手法では，ナノポアシークエンシングによって得られたデータを未修飾RNAの配列解析用に構築されたベースコーラーを用いて塩基配列の予測を行うと，修飾部位は異常な電流値を示すために，参照配列とベースコール結果に違いが生じるケースがある．これを利用してRNA修飾の検出を行う．まず，得られたリード（fast5またはpod5というフォーマットで保存されている）に対し，Dorado[18]やGuppy[19]といったONT社が提供するベースコーラーを用いて塩基配列の予測を行う（**図2A**）．次に，minimap2[20]などのマッピングソフトウェアを用いて参照配列へ塩基配列をマッピングする．この際，RNA修飾の影響によってしばしば塩基置換が生じる（**図2A**）．例えば，Ψは，Cとしてベースコールされることが多い．ミスマッチの他にも，塩基の挿入や欠失（Indel）や，ベースコールのクオリティ（Qスコア）などといった特徴量に差が生じることもある．EpiNanoというソフトウェアでは，これらの情報を統合的に扱い，機械学習によってm6Aの検出を行っている[16]．こういったベースコーラーのエラーに基づいた修飾検出の手法は，手軽で計算コストが掛からないが，ベースコーラーの種類によって大きく影響されるほか，修飾を表現する能力が乏しい（AUCGの組合わせしかない）ために検出が難しい修飾も多く，現在では有力な手法ではない．

2）電流値の変化に基づく修飾検出

RNA修飾の情報は，ベースコールする前の生の電流シグナルに最も多く含まれているため，ベースコールした塩基配列ではなく電流シグナル自体を参照配列へマッピングする手法（re-squiggleなどとよばれる）が修飾検出の第1段階として有効である（**図2B**）．このためにTombo[21]やNanopolish[22]，最近ではRemora[23]といったソフトウェアが開発されている．電流シグナルを参照配列にマッピングするためには，ONT社が公開しているk-merモデル（https://github.com/nanoporetech/kmer_models）を利用する．ナノポアの長さは5〜10 nmであり，RNA鎖が通過する際には，通常5残基がナノポア内を占める．例えば，k=5の際に生じる1,024通りの5 merのRNA配列に対して，予測電流値がマトリクス化されている．k-merモデルに基づき，電流シグナル上の各電流値が，参照配列におけるどの塩基配列の予測電流値に該当するか，という

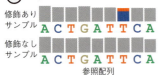
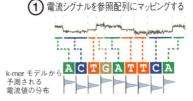

図2　RNA修飾検出における代表的な3つの解析手法
A）ベースコールでは，まずCNNによってローカルな特徴量を抽出し，その後双方向RNNによって前後の関係性を考慮したうえで，対応する塩基の確率を計算し，最終的に予測塩基配列を出力している．次に参照配列にマッピングし，ミスマッチを検出することでRNA修飾を検出する．B）k-merモデルから予測された電流値を用いて，電流シグナルを参照配列へマッピングする．各残基ごとに電流値などの特徴量の分布を比較することでRNA修飾を検出する．C）RNA修飾を直接ベースコールする方法．

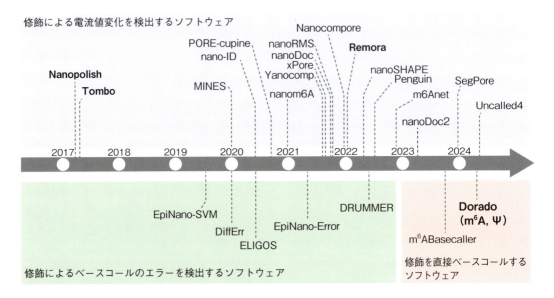

図3　これまでに開発されてきた主なRNA修飾解析ソフトウェアの年表
代表的なソフトウェアを太字で示した．電流値変化を検出するソフトウェアにおいてNanopolishとTomboは多くの手法の基盤となっている．RemoraはONT社が提供するTomboの後継ソフトウェアであり，今後の手法の中心となっていくと思われる．DoradoはONT社が提供する最新のベースコーラーであり，m⁶AとΨを高精度にベースコールできる．

最適な組合わせを動的計画法によって計算することで，電流シグナルと参照配列との間の対応関係を得ることができる（**図2B**）．このためのアルゴリズムとして動的時間伸縮法（DTW）や隠れマルコフモデル（HMM）が使われている．

マッピングされた電流シグナルから修飾の検出を行う方法に関しては，数多くのソフトウェアが開発されているが，一般的には次の流れに従う．①各残基ごとに，電流値の平均や標準偏差，経過時間などといった特徴量を抽出する．②修飾されたRNAサンプル（野生株由来など）と未修飾RNAサンプル（転写合成されたRNAなど）間で特徴量の分布を比較し，この差から修飾を検出する（**図2B**）．例えば，RNAの高次構造をプロービングするSHAPE（Selective 2′-Hydroxyl Acylation and Primer Extension）法で，SHAPE試薬によって修飾されたRNAの一本鎖部分を特定するためにPORE-cupine[24]というソフトウェアが開発されている．SHAPE反応前の電流値データをone-class SVMによって学習させたうえで，SHAPE反応後の電流値データから異常値を検出することで修飾部位を特定している．他にも，m^6Aを検出するうえでの有力なソフトウェアとしてm6Anetが挙げられる[15]．m6Anetでは，m6ACE-seqというRNA-seqの既存の手法ですでに検出されているm^6Aの部位を正解とし，深層学習によってm^6Aを検出するモデルを作成している．このソフトウェアは，対象の塩基配列（5 mer）を含めて深層学習しているため，METTL3がm^6A修飾するモチーフ（DRACH）を考慮したうえでm^6Aを検出することが特徴である．

これらの手法の精度は，最初の電流シグナルを参照配列へマッピングする際の精度に大きく依存しており，ミスアライメントは修飾検出に致命的な影響を与える．既存の電流シグナルをマッピングするソフトウェアはいずれも，未修飾RNAの予測電流値であるk-merモデルに基づいて電流シグナルと参照配列間の対応関係を計算するため，tRNAなどの修飾が密集しており予想と大きく異なる電流値を示す場合においては正しくアライメントできないことが多い．また，1残基ごとにマッピングしている都合で特徴量の解像度が低く，隣り合った修飾をそれぞれ分けて解析したいというような場合には，対応するのが困難である．

3）修飾を直接ベースコールすることによる検出

ＯＮＴ社が提供する最新のベースコーラーであるDorado[18]は，AUCGに加えてm^6AとΨを直接ベースコールする機能を有する（**図2C**）．特に，m^6Aメチル化酵素METTL3複合体が認識するDRACHモチーフなどに限定されずに，あらゆる文脈に対応して学習させていることから，未知のm^6A修飾部位を検出するのに非常に有効な手段である．合成RNAに基づく検証によると，m^6Aの検出精度は97.12％であり，DRACHモチーフに限っては99.17％を達成している．実際に，HEK293細胞におけるm^6Aの修飾率の定量では，最新のm^6A検出手法であるGLORI[25]と比較して，きわめて高い相関関係（R = 0.94）を示している．Ψにおいても97.62％の精度を達成しており，高い信頼性がうかがえる．あらゆるコンテキストに対応したm^6AとΨのベースコールはつい最近（2024年5月21日）になって追加されたため，未修飾部位を誤検出する偽陽性がどの程度あるかは今後の検証が待たれるが，今後はこの方法がナノポアシークエンシングによるm^6AおよびΨ検出のスタンダードになっていくものと思われる．ONT社は今後，I，m^5C，2′-O-メチル化修飾など，他のいくつかのRNA修飾に関しても対応する予定を発表している．この手法は，mRNAやrRNAなど，RNA修飾が密集していない場合に適しているが，tRNAのような多様な修飾が含まれ，かつそれらが密集しているような場合には，適用するのが難しいと思われる．

2 tRNA修飾に特化した検出法の開発

tRNAは70～80塩基長の一本鎖RNAであり，タンパク質合成の際に，mRNAのコドンを認識し，対応するアミノ酸を導入するアダプター分子である．tRNAには多様なRNA修飾が含まれており，現在までに報告されている約150種類のRNA修飾のうち，約8割がtRNAから見つかったものである[26]．これらのtRNA修飾はアンチコドンとその周辺に多く存在し，これらの修飾によってコドン解読能が制御され，タンパク質合成の高い精度と最適な速度の調節が達成されている．またtRNAのコア領域に存在する修飾はtRNAの高次構造の安定化や翻訳装置との相互作用に関与する．tRNA修飾は個体の発生や細胞の分化，または環境ス

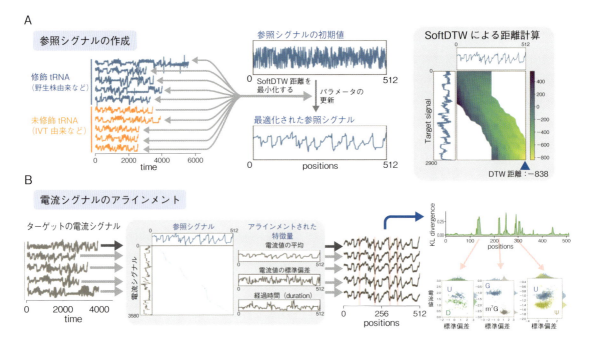

図4　シグナルアラインメント法
A） 細胞から調製した修飾されたtRNAおよび試験管内転写反応で作成した未修飾tRNAの電流シグナルから，SoftDTW距離を最小化することで，最適化された参照シグナルを得る．**B)** 次に，RNAの電流シグナルをSoftDTWを用いて参照シグナルにアラインメントする．次にアラインメントされたtRNAリードの各時間ポイントにおいて，3つの特徴量（電流値の平均・標準偏差・経過時間）を取得し，それらの分布がサンプル間（例えば野生株vs修飾酵素欠損株）でどのように異なるかを，カルバック・ライブラー距離（KL divergence）によって定量し，電流値の比較で差がある部位をピークとして検出する．各修飾部位において電流値と標準偏差（あるいは経過時間）の二次元プロットを作成し，修飾率を求める．

トレスなどによってもダイナミックに変動することが知られている．さらに，tRNA修飾の欠損はヒトの疾患の原因となることが知られている．

　著者らの研究グループはミトコンドリア病の代表病型であるMELASやMERRFの原因がミトコンドリアtRNA修飾の欠損で生じることを示し，RNA修飾病（RNA modopathy）という概念を提唱している[27]．実際，多くの遺伝病でtRNA修飾酵素遺伝子に変異が見つかっており，またさまざまながんでtRNA修飾酵素の発現異常と関連性が示されている．今後も，さまざまな生物学的文脈でtRNA修飾をプロファイリングする需要が高まりつつあるが，臨床試料など，限られたサンプル量でtRNA修飾を調べる現実的な手法がないのが現状である．ナノポアシークエンスはtRNA修飾を解析するための最も有力な手段であることは間違いないが，上記に挙げたmRNA修飾を解析する手法をそのままtRNA修飾に適用するためにはいくつかの問題

がある．tRNA修飾はmRNA修飾やrRNA修飾と異なり，短いRNA配列に複数の修飾がクラスターを形成しており，ベースコーラーが正確にセグメンテーションできないことが判明している．さらに，tRNA修飾は複数の酵素が関与して多段階の反応で形成されるものが多く，その中間体も含めて多数の修飾体を区別してそれらの修飾率を正確に測定する必要がある．これらの問題を解決するために著者らはベースコーラーに頼らない独自の手法を開発している．

❸ シグナルアラインメント法による tRNA修飾の検出と定量

　前述した既存の方法によると，電流シグナルを参照配列にマッピングしてRNA修飾を検出しているが，この手法は参照配列にマッピングするところにバイアスが生じる．そのため，著者らは参照配列を一切使わず

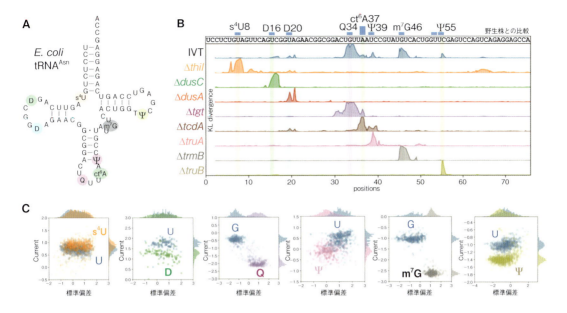

図5　シグナルアラインメント法によるtRNA修飾の検出
A）大腸菌tRNA^{Asn}の配列と二次構造．4-チオウリジン（s^{4}U），ジヒドロウリジン（D），シュードウリジン（Ψ），キューオシン（Q），cyclic N^6-thereonylcarbamoyluridine（ct^{6}A），7-メチルグアノシン（m^{7}G）．B）野生株大腸菌tRNA^{Asn}の電流シグナルを，未修飾tRNA（IVT）および8種類のtRNA修飾酵素欠損株について，比較を行った．シグナルアラインメントの後，得られた各ポジションにおける電流値の分布を野生株と比較し，カルバック・ライブラー距離を計算した．結果，ほぼすべての修飾が対応するポジションにおいてカルバック・ライブラー距離のピークを示した．C）カルバック・ライブラー距離のピークにおける実際のリードごとの電流値の平均と標準偏差をプロットしてみると，修飾と未修飾の間で明確な分布の差が生じている．

に，電流シグナルを直接アラインメントする手法（シグナルアラインメント法）を開発した（特許出願済）．具体的には，細胞から調製した修飾されたtRNAと試験管内転写反応で合成した未修飾tRNAをそれぞれナノポアシークエンスし，得られた大量の電流シグナルから，SoftDTWを用いて参照シグナルを生成し，この参照シグナルに対して各電流シグナルをアラインメントすることにより，すべてのtRNAのリードを時系列方向に整列させることで，各時間ポイントにおける電流値の比較を可能にする（**図4**）．

次にアラインメントされたtRNAリードの各時間ポイントにおいて，3つの特徴量（電流値の平均・標準偏差・経過時間）を取得し，それらの分布がサンプル間（例えば野生株vs修飾酵素欠損株）でどのように異なるかを，カルバック・ライブラー距離[28]によって定量する．一例として大腸菌tRNA^{Asn}の解析結果を示す（**図5**）．ほぼすべてのtRNA修飾の検出に成功しているほか，各時間ポイントにおける電流値の平均および標準偏差の二次元プロットを見ると，修飾の有無によって分布がきれいにわかれており，tRNAの単分子解析が可能であることを示している．修飾率は二次元プロットの混合ガウスモデル（Gaussian Mixture Model）を適用することで算出することが可能であり，実際にこの手法で得られた修飾率はLC/MSの解析で計測された修飾率とよい一致を示している．

おわりに

エピトランスクリプトームシークエンスは，抗体によるRNA修飾断片の濃縮や化学修飾による前処理と次世代シークエンサーを組合わせた複数の手法が開発されているが，今後はナノポアシークエンスによる解析にしだいに置き換わるであろう．ナノポアタンパク質やモータータンパク質の改良などハード面での改良はもちろんのこと，より精度の高いベースコーラーの開発などソフト面での進化も期待される．

著者らが開発しているシグナルアラインメント法は，原理上，電流値に差が現れる限り，あらゆるRNA修飾の検出が可能である．この特徴は，サンプル間の修飾状態の違いを網羅的に検出する際にとても有効である．現時点では，質量分析法などの手法を用いて，先にRNA修飾の種類や位置を決め，その情報を参照しながら，修飾状態をナノポアシークエンスで解析することを基本としている．複数のRNAサンプルの電流シグナルをアラインメントし，電流値に差がある部分をカルバック・ライブラー距離などの違いとして検出できるため，参照するRNA修飾の情報がなくても，修飾状態に差がある部位を網羅的に抽出することが可能である．すなわち，モデル生物ではないさまざまな生物種由来のRNA修飾の解析にも威力を発揮するであろう．さらに，1分子解析なので，解析対象とする修飾部位以外の場所においても，変動する修飾状態を同時に調べることができるため，1カ所のRNA修飾が他の部位の修飾に及ぼす影響なども網羅的に解析することが可能である．私たちは限られた試料を用いて，tRNA修飾の変動を網羅的に解析することを目標にシグナルアラインメント法の実用化をめざしている．最終的には，tRNA修飾が関与する新たな生命現象の発見や疾患の発症機構の解明に役立てていきたい．

文献

1) Cappannini A, et al：Nucleic Acids Res, 52：D239-D244, doi:10.1093/nar/gkad1083（2024）
2) Delaunay S, et al：Nat Rev Genet, 25：104-122, doi:10.1038/s41576-023-00645-2（2024）
3) Zhao BS, et al：Nat Rev Mol Cell Biol, 18：31-42, doi:10.1038/nrm.2016.132（2017）
4) Fu Y, et al：Nat Rev Genet, 15：293-306, doi:10.1038/nrg3724（2014）
5) Clancy MJ, et al：Nucleic Acids Res, 30：4509-4518, doi:10.1093/nar/gkf573（2002）
6) Lence T, et al：Nature, 540：242-247, doi:10.1038/nature20568（2016）
7) Fustin JM, et al：Cell, 155：793-806, doi:10.1016/j.cell.2013.10.026（2013）
8) Geula S, et al：Science, 347：1002-1006, doi:10.1126/science.1261417（2015）
9) Li HB, et al：Nature, 548：338-342, doi:10.1038/nature23450（2017）
10) Frye M, et al：Nat Rev Genet, 17：365-372, doi:10.1038/nrg.2016.47（2016）
11) National Academies of Sciences, Engineering, and Medicine：Charting a Future for Sequencing RNA and Its Modifications: A New Era for Biology and Medicine, The National Academies Press, doi:10.17226/27165.
12) Song CX, et al：Nat Biotechnol, 30：1107-1116, doi:10.1038/nbt.2398（2012）
13) Helm M & Motorin Y：Nat Rev Genet, 18：275-291, doi:10.1038/nrg.2016.169（2017）
14) Garalde DR, et al：Nat Methods, 15：201-206, doi:10.1038/nmeth.4577（2018）
15) Hendra C, et al：Nat Methods, 19：1590-1598, doi:10.1038/s41592-022-01666-1（2022）
16) Liu H, et al：Nat Commun, 10：4079, doi:10.1038/s41467-019-11713-9（2019）
17) Ueda H, et al：Methods Mol Biol, 2632：299-319, doi:10.1007/978-1-0716-2996-3_21（2023）
18) Technologies., O.N. Dorado Basecalling Software. https://community.nanoporetech.com/technical_documents/data-analysis/v/datd_5000_v1_revr_22aug2016/on-demand-basecalling-using-the-dorado-software
19) Technologies. O.N. Guppy Basecalling Software. https://community.nanoporetech.com/docs/prepare/library_prep_protocols/Guppy-protocol/v/gpb_2003_v1_revax_14dec2018/guppy-software-overview
20) Li H：Bioinformatics, 34：3094-3100, doi:10.1093/bioinformatics/bty191（2018）
21) Stoiber M, et al：bioRxiv, doi:10.1101/094672（2017）
22) Simpson, J.T.（2015). Nanopolish software. https://github.com/jts/nanopolish
23) Stoiber, M.（2022). Remora software. https://github.com/nanoporetech/remora
24) Aw JGA, et al：Nat Biotechnol, 39：336-346, doi:10.1038/s41587-020-0712-z（2021）
25) Liu C, et al：Nat Biotechnol, 41：355-366, doi:10.1038/s41587-022-01487-9（2023）
26) Suzuki T：Nat Rev Mol Cell Biol, 22：375-392, doi:10.1038/s41580-021-00342-0（2021）
27) Suzuki T, et al：Annu Rev Genet, 45：299-329, doi:10.1146/annurev-genet-110410-132531（2011）
28) Kullback S & Leibler RA：Ann Math Stat, 22：79-86, doi:10.1214/aoms/1177729694.（1951）

＜筆頭著者プロフィール＞
野口　亮：東京大学大学院工学系研究科化学生命工学専攻博士課程2年．鈴木研究室所属．ナノポアシークエンシングを用いてtRNAのプロファイリングを行う（各tRNA種の定常状態量や修飾状態を測定する）手法を確立することを目的として研究を行っている．

第1章 ncRNAを"見つける"—新たな解析手法と見出された分子

5. 難抽出性RNAに焦点を当てた ncRNA研究への新規アプローチ

藤原奈央子，廣瀬哲郎

細胞からのRNAの調製には，グアニジン塩を含む酸性フェノール（acid guanidinium thiocy-anate-phenol-chloroform：AGPC）を用いる手法が従来最もよく利用されてきた．しかし近年，RNAの一部はこの従来法で抽出困難な『難抽出性』を示すことが明らかになり，これまでの解析では十分取り扱えていなかったRNAの存在が予想される．難抽出性RNAに焦点を当てることにより，RNA研究の精度を高め，細胞内の多様なプロセスにおけるRNA機能へのより深い理解につながると期待される．

はじめに

次世代シークエンサーの登場以降，多種多様なサンプルについて膨大な数のトランスクリプトーム解析が実施されてきた．その結果，ゲノムに由来する転写物の情報はタンパク質をコードするmRNAに加えて，ncRNAについても着実に蓄積されてきている．この流れを牽引してきたショートリードシークエンスではリピート配列の取り扱いに課題を抱えていたものの，ロングリードシークエンサーの利用がより一般化してきた現在，その問題は次第に解消されつつあり，遺伝子データベースは今後さらに拡充されていくと期待される．しかし，ゲノム由来の転写物を余すことなく解析するためには，こういったシークエンス技術に関連するバイアスや制限を克服するだけではなく，シークエンスに使用されるRNAサンプル自体の網羅性がまず重要である．AGPC試薬を用いた細胞や組織からのRNA抽出法は，数十年にわたって最も広く使われてき

[略語]
AGPC：acid guanidinium thiocyanate-phenol-chloroform
arcRNA：architectural RNA
CRISPR：clustered regularly interspaced short palindromic repeats
DoG：downstream-of-gene transcript
FUS：fused in sarcoma

MLO：membraneless organella
mRNA：messenger RNA
ncRNA：non-coding RNA
NEAT1：nuclear paraspeckle assembly transcript 1
pre-mRNA：pre-messenger RNA
RBP：RNA-binding protein

A novel approach for ncRNA research by focusing on semi-extractable RNAs
Naoko Fujiwara[1] /Tetsuro Hirose[1][2]：Graduate School of Frontier Biosciences, Osaka University[1] /Institute for Open and Transdisciplinary Research Initiatives（OTRI）, Osaka University[2]（大阪大学大学院生命機能研究科[1] /大阪大学先導的学際研究機構[2]）

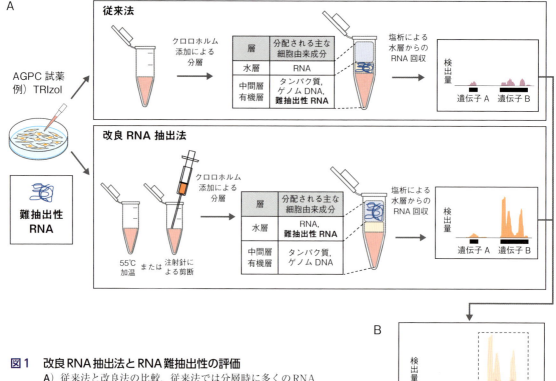

図1 改良RNA抽出法とRNA難抽出性の評価
A）従来法と改良法の比較．従来法では分層時に多くのRNAは水層へと分配されるが，中間層に捕捉されやすい一部のRNAはこの方法で難抽出となる．改良法でこれらのRNAは，水層へと分配されて効率よく回収できる．B）RNA難抽出性の評価．RNAの検出量を従来法と改良法との間で比較することで，RNAの難抽出性を評価できる．

た手法であり，この手法で調製したRNAの網羅性について疑問が提起されることは，microRNAなどの小分子を例外として，これまでほとんどなかったように思う[1)2)]．しかし最近，一部のRNAのヒト培養細胞からの抽出が，AGPC試薬を用いた従来の手法では困難であると判明した[3)]．本稿では，これら『難抽出性』を示すRNAの効率的な抽出を可能にする改良RNA抽出法と，RNAの難抽出性を評価する方法を解説する．また，これら手法を用いた最新の解析例や現在の取り組みについて紹介しながら，ncRNA研究において，RNAの難抽出性に焦点を当てることの重要性について議論する．

1 難抽出性RNA

1）難抽出性RNAの発見

難抽出性という性質は，ヒト核内非膜構造体の1つであるパラスペックル形成の足場として機能するNEAT1 ncRNAについて最初に発見された[3)4)]（NEAT1のパラスペックル形成における機能についての詳細は第2章-4参照）．通常，細胞からのRNAの調製時には，TRIzolなどのAGPC試薬で細胞を溶解したホモジネートにクロロホルムを添加し，分層した水層に対して塩析を行うことで水層に含まれるRNAを回収する．しかしNEAT1については，分層時に水層ではなく中間層にその多くが捕捉されてしまい，その結果，水層から回収されるNEAT1量が極端に少なくなってしまうことを，中條らは発見した[3)]（**図1A**）．さらに中條らは，ホモジネートに対するピペッティングの

回数といった実験上のテクニカルな要因によって NEAT1の抽出効率が変化することに気づき，これに着想を得て，分層前のホモジネートを55℃で20分間加熱振盪する，あるいは20Ｇの注射針に100回通して剪断することによって，RNAの品質を損なうことなく，NEAT1を効率よく細胞から抽出できる手法を開発した[3]（**図1A**）．この手法を改良RNA抽出法（以降，改良法）とよぶ．改良法と従来法それぞれを用いて共通の細胞ホモジネートからRNAを調製し，両RNAサンプル間で転写物ごとの検出量を比較することで，調製法がそれぞれの転写物の抽出効率に与える影響を評価することができる（**図1B**）．この解析で，転写物の抽出効率が改良法に比べて従来法で低い場合，この転写物を『難抽出性』であると定義する．われわれは，このように同一の検体から従来法と改良法それぞれでRNAを調製する工程を「難抽出性RNA調製」，また，難抽出性RNA調製で得られたRNAサンプルのトランスクリプトーム解析によって転写物ごとの難抽出性をグローバルに調べる手法を「難抽出性RNA-seq解析」と呼んでいる．HeLa細胞における難抽出性RNA-seq解析の結果，NEAT1の他にも難抽出性を示すRNAが多数同定された[3]．この発見は，従来の解析では十分取り扱えていなかった特定の細胞内RNAサブセットの存在を示唆しており，RNA抽出法の最適化がトランスクリプトーム解析において重要であることを再認識させるものである．

2）難抽出性RNAに予想される細胞内機能

では，同定された一群のRNAに観察される難抽出性という性質は何に起因するのであろう？ AGPC試薬を用いたRNA抽出において，分層後の中間層と有機層には主にゲノムDNAとタンパク質が分配される[5]（**図1A**）．このことを考慮すると，難抽出性RNAはAGPC試薬中においてもタンパク質あるいはゲノムDNAとの結合を保持しており，これら相互作用分子の性質に牽引されて中間層あるいは有機層へと捕捉されている可能性が考えられる．実際に，従来法でのNEAT1の抽出効率は，AGPC試薬による抽出前にproteinase K処理を施してタンパク質を分解することで大きく向上し，NEAT1の難抽出性にタンパク質との結合が影響していると考えられる[3]．具体的な因子として，NEAT1に直接結合し，パラスペックルの形

成に必須の因子であるFUS（fused in sarcoma）をノックアウトすると，構造体の解消とともに，従来法でのNEAT1の抽出効率が大きく改善することが観察されている[3]．また，AGPC試薬によるRNA抽出の分層工程において，タンパク質と共有結合したRNAが中間層に捕捉されることを利用し，UV照射した細胞からのRNA回収率の低下を指標にして，細胞内でタンパク質と特に強固に結合しているRNAを同定する手法であるUV-phenol aqueous phase RNA sequencing（UPA-seq）で見つかったRNAと，難抽出性RNA-seqによって同定された難抽出性RNAとの共通性が高いこともこの仮説を支持する[6]．こういった非常に強固なRNA-タンパク質間相互作用を解離させるには，AGPC試薬による変性では不十分で，加温や剪断といったより厳しい条件が必要なのかもしれない．

難抽出性RNAには，ncRNAやイントロンを含むpre-mRNAが多い一方，成熟型のmRNAは少ないことから，これらのRNAは細胞内においてncRNAとして機能している可能性がある[3]．ncRNAは細胞内のさまざまなプロセスに影響を与えることが知られているが，これらのプロセスにおいてncRNAそのものが直接的な作用をもつのではなく，ncRNAに結合するRNA結合タンパク質（RBP）などが実質的な作動因子として機能しており，ncRNAの機能は，これら因子の活性を調節することを通じて発揮される[7][8]．上述のように，RNAの難抽出性が細胞内におけるタンパク質やゲノムDNAとの相互作用の緊密さを反映していると考えると，高い難抽出性を呈するncRNAは，より多くの作動因子と結合して生体反応の調節に重要な役割を果たすと期待される．

このようなRNAとして，非膜オルガネラ（membrane-less organella：MLO）の形成に必須の骨格分子として機能するncRNAが挙げられる[9]．MLOは，タンパク質やDNAおよびRNAといった特定の因子が液－液相分離によって濃縮された，生体反応の制御に重要な細胞内区画である[10]（ncRNAによるMLO形成制御を介した生体反応調節については**第2章-4, 5**参照）．例えば，上述のFUSタンパク質のような相分離能をもつ因子がncRNA分子上に多数集約すると，非常に強固な多価の相互作用ネットワーク構築に至り，相分離が強力に駆動される[11][12]（**図2A**）．こういったncRNAは，

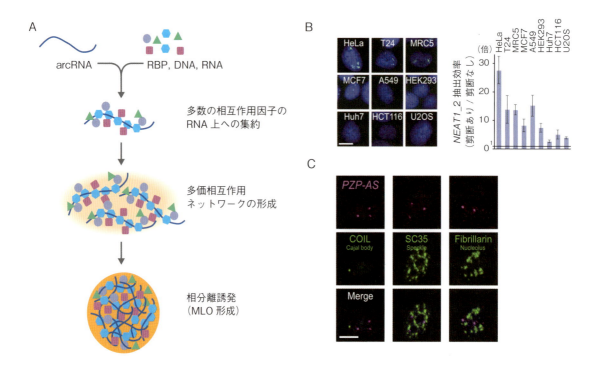

図2　arcRNAと難抽出性
A）分子上で相互作用分子と緊密な相互作用ネットワークを形成して相分離を駆動するarcRNAには難抽出性が予想される．B）パラスペックル形成に必須のarcRNAとして知られるNEAT1は，これまでに検証したほとんどの細胞株において難抽出性が検出され，かつ，改良法と従来法の抽出効率の差が最も大きなRNAの1つである．このため，ヒトやマウスなどのモデル生物においては，信頼度の高い難抽出性RNAのマーカーとして利用可能である．C）HeLa細胞を用いた難抽出性RNA-seqで同定された難抽出性RNAの1つである，PZP-AS RNAの細胞内局在．PZP-AS（マゼンタ）を in situ hybridization によって，核内の既知構造体（緑）を抗体染色によってそれぞれ可視化している．PZP-ASは既知の構造体のいずれともオーバーラップしない箇所で凝集体を形成していた．BおよびCは文献3より引用．

MLOの形成と消失を司る重要な分子であることから，われわれはこれらを「architectural RNA（arcRNA）」という特定の機能カテゴリとして定義することを提案している．上述のRNA難抽出性に関する仮説に基づくと，相互作用因子と強固に結合して一体の高分子として作動するarcRNAには難抽出性が予想される．実際，パラスペックル形成に必須のarcRNAとして知られるNEAT1は，最も信頼できる難抽出性RNAのマーカー分子である[3]（図2B）．また，HeLa細胞を用いた難抽出性RNA-seqでは，NEAT1以外にも既知のarcRNAに難抽出性が広汎に認められ，さらに，新たに同定された難抽出性RNAについても，構造体形成を想起させる顆粒状の凝集体を細胞内で形成することが観察されている[3]（図2C）．このように，相互作用因子との強固な結合を反映するRNAの難抽出性は，arcRNAのように，細胞内で重要な生理機能をもつRNAを特定するための指標として活用できると考えられる．

2 改良RNA抽出法を利用したncRNA解析

1）複数のヒト細胞株を用いた難抽出性RNAの大規模探索

難抽出性RNAの全体像の把握を目的として，HeLa細胞を含む5種類のヒト細胞株に解析の対象を拡大した難抽出性RNA-seq解析が，曽らによって実施された[13]．この解析では，既存のヒトゲノムの注釈（アノテーション）領域以外の領域に由来する新規の転写物も定量的に解析できるように，マッピング情報からリー

ドアセンブリを構築し，アセンブルされた領域を既知アノテーションと統合して新たなアノテーションファイルを作成している．この方法により，5種類のヒト細胞株で，新規転写物を多数含んだ難抽出性RNAが合計1,074種類も同定された．これらのRNAの多くは特定の細胞株でのみ検出されており，難抽出性RNAが細胞特異的な発現制御や機能をもつことを示唆する．一方，用いた5種類の細胞株すべてに共通して検出される難抽出性RNAも少数ながら存在し，このなかには新規転写物も含まれていた．この結果は，比較的広汎に発現しているRNAのなかにも，難抽出性であるがゆえに従来の解析では検出できていなかった分子が存在することを示している．さらにこの解析では，さまざまな既報のRNA解析データとの照合によって，同定した難抽出性RNAの特徴を調査している[14) 15)]．その結果，難抽出性RNAには，タンパク質を介した他のRNAとの豊富な相互作用が予測され，これは細胞内のハブとして働くarcRNA様の作動機序を想起させるものであった．また，難抽出性RNAをk-mer解析※によって4つのグループに分類すると，グループごとに検出されるRBPのRNA結合モチーフに違いがみられ，これは難抽出性RNAの多様な機能を反映した結果と考えられる．

2）ストレス誘導性リードスルー転写物検出精度の向上

ストレスに応じて特異的に誘導される難抽出性RNAの探索を目的として，通常の培養条件，高浸透圧ストレス条件，および熱ストレス条件で培養したHEK293細胞それぞれを用いた難抽出性RNA-seq解析が岩切らによって実施された[16)]．ストレスによって発現が誘導され，かつ難抽出性を示すRNAを調査したところ，遺伝子本来の転写終結点を越えて転写伸長が継続したリードスルー転写物（downstream-of-gene transcript：DoG）が，数百もの遺伝子について検出された．検出された難抽出性のDoGは，液-液相分離に

※　k-mer解析

k個の連続した塩基配列の出現頻度を計算し，配列内の共通のパターンや差異を検出する配列解析手法．解析結果は，リードマッピングやゲノムアセンブリ，遺伝子発現解析などにも利用される．配列全体を取り扱うよりも高速であり，並列化も容易であることから，大規模なデータを取り扱うバイオインフォマティクス分野でよく利用される．

よって形成される構造体として核内に局在する様子が観察されている．このとき，DoGの検出方法として，遺伝子の本来の転写終結点から下流の領域を一定の長さ（1，5または10 kb）に区画化し，遺伝子本体の発現量の5％を上回る発現量をもつ区画が連続する場合，これらの区画を連結し，最も上流の連結区画をDoG領域として定義する解析手法が採用されている．また，下流の領域に別の遺伝子由来の転写物が存在すると，DoGの定量に影響する可能性があるため，解析は下流10 kbの範囲に別の遺伝子が存在しないprotein-coding遺伝子に限定されている．これまでにも浸透圧や熱ストレスといった外部刺激によってDoGが産生されることは報告されていたが，改良法を用いたことで，検出されるDoGの種類は大幅に増加し，その結果，通常の培養条件においても多数の遺伝子でDoGが産生されていることが判明した[17) ～19)]．

3）機能性ncRNA探索効率化への取り組み

上記の実施例からも，効率的に難抽出性RNAを抽出できる改良法の活用は，遺伝子発現の全体像を正確に把握するうえで大変有用であるといえる（**図3A**）．また，RNAの難抽出性に関する情報は，細胞内で重要な機能を担うncRNAを探索する際にも役立つと期待される（**図3B**）．

細胞内には非常に多数のncRNAが発現しており，特定の生物学的プロセスにおける個々のncRNAの機能を包括的に検証することは容易ではない．近年，複数のヒト細胞株由来のトランスクリプトーム情報をもとに，合計で16,000種類以上の比較的発現の高いncRNAをCRISPR interferenceシステムによってノックダウンできるガイドRNA発現ライブラリのサブセットが開発された[20)]．このツールは，多数のncRNAの機能を個別に阻害しながら，それらの機能を一挙に評価できるため，非常に有用である．しかし，このライブラリが対象とするncRNAと，実際に解析したい細胞や培養条件で発現しているncRNAとの間でオーバーラップが少なく，それを補うためにスクリーニング規模が大きくなるという課題が生じることも多い．そこで，まず解析したい生物学的プロセスを念頭に置いた各条件で難抽出性RNA-seq解析を実施し，条件ごとの発現変動と難抽出性の情報をもとに，このプロセスで中心的な機能をもつと期待されるncRNAを選定するこ

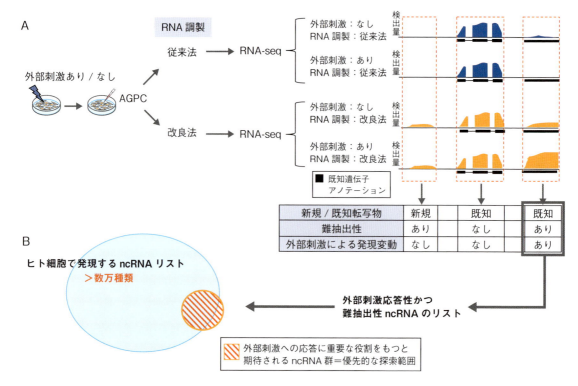

図3　RNAの難抽出性を利用したRNA解析の手法

A) RNAの難抽出性という性質に着目することで，従来の解析では見逃されていた新たなRNAの同定や，重要な生理機能をもったncRNAの探索が容易になると考えられる．トランスクリプトーム解析において改良法を用いることにより，新規転写物の同定や新たな遺伝子発現調節機構の解明へとつながる可能性がある．こういった解析においては，既存アノテーションの範囲外である新規転写物など，非標準的なRNAの検出を仮定し，これらの検出と定量解析を実現するための解析手法も同時に開発する必要がある（本文参照）．B) RNAの難抽出性情報を利用した効率的な機能性ncRNAの探索系．これまでに数万種類もの発現が確認されているncRNAを包括的に解析する手法は，規模が大きくなりがちで，コストや精度の問題が付きまとう．そこで，細胞内での機能を反映すると考えられるRNAの難抽出性情報を利用し，解析の規模を縮小することが有効と思われる．

とが有効となる．選定されたncRNAに特化したカスタムガイドRNA発現ライブラリを構築することで，スクリーニングの規模を縮小し，精密な機能検証が可能になると期待される．現在，われわれはこのような戦略を用いて，特定の生物学的プロセスに機能するncRNAの同定と解析に取り組んでいる．

おわりに

本稿で紹介した改良RNA抽出法は，簡単な工程で高品質なRNAを調製できるため，汎用性は非常に高く，幅広い分野でのRNA研究に今後大きく貢献すると期待される．一方，新規ncRNAの発見と，これらRNAの細胞内における具体的な機能の理解との間には，大きなギャップが存在する．このギャップを埋める方法論として，前述したような，機能に紐づけた形での大規模なスクリーニングとの連携に加え，より詳細な作動機序の解明をめざした，ncRNAの相互作用因子の特定や，ncRNAと相互作用因子によって形成される細胞内構造体の物性や内部構造の解析，構造体構成因子の機能阻害や構造体形成阻害による遺伝子発現への影響の調査などが挙げられる．近年，がんや他の疾患におけるMLOの形成異常との関連が多数報告されており，こういったアプローチを用いてncRNAが細胞内で果たしている多様な生物学的機能を理解することにより，新たな疾患バイオマーカーや治療ターゲットの発見に結びつく可能性も期待できる[21)][22)]．

文献

1) Chomczynski P & Sacchi N：Anal Biochem, 162：156-159, doi:10.1006/abio.1987.9999（1987）
2) Kim YK, et al：Mol Cell, 46：893-895, doi:10.1016/j.molcel.2012.05.036（2012）
3) Chujo T, et al：EMBO J, 36：1447-1462, doi:10.15252/embj.201695848（2017）
4) Sasaki YT, et al：Proc Natl Acad Sci U S A, 106：2525-2530, doi:10.1073/pnas.0807899106（2009）
5) Chomczynski P：Biotechniques, 15：532-534, 536-537（1993）
6) Komatsu T, et al：RNA, 24：1785-1802, doi:10.1261/rna.067611.118（2018）
7) Yang Y, et al：Cell Biosci, 5：59, doi:10.1186/s13578-015-0050-x（2015）
8) Statello L, et al：Nat Rev Mol Cell Biol, 22：96-118, doi:10.1038/s41580-020-00315-9（2021）
9) Yamazaki T, et al：Cold Spring Harb Symp Quant Biol, 84：227-237, doi:10.1101/sqb.2019.84.039404（2019）
10) Hirose T, et al：Nat Rev Mol Cell Biol, 24：288-304, doi:10.1038/s41580-022-00558-8（2023）
11) Kato M, et al：Cell, 149：753-767, doi:10.1016/j.cell.2012.04.017（2012）
12) Banani SF, et al：Nat Rev Mol Cell Biol, 18：285-298, doi:10.1038/nrm.2017.7（2017）
13) Zeng C, et al：Nucleic Acids Res, 51：7820-7831, doi:10.1093/nar/gkad567（2023）
14) Cai Z, et al：Nature, 582：432-437, doi:10.1038/s41586-020-2249-1（2020）
15) Ray D, et al：Nature, 499：172-177, doi:10.1038/nature12311（2013）
16) Iwakiri J, et al：RNA, 29：170-177, doi:10.1261/rna.079469.122（2023）
17) Rosa-Mercado NA & Steitz JA：Trends Biochem Sci, 47：206-217, doi:10.1016/j.tibs.2021.08.003（2022）
18) Vilborg A, et al：Mol Cell, 59：449-461, doi:10.1016/j.molcel.2015.06.016（2015）
19) Vilborg A, et al：Proc Natl Acad Sci U S A, 114：E8362-E8371, doi:10.1073/pnas.1711120114（2017）
20) Liu SJ, et al：Science, 355：aah7111, doi:10.1126/science.aah7111（2017）
21) Portz B, et al：Trends Biochem Sci, 46：550-563, doi:10.1016/j.tibs.2020.12.005（2021）
22) Zink D, et al：Nat Rev Cancer, 4：677-687, doi:10.1038/nrc1430（2004）

＜筆頭著者プロフィール＞
藤原奈央子：大阪大学大学院生命機能研究科RNA生体機能研究室・特任助教．京都大学農学部卒業．京都大学大学院生命科学研究科にて学位取得〔博士（生命科学）〕．2022年より現所属．現在，難抽出性RNA-seq解析と，細胞表現型を指標に用いたncRNAのCRISPR interferenceスクリーニングを組合わせて，生理機能に紐付いた形で新規arcRNAの探索をゲノムワイドスケールで実施している．

| 第1章 | ncRNAを"見つける"──新たな解析手法と見出された分子 |

6. lncRNAから翻訳されるポリペプチドの生物学的意義

白石大智，松本有樹修

> Long non-coding RNA（lncRNA）はタンパク質をコードしないRNAとして定義されているが，最近の研究によって一定数のlncRNAから機能的なポリペプチドが翻訳され，生体の恒常性に重要な役割を果たしていることが明らかになってきている．そこで本稿では，タンパク質へと翻訳されるORFを網羅的に同定する解析手法や，これまでに同定されたポリペプチドの生理的機能や疾患との関連性，さらにlncRNAの一部は原始遺伝子であり将来的に遺伝子の新生に寄与する可能性があることなどについて述べたい．

はじめに

次世代シークエンス解析技術の発展によって非常に多くのnon-coding RNAが同定されている．そのなかでもtRNAやrRNAに代表されるsmall non-coding RNAはその機能や役割が古くから解析されている一方で，200塩基以上の長さをもつlncRNAは配列の保存性が低く，発現量や細胞内局在，分子機能も多岐にわたることが示されている[1]．さらに最近の報告によってlncRNAの一部はリボソームによる翻訳を受けて機能的なポリペプチドを産生することも明らかとなってきていることから[2]～[5]，lncRNAの生理機能を十分に理解するためにはRNA自体がもつ分子機能に加えて，

lncRNAから機能的な翻訳産物が産生される可能性があることも考慮に入れて研究を行う必要がある．しかし，構造的または配列的にどのような特徴をもつRNAがリボソームによって選択的に翻訳されているのかについては実はいまだによくわかっておらず，coding RNAとnon-coding RNAを正確に区別することは困難である．例えば，lncRNAの多くはmRNAと同様にRNA polymerase IIによって転写されスプライシングを受けた後，5′ CapやpolyA付加などのプロセシングを受けるため，RNAとしての基本構造はmRNAと類似している．また，lncRNAの塩基配列からもタンパク質へと翻訳される可能性があるORF[※1]は複数予測

［略語］
lncRNA：long non-coding RNA（長鎖ノンコーディングRNA）
ORF：open reading frame（読み枠）

> **※1 ORF（open reading frame）**
> RNA配列上のうち開始コドンから終止コドンまでの領域を指し，タンパク質として翻訳されうる読み枠のことである．一般的に100アミノ酸以下のORFしかもたないものはnon-coding geneと分類されることが多い．

Biological significance of polypeptides translated from lncRNAs
Taichi Shiraishi／Akinobu Matsumoto：Group of Gene Expression and Regulation, Graduate School of Science, Nagoya University（名古屋大学大学院理学研究科分子発現制御学グループ）

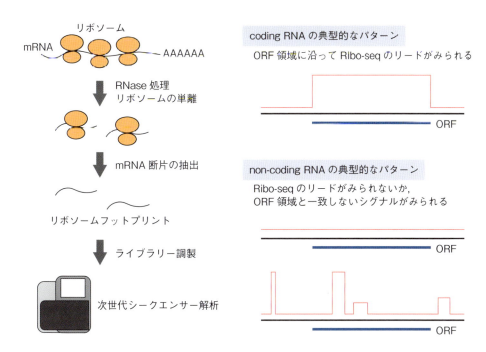

図1　リボソームプロファイリングの原理と代表的なデータ
RNase処理を免れたリボソームフットプリントに対してライブラリー調製を行い，次世代シークエンサーを用いて解析する．coding RNAの場合はORF領域と一致する位置にRibo-seqのリードがみられるが，non-coding RNAの場合はORF領域にRibo-seqのリードが全くみられないか，ノイズのようなリードのみがみられることが多い．

されるため，どのORFが翻訳されるのかについて配列から推測することは困難である．

そこで本稿ではまずRNA配列のなかでタンパク質として翻訳されているORF領域を同定する解析手法について代表的なものを紹介し，続いて実際にそのような手法を用いてこれまでに同定されたlncRNA由来ポリペプチドの生理的機能や疾患との関連，さらにこれらのポリペプチドを生物がどのようにして獲得してきたのかについて現在提唱されている「遺伝子新生」モデルなどについて述べたい．

1 lncRNAからタンパク質へと翻訳されるORF領域の同定方法

1）リボソームプロファイリング（Ribo-seq）を用いたORF領域の同定

Ribo-seqは2009年にNicholas IngoliaとJonathan Weissmanらが開発した技術であり，リボソームが結合している領域のRNAを選択的にシークエンスすることでどのRNAのどの領域が実際に翻訳されている

のかを1コドン単位で同定することができる手法である[6]．具体的にはまず，細胞や組織の抽出液に対してRNase処理を行うことでRNAを分解させるが，このときにリボソームによって翻訳されている領域付近のRNAはリボソームが立体障害となることでRNaseによる分解を免れるため，翻訳の状態に応じて21塩基または28塩基程度のRNA断片が生じる．次に超遠心法などによりリボソームを単離し，リボソームによって保護されたRNA断片を抽出する．最後に抽出したRNA断片を用いてライブラリー調製を行い，次世代シークエンス解析を行うことでリボソームが翻訳していたRNA領域を網羅的に同定する（**図1**）．このRibo-seqをさまざまなモデル生物や培養細胞，組織サンプルに対して適用することで，これまではlncRNAだと思われていた配列上にもRibo-seqのリードを確認することができれば，リボソームによる翻訳が起きていることを強く示唆するデータとなる[7]．しかし，実際にはlncRNAのような発現量が低い遺伝子に関しては，バックグラウンドやコンタミネーションの問題からRibo-seqのデータだけからORFを正確に予測する

ことは難しいことがわかっている.

そこでわれわれの研究室では, Ribo-seqによる翻訳中のリボソームの情報に加えて, 翻訳開始の過程に関与するリボソームや翻訳関連因子の挙動を詳細に捉え, これらの情報を統合することで, 従来より精密に翻訳開始点およびORFを同定する手法 (TISCA: translation initiation sites detection by translation complex analysis) を確立し報告した[8]. このTISCAを用いてHEK293T細胞におけるORFを正確に同定した結果でも, RNAとしての発現が確認されたlncRNAのうち約5%はタンパク質として翻訳されている可能性が高いことが明らかとなった. このようにRibo-seq等を用いてRNA上のリボソームの挙動を直接捉えることは, coding RNAとnon-coding RNAを区別するのに非常に有用であると考えられる.

2) その他の手法を用いたORF領域の同定

lncRNAから翻訳されたポリペプチドを質量分析計によって直接検出しORFを同定することも可能である. この手法ではまずはじめに, 限外ろ過やSDSポリアクリルアミドゲル電気泳動などを用いて, 細胞や組織の総タンパク質からポリペプチド分画を濃縮し, その後質量分析計による測定を行う. また, lncRNAのRNA配列から翻訳される可能性があるORFをあらかじめ予測して新規ポリペプチドのリストを作成することで, 質量分析計によって測定したポリペプチドの質量と予測質量を比較し, 新規ポリペプチドの同定を行う[3].

また, 情報学的な解析によってRNAの配列情報のみからORFを予測する手法もこれまでに多数報告されている. 例えばPhyloCSFは, タンパク質として翻訳されるORFは進化的にアミノ酸配列が保存される傾向があるという前提に基づいて, 生物種間における配列の保存性や変異の種類・頻度等の情報からORF領域を予測する情報解析手法として広く用いられている[9]. また最近では, 実験的な検証によってこれまでにタンパク質への翻訳が確認されたlncRNAと, 翻訳が確認されなかったlncRNAの塩基配列情報をもとに機械学習を用いた特徴抽出を行うことで, 保存性や予測ドメイン構造に縛られないアンバイアスなORF領域の予測法なども開発されている[10].

2 lncRNAから翻訳されるポリペプチドのさまざまな機能

1) ポリペプチドの生理的機能

lncRNAから翻訳されるポリペプチドはこれまで多数同定されているが, 本稿では酵母から哺乳類までさまざまなモデル生物において同定された代表的なポリペプチドについていくつか紹介する.

ⅰ) 酵母におけるポリペプチドの生理機能解析

一般的に100アミノ酸以下のORFしかもたないRNAはnon-coding RNAとして分類されることが多いが, 生体内においてはこのような100アミノ酸以下のsmall ORFからも翻訳されるポリペプチドが存在し, 生理的な機能を有していることが個別に報告されていた[11]. そこでKastenmayerらのグループは酵母においてsmall ORFとしてアノテーションされている299個のsmall ORFのうち, 機能未知の140個のsmall ORFをヘテロで欠損させて細胞増殖やDNA障害ストレスに関する表現型を網羅的に解析した. その結果, 6つのsmall ORF欠損株においては酵母の増殖率が低下し, さらに他の3つの欠損株ではミトコンドリアの機能異常による細胞サイズの減少がみられることがわかった. また, UV照射や薬剤処理によってDNA障害ストレスを酵母に与えた際には, 合計8種類のsmall ORF欠損株がこれらのDNA障害ストレスに対して高感受性を示すことが明らかとなった. 興味深いことに, これらの299個のsmall ORFのうち約60%の184個のsmall ORFは他の真核生物においても配列が保存されていたことから, 酵母以外においてもsmall ORFから翻訳されるポリペプチドが生理機能を有している可能性が強く示唆された[12].

ⅱ) ショウジョウバエにおけるポリペプチドの生理機能解析

ショウジョウバエにおいてMRE29という遺伝子は発生期に発現するlncRNAの1つとして同定され, MRE29を欠損させた場合には幼虫表皮の歯状突起や背毛が消失し幼虫が精米のように見えることからその後polished rice (pri) と命名された. pri RNAには100アミノ酸以上のORFが存在しないことから当初priはlncRNAとして機能していると考えられていたが, Kondoらのグループはpri RNAから翻訳されるポリペ

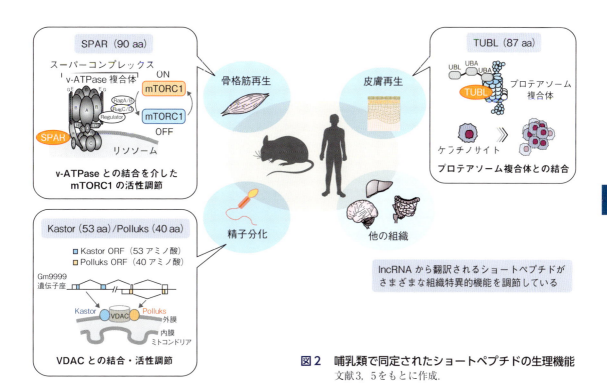

図2 哺乳類で同定されたショートペプチドの生理機能
文献3, 5をもとに作成.

プチドがあるのではないかと考え検証を行った．具体的には，pri RNA上に存在する10個のsmall ORFのうち配列が進化的に保存されている5つのsmall ORFの5′末端にGFP遺伝子を融合しタンパク質としての発現がみられるのか確認した．その結果，5個中4つのsmall ORFはタンパク質として翻訳されることがわかり，さらにこれらの11～32アミノ酸のポリペプチドだけを発現させることでpri RNA欠損の表現型がレスキューされたことから，priはlncRNAではなく，複数の機能ペプチドを産生するcoding RNAとして発生期に重要な役割を果たしていることが示された[2]．

iii）哺乳類におけるポリペプチドの生理機能解析

2015年以降複数のグループから，マウスやヒト細胞株においてもlncRNAから翻訳される機能的なポリペプチドが存在することが同定され注目を集めた．われわれのグループではlncRNAから翻訳される新規ペプチドを探索するために，ヒト培養細胞株のポリペプチド画分に対して質量分析解析を行いLINC00961というlncRNAから90アミノ酸のポリペプチドが翻訳されていることを発見した．このLINC00961由来のポリペプチドはマウスとヒトで保存された1回膜貫通ドメインを有しており，リソソーム膜上でv-ATPase複合体との結合を介してmTORC1の活性を抑制していることが明らかとなったことから，われわれはこのポリペプチドをsmall regulatory polypeptide of amino acid response（SPAR）と命名した（**図2**）．SPARは骨格筋において特に高発現しており，さらに骨格筋におけるmTORC1の活性化は筋再生に重要な役割を果たすことが示されていたことから，われわれはSPAR欠損マウスを作製し筋損傷を与えることで，SPARが骨格筋の再生に果たす役割について検証した．結果として，SPAR欠損マウスではmTORC1が過活性になることで筋再生が促進されることが明らかになり，lncRNA由来のポリペプチドが生体内においてmTORC1の活性調節などといった生理機能を有していることを同定し報告した[3]．

さらにその後われわれは，PhyloCSFを用いることで情報学的な観点から哺乳類において機能的なポリペプチドを産生しうるlncRNAを探索した．その結果，精巣特異的なlncRNAとして知られていたGm9999から2つのポリペプチドが翻訳されることを同定し，それぞれKastorとPolluksと命名した（**図2**）．これらの53および40アミノ酸を欠損したマウスは雄性不妊であり，さらにKastorとPolluksはVDACと相互作用する

ことにより精子の正常な分化や機能に必須であることが明らかとなった[5]．また，ケラチノサイトの分化に寄与するlncRNAとして認識されていたTINCR（terminal differentiation-induced ncRNA）には，87アミノ酸からなるsmall ORFがあることを発見し，ユビキチン様ドメインを含みプロテアソーム複合体と相互作用するこのポリペプチドをTINCR-encoded ubiquitin-like protein（TUBL）と命名した（**図2**）．TUBLを過剰発現した際にはケラチノサイトの増殖が促進し，TUBLを欠損したマウスは皮膚の創傷治癒が遅延することが明らかとなった．さらに，TINCRのRNA配列に1塩基だけ欠損を導入することでTINCR RNAの二次構造にはほとんど影響を与えずにTUBLタンパク質の発現のみを欠失させることが可能となるが，このようなRNAを過剰発現してもケラチノサイトの増殖促進は再現されなかった．これらの知見からTINCRのlncRNAとしての機能ではなくTUBLタンパク質が細胞増殖に重要な役割を果たしていることが示された[4]．

2）ポリペプチドと疾患の関連性

lncRNAから翻訳されるポリペプチドが生体内においてさまざまな生理機能をもっていることが徐々に明らかになっている一方で，最近ではがんなどにおいてもlncRNA由来のポリペプチドが中心的な役割を果たしていることが報告されている．Geらのグループは大腸がんの病因に寄与する新規ポリペプチドを探索するために，HCT116細胞のRibo-seqデータを再解析し，lncRNAから翻訳されるsmall ORFを318個同定した．その中でも大腸がん細胞において特に発現が上昇していたLINC00467由来のポリペプチド（ASAP：ATP synthase-associated peptide）に着目し解析したところ，ASAPを大腸がん細胞に過剰発現した場合にはミトコンドリアのATP産生量が増加し細胞増殖や腫瘍形成能が亢進することが明らかとなった．実際に大腸がんの患者においてもASAPの発現量と予後には負の相関がみられたことから，ASAPは大腸がんの病態に重要な役割を果たしていることが示された[13]．

また，Sunらのグループは急性骨髄性白血病（AML）を対象としたRibo-seqや質量分析解析データを再解析し，AMLの進行に重要な役割を果たすlncRNA由来のポリペプチドを探索することを試みた．同定された2,828個のlncRNAのうち，AMLで発現が特に増加しているlncRNAは8つあったが，そのなかでもASH1L-AS1をノックダウンした場合にはAML細胞の増殖が強く抑制されることが明らかになった．ASH1L-AS1遺伝子上には複数のORFが予測されたが，そのなかでも90アミノ酸からなるポリペプチドは小胞体に局在することがわかり，これをAPPLE（a peptide located in ER）と命名した．さらに，APPLEが相互作用する因子として翻訳関連因子が多数同定され，特に翻訳開始の過程に重要な役割を果たすPABPC1と強く結合することが明らかになった．そのためAPPLEは細胞における翻訳量全体の調整に寄与することでAMLの病因に寄与していることが示された[14]．

3 遺伝子新生モデル（原始遺伝子と新生遺伝子）

上記のようにlncRNAから翻訳される機能的なポリペプチドが次々に同定されはじめている一方で，現状では翻訳されるにもかかわらずその翻訳産物が機能をもたないと推測されるものも数多く存在し，このようなlncRNAに潜むORFの生物学的意義や役割は依然として不明のままである．一方で，遺伝子の進化は既存の遺伝子の再編成によって起こると古典的に考えられてきたが，上述のようなlncRNA由来のポリペプチドにはそのような形跡がみられないことから，遺伝子の新生（*de novo* gene birth）によって生じたと考えられる．すなわち，非機能的なポリペプチドを翻訳するlncRNAは新生遺伝子[※2]へと進化する前の原始遺伝子（proto gene）として重要な役割を果たすのではないかと考えられる（**図3**）．

この仮説ははじめCarvunisらのグループによって酵母を用いたモデルで提唱された．酵母においてアノテーションされたORF（遺伝子ORF）は6,000個存在する一方で，少なくとも3アミノ酸以上をもつアノテーショ

※2 新生遺伝子

既存の遺伝子が重複あるいは融合してできた遺伝子ではなく，非遺伝子領域が遺伝子領域へと変化することで新規に誕生した遺伝子．進化的に新しい遺伝子であるため，ある限られた生物種においてのみ発現し，アミノ酸配列の保存性が低いという特徴をもつ．

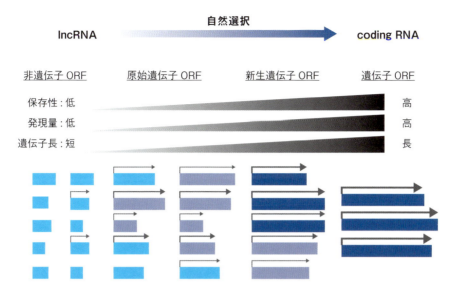

図3 遺伝子新生（*de novo* gene birth）のモデル
非遺伝子ORFの一部が翻訳されるようになると，原始遺伝子として遺伝子の進化を行うポテンシャルを獲得する．そのなかで生物にとって有益な機能を獲得した原始遺伝子は自然選択によって新生遺伝子へと進化し，やがて遺伝子ORFとして確立されていくというモデル．

ンがされていないORF（非遺伝子ORF）は261,000個存在する．これら非遺伝子配列も広く転写・翻訳されるが，その過剰発現はほとんど無毒であったため，非遺伝子ORFの大部分は機能をもたないと考えられる．しかし，特定の環境条件下で生物に優位性をもたらす機能を発揮した場合など，非遺伝子ORFの一部が原始遺伝子として機能した際には進化の過程でこれらの原始遺伝子は保持されると予想される．実際，非遺伝子ORFは遺伝子ORFと比較して遺伝子長が短く発現量も低い傾向を示すが，遺伝子ORFのなかでも比較的配列の保存性が低い新生遺伝子のORFは非遺伝子ORFと同じように遺伝子長が短く発現量が低い傾向にあることがわかった．またこのような新生遺伝子はストレス応答経路に関与するものが多く，さらに飢餓条件において発現が増加する傾向にあることがわかったことから，これらの新生遺伝子は酵母が環境ストレスに適応する過程において，膨大に存在する非遺伝子ORFのなかの一部が原始遺伝子として機能し，その後新生遺伝子へと進化したものなのではないかと考えられた[15]．

また，哺乳類の進化においてもこのモデルは検証され，原始遺伝子から進化した新生遺伝子が大脳の発達に寄与している可能性が示された．具体的にはヒト上科においてのみ配列が保存されている74個の新生遺伝子候補を詳細に解析した結果，これらの遺伝子は大脳皮質や小脳，精巣において特に発現が強くみられることがわかった．そのなかでもSMIM45という新生遺伝子を胚性幹細胞に過剰発現し大脳皮質オルガノイドを形成させた際には，神経幹細胞の数が増加しオルガノイド全体のサイズも増加することが確かめられた[16]．

これらの知見から，lncRNAから翻訳される非機能的と思われるポリペプチドも，将来的に変異や環境の変化によって原始遺伝子から新生遺伝子へと進化していくものがあるかもしれない．

おわりに

lncRNAからタンパク質が翻訳されることが明らかになってから，その機能や役割が次々に解析されてきた．しかし，ポリペプチドの産生などといった生理的な機能が同定されたものはlncRNAのなかでもごく一部であり，その他多くのlncRNAの生物学的意義はいまだに不明のままである．これらのlncRNAは未知の機序を介して生体の恒常性に寄与しているか，あるい

は現状では機能をもっておらず将来的に生物の進化に重要な役割を果たす遺伝子へと変化するのかもしれない．RNA-seq解析技術の発展によってlncRNAの同定数が増えているなかで，Ribo-seqや質量分析計，情報解析技術を組合わせてlncRNA上のsmall ORFについても着目した解析を行うことで，lncRNAがもつ新たな生物学的意義を見つけられるかもしれないと期待される．

文献

1) Liu L, et al : Nucleic Acids Res, 50 : D190-D195, doi:10.1093/nar/gkab998 (2022)
2) Kondo T, et al : Nat Cell Biol, 9 : 660-665, doi:10.1038/ncb1595 (2007)
3) Matsumoto A, et al : Nature, 541 : 228-232, doi:10.1038/nature21034 (2017)
4) Nita A, et al : PLoS Genet, 17 : e1009686, doi:10.1371/journal.pgen.1009686 (2021)
5) Mise S, et al : Nat Commun, 13 : 1071, doi:10.1038/s41467-022-28677-y (2022)
6) Ingolia NT, et al : Science, 324 : 218-223, doi:10.1126/science.1168978 (2009)
7) Ingolia NT, et al : Cell Rep, 8 : 1365-1379, doi:10.1016/j.celrep.2014.07.045 (2014)
8) Ichihara K, et al : Nucleic Acids Res, 49 : 7298-7317, doi:10.1093/nar/gkab549 (2021)
9) Lin MF, et al : Bioinformatics, 27 : i275-i282, doi:10.1093/bioinformatics/btr209 (2011)
10) Deng L, et al : J Chem Inf Model, 63 : 3955-3966, doi:10.1021/acs.jcim.3c00366 (2023)
11) Basrai MA, et al : Genome Res, 7 : 768-771, doi:10.1101/gr.7.8.768 (1997)
12) Kastenmayer JP, et al : Genome Res, 16 : 365-373, doi:10.1101/gr.4355406 (2006)
13) Ge Q, et al : J Clin Invest, 131 : e152911, doi:10.1172/JCI152911 (2021)
14) Sun L, et al : Mol Cell, 81 : 4493-4508.e9, doi:10.1016/j.molcel.2021.08.033 (2021)
15) Carvunis AR, et al : Nature, 487 : 370-374, doi:10.1038/nature11184 (2012)
16) An NA, et al : Nat Ecol Evol, 7 : 264-278, doi:10.1038/s41559-022-01925-6 (2023)

＜著者プロフィール＞

白石大智：2024年，九州大学大学院医学系学府博士課程医学専攻修了〔博士（医学）〕．'24年〜，名古屋大学大学院理学研究科分子発現制御学グループ 研究員．現在は翻訳機構の破綻を原因とするさまざまな疾患メカニズムの解明をめざしている．

松本有樹修：2017〜'23年，九州大学生体防御医学研究所分子医科学分野 准教授．'23年〜現在，名古屋大学大学院理学研究科分子発現制御学グループ 教授．オミクス解析とマウスモデルを用いて翻訳の基本原理や疾患メカニズムの解明をめざす．

第2章 ncRNAを"知る"—見出される新たな機能・意義

1. microRNA研究　アップデート
—miRNAの生合成・分解，作用機序と機能

浅野吉政，吉田豊珍，東　将太，程 久美子

microRNA（miRNA）は18〜25塩基長の小さな一本鎖ノンコーディングRNAであり，ヒトには2,000種以上存在する．miRNAはゲノムDNAから転写され，複雑なプロセシング過程を経て成熟型のmiRNAが生合成されることで，初めてさまざまな遺伝子の発現を抑制することができる．本稿では，まずmiRNAの成熟化のしくみとその調節機構について触れ，抑制しようとする遺伝子の識別機構について概説する．さらに，miRNAによる遺伝子抑制機構を巧妙に調節するしくみについて，ヒトの生体防御機構を例として紹介する．

はじめに

　microRNA（miRNA）は1993年に初めて発見された[1]．線虫の幼生期において，発生のタイミングを調節するタンパク質であるLIN-14の発現を調節する因子として見出されたのがlin-4という22塩基長のタンパク質をコードしない小さなRNAであった[1]．lin-4は，LIN-14のmRNAの3′非翻訳領域（3′untranslated region, 3′UTR）に数カ所存在する，部分的に相補的な塩基配列にアンチセンス鎖として対合して，その翻訳を抑制することが明らかにされた．このようなRNA同士の遺伝子発現制御機構は新規の特殊な現象として捉えられた．そのため，線虫でやはり発生を制御する2つ目の小さなRNAとして21塩基長のlet-7が

[略語]

3′UTR：3′untranslated region
ADAR1：adenosine deaminase acting on RNA type 1
AGO：Argonaute
CRL：Cullin-RING ubiquitin ligase
dsRBD：double-stranded RNA binding domain
IFN：interferon
JAK-STAT：Janus kinase-signal transducer and activator of transcription
LGP2：laboratory of genetics and physiology 2
miRNA：microRNA
mRNA：messenger RNA
Nrep：neuronal regeneration-related protein

PACT：protein activator of the interferon-induced protein kinase
pre-miRNA：precursor microRNA
pri-miRNA：primary microRNA
RIG-I：retinoic acid-inducible gene I
RIP-seq：RNA immunoprecipitation sequence
RISC：RNA-induced silencing complex
RLC：RISC-loading complex
Serpine1：serpin family E member 1
TDMD：target-directed miRNA degradation
TNRC6A：trinucleotide repeat containing 6A
TRBP：TAR RNA-binding protein
ZSWIM8：zinc finger SWIM-type containing 8

Update on microRNA research
Yoshimasa Asano[1,2] /Toyotaka Yoshida[1] /Shota Azuma[1] /Kumiko Ui-Tei[1]：Graduate School of Science, The University of Tokyo[1] /School of Pharmacy, Nihon University[2]（東京大学大学院理学系研究科生物科学専攻[1] /日本大学薬学部[2]）

同定されたのは，lin-4が発見されてから7年後の2000年になってからであった[2]．let-7は無脊椎動物に限らず，脊椎動物にも広く保存されていることが明らかになり，それまで認識されていたよりも，このような小さなRNAが一般的に広く存在する遺伝子調節因子であることが示された．2001年には，線虫だけでなくヒトでも次々とこのような小さなRNAが存在することが明らかになり，"microRNA"とよばれるようになった．

miRNAは核内のゲノムから転写された後，2段階のプロセシング過程を経て成熟型となり，標的遺伝子を抑制する（図1）．そして，細胞質において，部分的に相補的な塩基配列をもつmRNAに対合して，その翻訳過程を抑制する．このような現象は，RNAサイレンシングとよばれる．ヒトではすでに2,000種以上のmiRNAが見出されている一方で，大腸菌や酵母ではほとんど存在しないこともわかっている．また，多くの場合，miRNAは多数の遺伝子を一括して抑制するだけでなく，その程度もさまざまという非常に複雑な遺伝子発現調節機構をもつ．このような巧みな微調整可能な調節機構は，ヒトに特異的な高次な生体防御機構や，ひいては学習・記憶・思考などの高次脳機能の調節などに適したシステムといえるかもしれない．本稿では，まずmiRNAの生合成のメカニズムについて触れ，生合成された成熟型miRNAによる標的遺伝子の識別機構とそれを制御するメカニズム，塩基対合の熱力学的安定性による標的遺伝子の抑制効率の制御について解説する．さらには，二本鎖RNA結合タンパク質同士の相互作用によるmiRNAの生合成の調節機構についても，ヒトにおける生体防御機構におけるmiRNAの役割などに触れながら概説し，最後にmiRNAの分解機構について最近の知見を紹介する．

1 miRNAの生合成と標的認識・抑制

miRNAはゲノムDNAから転写された後，2段階のプロセシングを経て成熟型miRNAとなり，RNA-induced silencing complex（RISC）を形成して標的遺伝子を抑制する（図1）．まず最初にmiRNAは，RNAポリメラーゼⅡによって一本鎖のprimary miRNA（pri-miRNA）とよばれるヘアピン構造をもつ数百〜数千塩

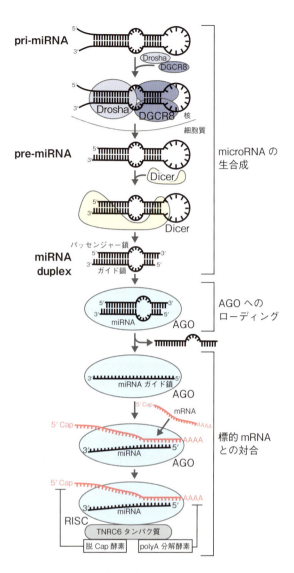

図1　miRNAの生合成過程と標的遺伝子の識別と抑制機構

【miRNAの生合成】pri-miRNAは核内でゲノムから転写された後，DroshaやDGCR8により1段階目のプロセシングを受けてpre-miRNAとなる．pre-miRNAは細胞質に移行した後，DicerやTRBPにより2段階目のプロセシングを受けて成熟したmiRNA duplexとなる．【AGOへのローディング】miRNA duplexはAGOにローディングする．【標的mRNAとの対合】miRNA duplexが一本鎖化し，パッセンジャー鎖が乖離した後，残ったガイド鎖が，主にシード領域と相補的な配列をmRNAの3′ UTRにもつ遺伝子を標的遺伝子として識別・対合する．さらに，TNRC6タンパク質が足場タンパク質として，AGOタンパク質と相互作用しながら，脱Cap酵素やpolyA分解酵素をリクルートすることにより，標的遺伝子の翻訳抑制および分解によって発現を抑制する．

基の長いRNAとしてゲノムDNAから転写される．miRNAは，遺伝子間領域から独立した転写産物として転写される場合もあるが，遺伝子内のイントロン領域から転写される場合もある[3]．いずれの場合も，例外的なものを除いて，転写されたpri-miRNAは，RNase IIIファミリーに属するRNAの切断酵素Droshaと補因子であるDGCR8から構成されるマイクロプロセッサー複合体に取り込まれる．pri-miRNAの末端ループ領域にDGCR8が，stem-flank junction領域にDroshaが結合することで，pri-miRNAの二次構造全体が認識された後，DroshaのRNase III活性によって55～70塩基程度のヘアピン型のprecursor miRNA（pre-miRNA）へとプロセシングされる（**図1**）．

このように1段階目のプロセシングを受けたpre-miRNAは細胞質輸送タンパク質であるExportin 5とRan-GTPの複合体に取り込まれ，核から細胞質へと輸送される．細胞質においてpre-miRNAは，やはりRNase IIIファミリーに属するRNA切断酵素Dicerにより2段階目のプロセシングを受ける．DicerのPAZドメインがpre-miRNAの2塩基のオーバーハングを認識して結合し，RNase III活性により反対側の末端ループ付近を切断するが，PAZドメインとRNase IIIドメイン間の距離がmiRNAのサイズを決める定規の役割を担っており，21～25塩基程度のmiRNA duplexとして切り出される[4][5]．

DicerによってプロセシングされたmiRNA duplexは，Argonaute（AGO）タンパク質に取り込まれ，RISCローディング複合体（RISC-loading complex：RLC）が形成される．AGOタンパク質に取り込まれたmiRNA duplexのうちパッセンジャー鎖は，一本鎖化して取り除かれ，残ったガイド鎖が成熟型miRNAとして働く（**図1**）．ガイド鎖の5′末端から2～8番目の7塩基はシード領域とよばれる．シード領域はAGOタンパク質上の溝状の構造にしっかり固定されるため，AGOの表面上でmiRNAと相補的な配列を3′UTRにもつmRNAは安定に対合し，塩基配列の違いを利用してさまざまな遺伝子の発現調節を行う（**図1**）．シード領域はたったの7塩基であるため，確率的にも1種のmiRNAが1種のmRNAのみを標的として抑制する可能性はきわめて低く，通常は1種のmiRNAが多数のmRNAを一括して抑制する．さらに，シード領域以外にガイド鎖の5′末端から13～16番目の領域も補助的に標的mRNAと対合する場合があり[6]，この場合には構造変化をおこすことで標的抑制活性をわずかながら促進することが報告されている[7]．miRNAによる標的抑制能は，AGO2タンパク質の翻訳後修飾によっても制御される．CRISPR Cas9による機能欠失スクリーニングとmiRNAのレポーターアッセイを組合わせた網羅的解析により，AGO2タンパク質のリン酸化／脱リン酸化サイクルを担う因子が発見された[8]．これらの因子によるAGO2のリン酸化は，標的mRNAとの結合の強さや正確性に関与している．標的mRNAと結合したAGOは足場タンパク質であるtrinucleotide repeat containing 6（TNRC6）をリクルートすることで，TNRC6を介してmRNAの安定性に寄与する5′Cap構造やpoly A配列の分解酵素と相互作用してRISCを形成し，標的mRNAの分解を誘導する[9]（**図1**）．近年，AGOとTNRC6の相互作用が相分離液滴の形成を促し，標的mRNAの分解を促進することが明らかになった[10]．すなわち，AGOのPIWIドメインとTNRC6のGW-richドメインが相互作用して複合体が形成され，液-液相分離による相分離液滴が形成される．この液滴にはRISC複合体のほか，標的mRNAや脱アデニル化酵素が凝集しており，効率よくmiRNAによる標的mRNAの脱アデニル化が促進される．

さらに，miRNAは多様な塩基配列をもっており，それらの標的遺伝子に対する抑制効率はそれぞれ異なると考えられる．そこで，筆者らは機械学習を用いて高い抑制効果を示すmiRNAの特徴を解析した[11]．その結果，①miRNA duplexの中央部の配列（ガイド鎖の5′末端から6～14番目）が熱力学的に安定であり，②ガイド鎖の5′末端が不安定かつパッセンジャー鎖の5′末端が安定であり，③シード領域とmRNAとの塩基対合力が強い場合には，高い抑制効果を示すと考えられる結果が得られた（**図2**）．①はAGOへのローディング効率を上げるためと考えられ，②はAGOにローディングしたmiRNA duplexのうち，ガイド鎖の5′末端から一本鎖化しやすい構造をとることで，ガイド鎖がAGOタンパク質に係留されやすい状態になるためと考えられた．さらに③は，miRNAと標的mRNAが強く塩基対合することによって，標的遺伝子の抑制効率を高めるためと考えられた．

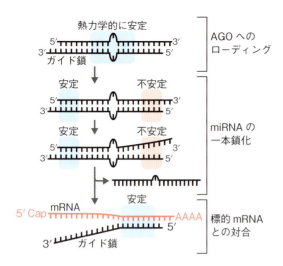

図2　標的遺伝子の抑制効果が高いmiRNA
標的遺伝子に対する抑制効果が高いmiRNAの熱力学的特徴は，①miRNA duplexの中央部が熱力学的に安定，②ガイド鎖の5′末端が不安定でありパッセンジャー鎖の5′末端が安定，③miRNAシード領域とmRNAが熱力学的に安定に結合するものであった．①はAGOへのローディング効率を上げるためと考えられ，②はAGOにローディングしたmiRNA duplexのうち，ガイド鎖の5′末端から一本鎖化しやすい構造をとることで，ガイド鎖がAGOタンパク質に係留されやすい状態になるため，③はmiRNAと標的mRNAが強く塩基対合することで，標的遺伝子の抑制効率を高めるためと考えられた．

また，miRNAの3′末端はアデニル化やウリジル化修飾を受けることが知られており，近年，miRNAのウリジル化は標的mRNAの選択に関与することが報告された[12]．ヒトmiRNAの3′末端がウリジル化酵素TUT4/7によりウリジル化されることで，アデノシンをもつこれまで結合できなかった標的mRNAと塩基対を形成し，miR27aの場合には抑制される標的mRNAが59％増加することが示されている．

このようにmiRNAによる標的mRNAの抑制効率は，塩基配列や，それに伴う熱力学的安定性，そしてリン酸化や液-液相分離，miRNAの3′末端のウリジル化などによって精巧かつ厳密に制御されている．さらには，標的mRNAの3′UTRに存在するmiRNAの対合サイトの場所や数などによっても，緻密に調節されていると考えられる．

2　二本鎖RNA結合タンパク質による miRNAの生合成制御

pre-miRNAはDicerによって切断されることで成熟化するが，このプロセスは二本鎖RNA結合タンパク質によって調節される[13]．Dicerはより効率的に，そして特異的にpre-miRNAをプロセシングするために，TAR RNA-binding protein（TRBP）などの二本鎖RNA結合タンパク質と複合体を形成する．TRBPは二本鎖RNA結合ドメイン（double-stranded RNA binding domain：dsRBD）を2つもっており，pre-miRNAなどの基質となる二本鎖RNAの二本鎖領域に結合する．さらに，2つのdsRBDとよく似ているが二本鎖RNAに対する結合能がない3つ目のMedipalドメインをもち，Dicerへのリクルートを促進する．次に，Dicerはpre-miRNAが2塩基のオーバーハングをもっている場合は切断反応に進み，もっていない場合は迅速にTRBPが新たな基質の再配置を行う．このように，DicerとTRBPが共役して働くことで，pre-miRNAの正確でかつ効率的なプロセシングを可能にしている[14]（図3A）．

その構造の類似性からTRBPとよく比較して研究されてきたタンパク質としてprotein activator of the interferon-induced protein kinase（PKR）（PACT）が挙げられる．PACTはTRBPと同様にDicerのプロセシングを促進するが[15]，異なる点も挙げられる．Dicer-TRBP複合体とDicer-PACT複合体は，同じpre-miRNAから異なる長さの成熟型miRNAを生成することが報告された[16][17]．この現象はDicerの切断点が補因子であるTRBPやPACTとの相互作用によってずれることによって生じる．Dicerによる切断点がずれるとmiRNAのRNAサイレンシングに大きな影響を与える．特にpre-miRNAの3′側に位置するmiRNA（3pストランド）は，その5′末端の切断点が1塩基でもずれるとシード配列がずれるため，異なる種類の遺伝子群を制御することになる．またもともと二本鎖RNAの編集酵素として同定された二本鎖RNA結合タンパク質であるadenosine deaminase acting on RNA type 1（ADAR1）もDicerと相互作用することで，miRNAの成熟化を促進することが報告された[18]．ADAR1はホモダイマー形成時にはRNA編集に，Dicer

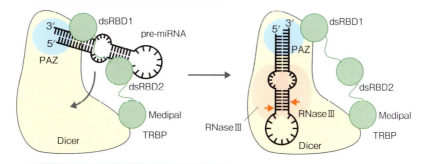

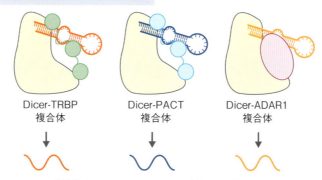

図3 Dicer-TRBPによるプロセシング機構とさまざまな二本鎖RNA結合タンパク質によるプロセシング制御
A）TRBPは2つのdsRBD1, 2を介してpre-miRNAのステム領域に結合し，Medipalドメインを介してDicerと相互作用する．DicerはPAZドメインにより，pre-miRNAの3′末端に存在する2塩基のオーバーハングを認識して結合し，TRBPがリクルートしてきたpre-miRNAをDicerへ引き渡す．pre-miRNAはDicerに取り込まれると，RNaseⅢドメインによって，pre-miRNAのループの根本の部分を3′末端に2塩基オーバーハングする形で切断する．B）DicerはTRBPやPACT，ADAR1などの相互作用因子を置き換えることで，相互作用するmiRNAの種類を変えたり，成熟化させるmiRNAの長さを調節する．

とのヘテロダイマー形成時にはmiRNAの生合成促進に寄与する．またADAR1はウイルス感染時などに産生されるインターフェロン（interferon：IFN）によって発現誘導されるADAR1p150というアイソフォームが存在し，ウイルス応答時に特定のmiRNAの成熟化を促進することも報告されている[19]．さらに，筆者らはTRBPやADAR1のRNA immunoprecipitation sequence（RIP-seq）解析の結果，それぞれ優先的に結合するmiRNAには相違があることを報告している[20)21]．つまり，TRBPやADAR1はそれぞれ異なる種類のmiRNAをDicerへとリクルートして成熟化させていると考えられる．このような違いを生み出す理由はdsRBDの基質選択性やpre-miRNAがもつさまざまなRNA二次構造（ミスマッチ塩基対やWobble塩基対，バルジ，インターナルループ等）[20]に起因すると考えられている．

以上のように，miRNAは同一のpre-miRNAからのプロセシングの過程において，Dicerの働きを補助する二本鎖RNA結合タンパク質が複数存在することで，成熟化させるmiRNAの長さや種類を変えて，下流の遺伝子群の制御ネットワークを調節していると考えられる（**図3B**）．

3 miRNAによって制御されるウイルス応答機構

ここで，miRNA生合成因子の機能的変化が，miRNAを介して遺伝子発現を巧妙に制御することを示

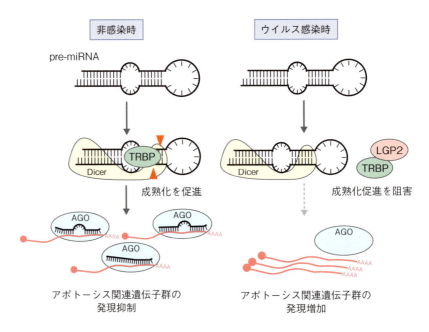

図4　ウイルス感染時のTRBP-LGP2相互作用によってTRBPによるmiRNA成熟化促進が阻害される機構
ウイルス非感染時においては，TRBP-Dicer複合体によってpre-miRNAの成熟化が行われる．一方，ウイルス感染に伴うIFN応答時においては，LGP2の発現量が大きく増加する．TRBP-LGP2の相互作用は，TRBP-Dicerより安定であると考えられ，それまでDicerと相互作用していたTRBPはLGP2と相互作用する．その結果，TRBP-Dicer複合体によるpre-miRNAのプロセシングが阻害され，成熟型miRNA量が減少する．そのため，miRNAが標的としていた遺伝子群への転写後抑制が弱まることで，アポトーシス関連因子などの標的遺伝子群の発現量が増加する．

したわれわれの研究事例を紹介する．

哺乳類の体細胞において，ウイルスに感染した細胞では，自然免疫応答の1つであるIFN応答が誘導される．IFN応答時には，①感染細胞でのIFNの産生・分泌，②IFNを受容した細胞でのJanus kinase-signal transducer and activator of transcription（JAK-STAT）経路の活性化の2つのステップを経て，抗ウイルス機能をもつ遺伝子群の発現量が大きく変動する[22]．これにより細胞内のウイルスの増殖が抑制される．この細胞内の抗ウイルス応答機構として，無脊椎動物や植物においてはRNAサイレンシング機構が用いられていることが示されていた．一方，哺乳類においてはIFN応答などの高度な生体防御機構が発達し，RNAサイレンシングは抗ウイルス機能とは無関係であると考えられていた．しかしながら，筆者らは，IFN応答時に発現上昇するウイルスセンサータンパク質の1つであるlaboratory of genetics and physiology 2（LGP2）がpre-miRNAの成熟化促進因子であるTRBPの機能を制御するという，IFN応答経路とRNAサイレンシング経路のクロストークがあることを発見した[20]．すなわち，ウイルス感染前にはTRBP-Dicerの相互作用によってpre-miRNAの成熟化が起こっているが，ウイルス感染によってLGP2の発現量が増加すると，LGP2はDicerよりもTRBPと相互作用しやすいため，TRBP-DicerからTRBP-LGP2へと置き換わり，TRBP-Dicer複合体によって成熟化していたpre-miRNAの成熟化が阻害される（図4）．そのため，TRBP結合型miRNAの標的遺伝子に対する発現抑制効果が弱まり，結果的に，それらの発現量を増加させると考えられた．実際に，TRBP欠損細胞とLGP2欠損細胞にセンダイウイルスを感染させてマイクロアレイ解析を行い，成熟化阻害が起こる野生型細胞でのみ発現量が増加し，TRBPおよびLGP2欠損細胞では増加しない遺伝子群を調べたところ，その遺伝子群のなかにはアポトーシス関連因子が多く含まれていることがわかった[23]．したがって，TRBPはウイルス応答時には，アポトーシスを誘導するように働くと考えられた．さらに，アポトーシスが起こると，TRBPはアポ

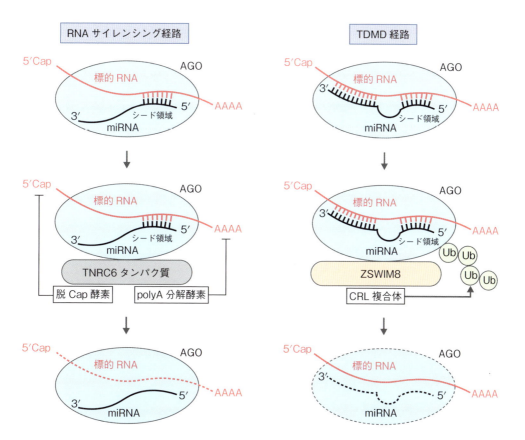

図5　TDMDによる成熟型miRNAの分解機構
通常AGOタンパク質に取り込まれたmiRNAはシード領域により標的RNAを認識して結合し，その発現を抑制する．一方で，miRNAがシード領域と3′末端側で標的RNAに結合して中央領域にバルジ構造を形成する特徴的な結合様式を取るとTDMDが誘導される．ZSWIM8タンパク質によってAGOタンパク質にCRL複合体がリクルートされ，ユビキチン化（Ub）が起こる．その後プロテアソームでのAGOタンパク質の分解，ヌクレアーゼによるmiRNAの分解が起こる．

トーシス誘導時に活性化されるCaspase-3に切断されることが明らかになり，一方でIFN応答を抑制しつつ，他方で小胞体ストレスを誘導し，IFN応答と細胞死誘導のバランスをとる役割を果たしているということも明らかになってきた[24]．

他の研究グループにおいては，TRBPに限らず，Dicer，PACT，ADAR1などのmiRNA生合成にかかわる二本鎖RNA結合タンパク質が，ウイルスセンサーの役割を果たすRNA結合タンパク質〔例えばretinoic acid-inducible gene I（RIG-I），PKRなど〕と相互作用をする例も明らかになっている[25)〜27)]．これらRNA結合タンパク質間の相互作用はIFN応答を調節するとともに，miRNA群の生合成に影響を及ぼし，miRNA-mRNAの遺伝子発現ネットワークをも制御していると考えられる．ウイルスセンサータンパク質の一部はIFN応答時に，時間経過とともに発現量が大きく増加することも考えると，感染からの時間に応じた応答の切り替えなどに対し，miRNAが重要な役割を果たしている可能性が考えられる．

4　ターゲット指向型分解機構によるmiRNAの分解制御

近年，これまで述べてきたようにmiRNAが標的となるmRNAの分解を引き起こすのではなく，逆に標的mRNAがmiRNAを分解するターゲット指向型miRNA分解（target-directed miRNA degradation：TDMD）という機構が報告されている．TDMDはmiRNAが標

的mRNAに通常とは異なる様式で結合したときに誘導される．すなわち，miRNAのシード領域に加えて，miRNAの3′末端側の約10塩基とも相補的に対合するという強固な結合をしたうえで，miRNAの中央領域はバルジ構造を取ることで誘導される（**図5**）．このような結合様式において，AGOタンパク質は構造変化を起こすことが結晶構造解析により示され，AGOタンパク質は通常とは異なるタンパク質複合体をリクルートすることが示唆された[28]．その後，CRISPR-Cas9系を用いた遺伝子スクリーニングにより，より詳細なTDMDの分子メカニズムが明らかになった[29]．そこでは，ユビキチンリガーゼファミリーであるCullin-RING ligase（CRL）複合体に含まれるzinc finger SWIM-type containing 8（ZSWIM8）を介してAGOタンパク質のユビキチン化が促進され，その後プロテアソームで分解されるというモデルが提唱された．この過程を経てmiRNAはAGOタンパク質から放出され，最終的にはヌクレアーゼによって分解される．

TDMDはウイルスの転写産物やmiRNA阻害剤であるTough Decoy RNAによって誘導されると考えられてきたが，近年さまざまな機能にかかわる内因性の転写産物によっても誘導されることが明らかとなった．例えば，神経再生に関連するneuronal regeneration-related protein（Nrep）とmiR-29b[30]，血栓溶解にかかわるserpin family E member 1（Serpine 1）とmiR-30[31]，長鎖ノンコーディングRNAであるCyranoとmiR-7[32]のペアリングでTDMDが誘導されることが報告された．Shkumatavaらの研究グループの報告によると[30]，miR-29bとの結合部位を含むNrepの3′UTRは脊椎動物に広く保存されており，この結合部位を欠損させたマウスでは小脳でmiR-29bが高発現し，小脳が司る運動学習に支障がみられた．一般的に成熟化したmiRNAはAGOタンパク質によって保護されているため，半減期が数時間から数日と細胞内で安定に存在している．そのため，AGOタンパク質の分解を誘導するTDMDは，個体レベルでの表現型にも影響を与える重要なmiRNA発現制御機構といえるだろう．

おわりに

miRNAは塩基配列の違いだけでなく，塩基対合の熱力学的安定性，RNAの二次構造などのきわめて複雑な機構を巧みに制御しながら，遺伝子発現を調節する．本稿において，このような精巧な調節機構のメカニズムについて述べてきたが，これらは20塩基程度の小さなRNA分子であるからこそ実現可能な機構と考えられる．miRNAによる遺伝子発現制御機構の理解は，これまで未解明であった未知の生命現象を理解する鍵となるかもしれない．

文献

1) Lee RC, et al：Cell, 75：843-854, doi:10.1016/0092-8674(93)90529-y（1993）
2) Slack FJ, et al：Mol Cell, 5：659-669, doi:10.1016/s1097-2765(00)80245-2（2000）
3) Kim YK & Kim VN：EMBO J, 26：775-783, doi:10.1038/sj.emboj.7601512（2007）
4) Zhang H, et al：Cell, 118：57-68, doi:10.1016/j.cell.2004.06.017（2004）
5) Macrae IJ, et al：Science, 311：195-198, doi:10.1126/science.1121638（2006）
6) Grimson A, et al：Mol Cell, 27：91-105, doi:10.1016/j.molcel.2007.06.017（2007）
7) Sheu-Gruttadauria J, et al：EMBO J, 38：e101153, doi:10.15252/embj.2018101153（2019）
8) Golden RJ, et al：Nature, 542：197-202, doi:10.1038/nature21025（2017）
9) Lai EC：Nat Genet, 30：363-364, doi:10.1038/ng865（2002）
10) Sheu-Gruttadauria J & MacRae IJ：Cell, 173：946-957.e16, doi:10.1016/j.cell.2018.02.051（2018）
11) Tian S, et al：RNA Biol, 17：264-280, doi:10.1080/15476286.2019.1678364（2020）
12) Yang A, et al：Mol Cell, 75：511-522.e4, doi:10.1016/j.molcel.2019.05.014（2019）
13) Yoshida T, et al：Noncoding RNA, 7：57, doi:10.3390/ncrna7030057（2021）
14) Fareh M, et al：Nat Commun, 7：13694, doi:10.1038/ncomms13694（2016）
15) Lee Y, et al：EMBO J, 25：522-532, doi:10.1038/sj.emboj.7600942（2006）
16) Fukunaga R, et al：Cell, 151：533-546, doi:10.1016/j.cell.2012.09.027（2012）
17) Wilson RC, et al：Mol Cell, 57：397-407, doi:10.1016/j.molcel.2014.11.030（2015）
18) Ota H, et al：Cell, 153：575-589, doi:10.1016/j.cell.2013.03.024（2013）
19) Liu G, et al：J Biol Chem, 294：14043-14054, doi:10.1074/jbc.RA119.007970（2019）
20) Takahashi T, et al：Nucleic Acids Res, 46：9134-9147, doi:10.1093/nar/gky575（2018）
21) Ishiguro S, et al：RNA Biol, 15：976-989, doi:10.1080/15476286.2018.1486658（2018）
22) Ivashkiv LB & Donlin LT：Nat Rev Immunol, 14：36-49, doi:10.1038/nri3581（2014）

23) Takahashi T, et al：Nucleic Acids Res, 48：1494-1507, doi:10.1093/nar/gkz1143（2020）
24) Shibata K, et al：Nucleic Acids Res, 52：5209-5225, doi:10.1093/nar/gkae246（2024）
25) Montavon TC, et al：PLoS Pathog, 17：e1009549, doi:10.1371/journal.ppat.1009549（2021）
26) Kok KH, et al：Cell Host Microbe, 9：299-309, doi:10.1016/j.chom.2011.03.007（2011）
27) Nie Y, et al：J Virol, 81：917-923, doi:10.1128/JVI.01527-06（2007）
28) Sheu-Gruttadauria J, et al：Mol Cell, 75：1243-1255.e7, doi:10.1016/j.molcel.2019.06.019（2019）
29) Han J, et al：Science, 370：eabc9546, doi:10.1126/science.abc9546（2020）
30) Bitetti A, et al：Nat Struct Mol Biol, 25：244-251, doi:10.1038/s41594-018-0032-x（2018）
31) Ghini F, et al：Nat Commun, 9：3119, doi:10.1038/s41467-018-05182-9（2018）
32) Kleaveland B, et al：Cell, 174：350-362.e17, doi:10.1016/j.cell.2018.05.022（2018）

＜筆頭著者プロフィール＞

浅野吉政：神戸大学理学部生物学科卒業．東京大学大学院理学系研究科（修士・博士課程）修了．マウス個体を用いたsiRNAの抗腫瘍効果の検証のほか，ウイルス感染時の分子間相互作用を研究（東京大学大学院理学系研究科程研究室助教）．現在，日本大学薬学部にて，マウスや細胞を用いたウェット技術とバイオインフォマティクス技術を駆使し，体内時計の生理的意義の解明をめざす．

第2章　ncRNA を"知る"―見出される新たな機能・意義

2. piRNA を介したトランスポゾンの 転写抑制機構

大西　遼，岩崎由香

真核生物ゲノムの大部分を占めるトランスポゾンは，さまざまな機構による抑制を受けている．特に幅広い生物種の生殖細胞でトランスポゾン抑制に主要な役割を果たすのが，PIWI-interacting RNA（piRNA）を介した RNA サイレンシング機構である．piRNA は複合体を形成する PIWI タンパク質の種類により，転写後抑制または転写抑制を引き起こす．本稿では，特にモデル生物として解析がさかんに行われているショウジョウバエおよびマウスについて，piRNA による転写抑制を介したトランスポゾン制御メカニズムを概説する．

はじめに

　生殖細胞においては，親から引き継いだ抑制性のエピゲノム情報を「白紙」に戻す，リプログラミングとよばれる現象がみられる．このようなエピゲノム状態のリセットは，受精卵の分化全能性の獲得に重要な役割をもつ．その一方で，エピゲノム情報の書き込みがない生殖細胞のゲノムは，あらゆる環境要因に対して脆弱性を示す．生殖細胞のゲノムの脆弱性の大きな要因となるものが，この時期に活発化するレトロトランスポゾンとよばれる可動性の DNA 配列である．レト

ロトランスポゾンは，ウイルスなどの外因性の塩基配列が，進化の過程で宿主ゲノムに内在化されたものとも考えられ，これらは RNA の逆転写を介して自己の DNA 配列を複製し，宿主ゲノムの任意の位置に複製配列を挿入（転移）する．レトロトランスポゾンは，ゲノム進化の原動力となってきた一方で，宿主の制御を外れた転移が生じた場合には，遺伝子破壊やゲノムの不安定化を引き起こし，個体の生存に重篤な影響を与える可能性がある．そのため，生殖細胞には，ゲノムの自己・非自己を見分け，緻密に制御するためのゲノム性免疫機構として PIWI-interacting RNA（piRNA）が存在している．

1 piRNA の産生と抑制機構の概略

　piRNA は，線虫からヒトに至るまで，さまざまな生物種間で保存された 20 ～ 30 塩基長の生殖細胞特異的な小分子 RNA であり，相補的な配列をもつレトロト

[略語]
GHKL ATPase：gyrase, hsp90, histidine kinase, MutL ATPase
LAD：lamina-associated domain
piRISC：piRNA-induced silencing complex
piRNA：PIWI-interacting RNA
TE：transposable element

piRNA-mediated genomic defense against transposable elements
Ryo Onishi/Yuka W. Iwasaki：RIKEN Center for Integrative Medical Sciences（理化学研究所生命医科学研究センター）

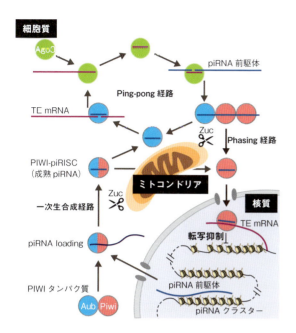

図1 ショウジョウバエのpiRNAによるトランスポゾン抑制機構の概略図

ランスポゾンを認識して抑制する．ArgonauteファミリーのサブタイプであるpiWiサブファミリータンパク質[※1]とpiRNAは，piRNA-induced silencing complex（piRISC）とよばれる複合体を形成することで機能する．piRNAは，ゲノム中のpiRNAクラスター領域を由来とする長鎖一本鎖RNA前駆体やトランスポゾン自身から生成される（図1）．piRNAクラスターから転写された前駆体は，トランスポゾンに相補的な配列を多く含んでおり，ミトコンドリア上のエンドヌクレアーゼ〔Zucchini（Zuc）やMitoPLD〕により適切なサイズにトリミングされる（一次生合成経路）[1)~3)]．こうしてつくられたpiRNAは，piRISCを形成するPIWIタンパク質によって，細胞質でのRNA切断を介して転写後抑制に寄与するもの（Aub-piRISCやMili-piRISC，Miwi-piRISC）と，核内で新生RNAの認識と抑制複合体の誘導を介して転写抑制に寄与するもの

> **※1　PIWIサブファミリータンパク質**
> piRNAと結合し，主に生殖細胞において標的レトロトランスポゾン抑制の中核因子として機能する．piRNAとの結合に必要なPAZドメイン，および標的切断活性に必要なPIWIドメインをもつ，100 kDa程度のタンパク質であり，有性生殖を行う生物種で保存されている．

（Piwi-piRISCやMiwi2-piRISC）に，その役割が分岐する．前者の機構で切断・分解されたRNAからも，直接トランスポゾン抑制には寄与しないpiRISC（Ago3-piRISC，Mili-piRISC）がつくられるが，これはトランスポゾンをもとに前駆体を標的として切断することで，piRNAの増幅に寄与する役割をもつ（二次増幅経路：Ping-pong経路）[4)5)]．さらに一次生合成経路後の残留物，および二次増幅経路で切断された前駆体の残留物からも，前述のミトコンドリア上のエンドヌクレアーゼによる連続的な切断によりpiRNAが増幅され，これらは主に後者の核内転写抑制機構に寄与するPIWIタンパク質とpiRISC（Piwi-piRISCやMiwi2-piRISC）を形成する（Phasing経路）[6)7)]．本稿では，ショウジョウバエとマウスのpiRNAによる核内サイレンシングに関して，最新の知見も踏まえ詳細に解説していきたい．

2 ショウジョウバエにおける核内転写抑制経路

ショウジョウバエのpiRNAによる核内転写抑制機構に関する研究では，核内で機能するPIWIタンパク質であるPiwiのみが発現する生殖系体細胞（OSC）を用いた解析が広く行われている[8)]．Piwiが，他の細胞質で機能するPIWIタンパク質（AubとAgo3）と分子的に異なるのは，N末端にpiRNAの結合とともに露出する2つの核局在シグナルをもつ点である．これにより，未完成のpiRISCの核内移行は制限され，核内トランスポゾン制御の効率を高めている[9)]．また，Piwiは認識したRNAを切断するエンドヌクレアーゼ活性（スライサー活性）をもたない[10)]．そのため，Piwi-piRISCはRNAを直接分解するエフェクターではなく，新生RNAに抑制複合体を係留するためのリクルーターとしての機能をもつと考えられた．さらに，卵巣でトランスポゾン抑制に寄与する遺伝子のスクリーニングにより同定されたpiRNA因子のなかには，H3K9me3修飾酵素をはじめとするヘテロクロマチン形成タンパク質が含まれていた（図2A）[11)~13)]．このことから，Piwi-piRISCがトランスポゾンの新生RNAにリクルートする抑制複合体には，ヘテロクロマチン化を誘導する機能があると予想された．近年では，このプロセスは，初期転写抑制を介したpiRISC結合のための足場形成，

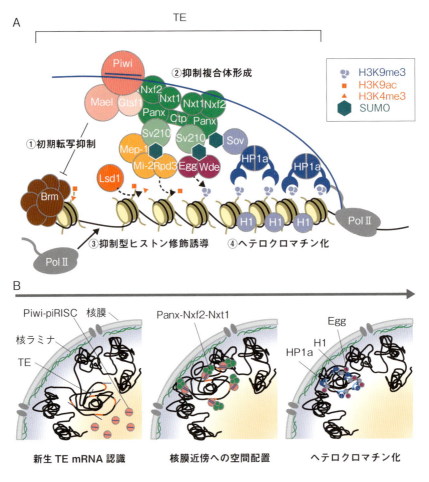

図2 ショウジョウバエpiRNAを介したトランスポゾン核内転写抑制モデル

新生RNA上に形成された足場での転写抑制複合体形成，piRNA標的クロマチン領域の核膜辺縁部へのゲノム空間配置，抑制性ヒストン修飾の誘導とゲノム構造変化によるヘテロクロマチン形成，という段階を経て進行することが示されている（**図2B**）．

　初期転写抑制のプロセスに重要な役割を果たすのが，Maelstrom（Mael）である（**図2A①**）．この因子の欠損はPiwi-piRISCの標的となるトランスポゾン領域の抑制型ヒストンマークH3K9me3のレベルにほぼ影響を与えないにもかかわらず，その転写は大幅に上昇するという，初期のモデルに従わない因子であったため，その分子機能は謎に包まれていた[14]．しかし近年，Maelは直接Piwi標的トランスポゾンのプロモーターを制御する可能性が示唆された[15]．PiwiがMaelと相互作用するとともに，この複合体は転写活性型クロマ

チンリモデラーSWI/SNF複合体のコアユニットであるBrahma（Brm）のトランスポゾンへの結合を阻害する．このことから，MaelはSWI/SNFを阻害することで，抑制複合体の足場となる新生RNAがクロマチン上へ安定的に係留することに寄与する[16]．

　転写抑制複合体形成プロセスには，DmGtsf1/Arx（Gtsf1），Panoramix/Silencio（Panx），Nxf2，Nxt1/p15（Nxt1），Cutup/LC8（Ctp）といった因子を必要とする（**図2A②**）．Gtsf1は，Piwiと相互作用する核タンパク質である．Gtsf1の欠損では，Piwi依存性トランスポゾンは脱抑制し，トランスポゾン遺伝子座のH3K9me3レベルは低下する[17)18]．また，Gtsf1の欠損は，PiwiとMaelやPanxなどの抑制因子の相互作用を低下させるため，Piwi-piRISCとその下流の抑制複合体間を結ぶ，コネクターとしての役割をもつと考えら

れる[19]．一方，Panxはショウジョウバエ特異的な因子であり，Gtsf1の下流で，H3K9me3誘導，および転写抑制の中核を担う．レポーターRNAにPanxを人工的に係留（テザリング）すると，H3K9me3が異所的に蓄積し，Piwi非存在下でもその発現が抑制された[19][20]．このことは，PanxがPiwi-piRISCがリクルートする転写抑制複合体の中心因子であることを示唆している．Nxf2とNxt1は，mRNAの核外輸送タンパク質Nxf1のパラログ，およびその補因子であるが，Nxf2はmRNA核外輸送能をもたず，Panx，Nxf2，Nxt1で相互安定な複合体を形成してpiRNA経路で働く[21]～[24]．また，Nxf2は標的となる新生RNAに結合することで，Piwi-piRISCを標的RNAに固定する役割をもつ[21][24]．さらに，CtpはPanx-Nxf2-Nxt1複合体の二量体化のハブとして働くとともに，二量体依存的に効率的なヘテロクロマチン化を助長する[25][26]．

　ヘテロクロマチン領域とユークロマチン領域のゲノムの核内空間配置は異なることがわかっており，特にヘテロクロマチン領域は核膜辺縁部に配置され，核膜を裏打ちする核ラミナと相互作用するとされている（lamina-associated domain：LAD）．Piwi-piRISCにより抑制されるトランスポゾン領域核内空間配置に関して，piRNA因子のノックダウンやテザリングの条件下で，LADを同定するLamin DamID-seq[※2]を行ったところ，Piwiに抑制されるトランスポゾン領域は，抑制とともに核膜辺縁部に配置された[27]．現時点ではその移行メカニズムは不明であるものの，Panx-Nxf2-Nxt1二量体は，ssRNAやdsDNAとの結合依存的に凝縮体を形成することが生化学解析から示されており[25]，このような生化学活性が関与する可能性がある．

　Panx-Nxf2-Nxt1の下流であるヘテロクロマチン形成のプロセスでは，H3K9の抑制性ヒストン修飾の付加に先立って，活性型ヒストン修飾が除去される（**図2A③**）．H3K4脱メチル化酵素Lsd1とその補因子であ

※2　Lamin DamID-seq

ゲノム全体におけるラミンとの相互作用領域を高解像度で解析する技術．ラミンタンパク質と大腸菌のメチルトランスフェラーゼDamの融合タンパク質を発現させることで，ラミン近傍DNA領域をDamによりメチル化する．メチル化されたDNAを抽出し，シークエンスすることで，ラミンの近傍ゲノム領域を特定する．この方法を用いることで，lamina-associated domains（LADs）を同定できる．

るCoRESTが，活性型ヒストン修飾であるH3K4のメチル化の除去に寄与する[19]．さらに，Mi-2，MEP-1，Rpd3は複合体を形成し，Piwiが標的とするトランスポゾン遺伝子座に集められ，H3K9を脱アセチル化する．通常，ATP依存性クロマチンリモデラーであるMi-2とRpd3は，ショウジョウバエのヌクレオソームリモデリングおよび脱アセチル化酵素（dNuRD）複合体中に存在する[28]．Mi-2はショウジョウバエMEP-1含有（dMec）複合体にも存在するが，Rpd3は存在しない[29]．したがって，Mi-2，MEP-1，Rpd3を含む複合体は，Piwiを介する経路に特有である可能性がある[30]．

　ショウジョウバエには3つのH3K9特異的ヒストンメチル化酵素，Su（var）3-9，G9a，Eggless/dSetDB1（Egg）があるが，これらのうち，Piwiを介した転写抑制に機能しているのはEggのみである[14]．EggはUbc2によってユビキチン化されることでメチル化活性を示し，補因子であるWindei（Wde）がEggをクロマチン上に保持することで，piRNA標的トランスポゾン領域にH3K9me3を付与する[31]．

　これらの修飾酵素群とPanxを結びつけるものとして，SUMO化に注目が集まっている．Su（var）2-10（Sv210）はSUMO E3 ligaseであり，PanxとEgg，Wde，Mi-2，MEP-1などのエフェクターとの物理的結合に必要である[32]．また，Sv210との関連性は不明だが，PanxもまたPiwi依存的にSUMO化を受け，これを介してsmall ovary（Sov）というヘテロクロマチン形成に寄与するzinc finger proteinがリクルートされる[33]．実際，piRNA因子として見つかった，多くのクロマチンタンパク質が，SUMO相互作用モチーフをもっていることを鑑みると，Sv210をはじめとするE3 ligaseは，Piwi依存的に近接タンパク質をSUMO化することで，クロマチン上の抑制の足場を提供している可能性がある[30][32]．

　トランスポゾンコード領域には，さらにヘテロクロマチンタンパク質1a（HP1a）とヒストンH1（H1）がリクルートされる（**図2A④**）．HP1aは，H3K9me3に特異的に結合してヘテロクロマチンを維持することで，トランスポゾンの抑制に必須である[34]～[36]．また，ヒストンH1はPiwiに結合し，H3K9me3とHP1aのレベルを変えることなく，Piwi標的遺伝子座のクロマチンアクセシビリティを制御する[37]．これらに加えて，Piwi

ノックダウン条件下における HiC-seq 解析の結果から，Piwi-piRNA による制御がクロマチンアクセシビリティのみならず，3D ゲノム構造も制御していることが明らかとなった[25]．以上のように，Piwi-piRISC は，段階的な抑制プロセスを踏むことで，正確かつ厳重なトランスポゾンの転写抑制を実現していると考えられる．

3 マウスにおける Miwi2-piRISC を介した転写サイレンシング

マウスの piRNA と PIWI タンパク質である Miwi（Piwil1），Mili（Piwil2），Miwi2（Piwil4）は雄性生殖細胞において発現する．各マウス PIWI タンパク質は精子形成に必要だが，発現タイミングが異なる．Miwi はパキテン期[※3]から伸長精子期まで発現するのに対し，Miwi2 はゴノサイト期[※4]に特異的であり，Mili は胎仔期から円形精子期にわたり発現する．Miwi および Mili と結合する piRNA をパキテン piRNA，Miwi2 および Mili と結合する piRNA をプレパキテン piRNA とよぶ．パキテン piRNA は，大部分が明確な標的をもたないのに対し，プレパキテン piRNA はトランスポゾンを標的とする．近年，パキテン piRNA の一部が生殖細胞の遺伝子発現を制御すると報告されている[38]．一方，プレパキテン piRNA はショウジョウバエと同様にトランスポゾンの抑制に必須である．

ショウジョウバエとマウスのトランスポゾン抑制メカニズムで大きく異なる点は，DNA メチル化が寄与する点である．プレパキテン piRNA と Miwi2 が発現する時期は，リプログラミングされた雄の始原生殖細胞が，胎仔の精巣に到達し，再度ゲノム全体が DNA メチル化を獲得する（de novo DNA メチル化）時期と同一である．このことから，de novo DNA メチル化とプレパキテン piRNA の関連性が示唆されていた[39]~[41]．Mili は，細胞質で RNA 転写物を切断し，Mili 同士で二次増幅を行うとともに，Miwi2-piRISC を産生する[42]~[44]．その後，Miwi2-piRISC は核内に入り，進化的に若い long interspersed nuclear element-1（LINE1）と intracisternal A-particle（IAP）を標的として，そのプロモーター領域特異的に de novo DNA メチル化を引き起こす[45][46]．また，DNA メチル化と並行して H3K9me3 による抑制も働いていることも明らかになっており，マウスではより厳重なトランスポゾン抑制メカニズムが機能していると考えられる（**図3**）．

マウスは4つの Dnmt3 メンバー，Dnmt3A，Dnmt3B，Dnmt3C，Dnmt3L を発現しており，これらすべてが精子形成に必要である．これらのうち，非メチル H3K4 に結合する Dnmt3L は共通のアダプタータンパク質であると考えられており[47]，その欠損はゲノムワイドな DNA メチル化の低下を引き起こす[48]~[51]．また，Dnmt3A の欠損によってもゲノム全体の DNA メチル化が低下するが，興味深いことに，その対象から piRNA の標的は除外される[52]~[55]．それに対し，生殖細胞かつ齧歯類特異的な Dnmt3C の欠損は，Mili の欠損時にみられるように，トランスポゾンプロモーター領域の DNA 脱メチル化を特異的に引き起こすことから，Dnmt3C が Miwi2 経路に特異的に働く DNA メチル化酵素であると考えられる．また，Miwi2 の標的には H3K9 のメチル化が観察されるとともに，H3K9 のメチル化酵素 SetDB1 の欠損でそのレベルが低下する[56]．SetDB1 の欠損個体では適切な de novo DNA メチル化が行われないことから，H3K9 メチル化と DNA メチル化には繋がりがあると考えられる．このように，Miwi2 の標的には DNA メチル化因子誘導とヒストン修飾酵素誘導の2つの抑制経路が機能することが示唆される．

まず，DNA メチル化誘導プロセスに寄与すると考えられるのが，SPOCD1，TEX15，C19ORF84 である．これらの因子は，ゴノサイト期の少数細胞を用いた相互作用解析から同定された．SPOCD1 と TEX15 は Miwi2 と，C19ORF84 は SPOCD1 と相互作用する．これらの欠損は，いずれも精子形成不全と進化的に若い

※3　パキテン期

減数分裂の第一分裂前期において，ザイゴテン期に続く時期．二価染色体の2組の姉妹染色分体が対合し，互いに密着した太く短いシナプトネマ構造を形成している．染色体の形態，組換えの状態をチェックし，減数分裂期の進行を保証する重要な分裂時期とされる．次のディプロテン期になると対合が解離しはじめる．

※4　ゴノサイト期

始原生殖細胞が胚発生の初期段階で生殖巣原基に移行し，前精原細胞として細胞数を増幅させ，細胞周期を G1 で停止させた状態．ゴノサイト期後の前精原細胞は分裂を再開し，幹細胞活性を獲得した後，精原細胞となる．ゴノサイト期には，ダイナミックなエピゲノムの変化が生じることが知られている．

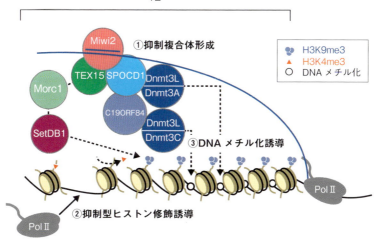

図3 マウスpiRNAを介したトランスポゾン核内転写抑制モデル

トランスポゾン上のDNAメチル化レベルが低下するという，Miwi2-piRNA経路機能不全の特徴を示した[57]〜[59]．特にC19ORF84は，Dnmt3LおよびDnmt3Cと相互作用するため，Miwi2-piRISCとde novo DNAメチル化酵素モジュールを結びつける因子であると考えられる[59]．

一方，抑制性ヒストン修飾の付与にはMorc1が重要な役割を果たす．Morc1はGHKL ATPaseのMorcファミリーに属し，その欠損もまた雄性不妊の原因となる．Morc1変異マウスでは，piRNAの存在量に影響を与えずに，雄性生殖細胞でMiwi2の標的となるようなトランスポゾンの低メチル化と脱抑制が起こる[60]．近年では，ゴノサイト期に絞った詳細なMorc1の解析が行われた結果，Morc1はDNAメチル化のレベルが低いMiwi2の標的トランスポゾンに対してもH3K9メチル化を介した抑制を行うことが示唆されたため，Miwi2/Morc1による抑制機構は，Miwi2/SPOCD1によるDNAメチル化と相補的に機能する可能性がある[61]．しかし，現時点ではMiwi2やMorc1，SetDB1の直接的な複合体の単離は行われていないことから，他のヒストン修飾の寄与や，DNAメチル化とのクロストークの解明などの課題は残っている．例えば，H2A/H4R3me2sを触媒するPrmt5や，胚性幹細胞でH3K9me3とDNAメチル化の間の調整因子であることが知られるUHRF1もまた，piRNA経路に寄与することが示唆されている[62]．今後，ゴノサイト期に絞った少数細胞解析やショウジョウバエとの比較を通じて，その詳細な分子メカニズムが解明されることを期待する．

おわりに

piRNAを介したトランスポゾンの転写抑制は，逆説的に新生RNAの転写を必要とする．このことから，piRNAによる転写抑制機構が，トランスポゾンの発現と抑制のバランスを担保する役割をもつと捉えることもできる．さらに，トランスポゾンの抑制という機能面，およびその大枠のシステムにおいては種間で保存されているといえるpiRNAではあるが，ショウジョウバエとマウスの比較からもその抑制機構の詳細は必ずしも保存性が高いとはいえない．他の例としては，マウスを用いた解析から哺乳類の雌ではPIWI-piRNAによる抑制機構は機能しないと考えられていたものの，近年のハムスターを用いた解析結果から，実際にはマウス以外の齧歯類を含む多くの哺乳類で機能的な卵子形成にPIWI-piRNAを介した制御が必須の役割を果たすことが示唆された[63]〜[66]．種間・雌雄間のばらつきは，宿主とトランスポゾンとの進化的な軍拡競争のなかで，抑制メカニズムの最適化が行われた結果であるとも考えられる．これらのことから，piRNAを介した

トランスポゾン抑制の詳細なメカニズムの解明とその種間・雌雄間の比較が，有性生物の進化のなかでトランスポゾンが果たす機能的役割の理解につながる可能性も期待される．

文献

1）Nishimasu H, et al：Nature, 491：284-287, doi:10.1038/nature11509（2012）
2）Ipsaro JJ, et al：Nature, 491：279-283, doi:10.1038/nature11502（2012）
3）Watanabe T, et al：Dev Cell, 20：364-375, doi:10.1016/j.devcel.2011.01.005（2011）
4）Brennecke J, et al：Cell, 128：1089-1103, doi:10.1016/j.cell.2007.01.043（2007）
5）Gunawardane LS, et al：Science, 315：1587-1590, doi:10.1126/science.1140494（2007）
6）Han BW, et al：Science, 348：817-821, doi:10.1126/science.aaa1264（2015）
7）Mohn F, et al：Science, 348：812-817, doi:10.1126/science.aaa1039（2015）
8）Saito K, et al：Nature, 461：1296-1299, doi:10.1038/nature08501（2009）
9）Yashiro R, et al：Cell Rep, 23：3647-3657, doi:10.1016/j.celrep.2018.05.051（2018）
10）Yamaguchi S, et al：Nat Commun, 11：858, doi:10.1038/s41467-020-14687-1（2020）
11）Handler D, et al：Mol Cell, 50：762-777, doi:10.1016/j.molcel.2013.04.031（2013）
12）Muerdter F, et al：Mol Cell, 50：736-748, doi:10.1016/j.molcel.2013.04.006（2013）
13）Czech B, et al：Mol Cell, 50：749-761, doi:10.1016/j.molcel.2013.04.007（2013）
14）Sienski G, et al：Cell, 151：964-980, doi:10.1016/j.cell.2012.10.040（2012）
15）Chang TH, et al：Mol Cell, 73：291-303.e6, doi:10.1016/j.molcel.2018.10.038（2019）
16）Onishi R, et al：Sci Adv, 6：eaaz7420, doi:10.1126/sciadv.aaz7420（2020）
17）Dönertas D, et al：Genes Dev, 27：1693-1705, doi:10.1101/gad.221150.113（2013）
18）Ohtani H, et al：Genes Dev, 27：1656-1661, doi:10.1101/gad.221515.113（2013）
19）Yu Y, et al：Science, 350：339-342, doi:10.1126/science.aab0700（2015）
20）Sienski G, et al：Genes Dev, 29：2258-2271, doi:10.1101/gad.271908.115（2015）
21）Murano K, et al：EMBO J, 38：e102870, doi:10.15252/embj.2019102870（2019）
22）Batki J, et al：Nat Struct Mol Biol, 26：720-731, doi:10.1038/s41594-019-0270-6（2019）
23）Fabry MH, et al：Elife, 8：e47999, doi:10.7554/eLife.47999（2019）
24）Zhao K, et al：Nat Cell Biol, 21：1261-1272, doi:10.1038/s41556-019-0396-0（2019）
25）Schnabl J, et al：Genes Dev, 35：392-409, doi:10.1101/gad.347989.120（2021）
26）Eastwood EL, et al：Elife, 10：e65557, doi:10.7554/eLife.65557（2021）
27）Iwasaki YW, et al：EMBO J, 40：e108345, doi:10.15252/embj.2021108345（2021）
28）Bowen NJ, et al：Biochim Biophys Acta, 1677：52-57, doi:10.1016/j.bbaexp.2003.10.010（2004）
29）Kunert N, et al：EMBO J, 28：533-544, doi:10.1038/emboj.2009.3（2009）
30）Mugat B, et al：Nat Commun, 11：2818, doi:10.1038/s41467-020-16635-5（2020）
31）Osumi K, et al：EMBO Rep, 20：e48296, doi:10.15252/embr.201948296（2019）
32）Ninova M, et al：Mol Cell, 77：556-570.e6, doi:10.1016/j.molcel.2019.11.012（2020）
33）Andreev VI, et al：Nat Struct Mol Biol, 29：130-142, doi:10.1038/s41594-022-00721-x（2022）
34）Klenov MS, et al：Proc Natl Acad Sci U S A, 108：18760-18765, doi:10.1073/pnas.1106676108（2011）
35）Wang SH & Elgin SC：Proc Natl Acad Sci U S A, 108：21164-21169, doi:10.1073/pnas.1107892109（2011）
36）Le Thomas A, et al：Genes Dev, 28：1667-1680, doi:10.1101/gad.245514.114（2014）
37）Iwasaki YW, et al：Mol Cell, 63：408-419, doi:10.1016/j.molcel.2016.06.008（2016）
38）Wu PH, et al：Nat Genet, 52：728-739, doi:10.1038/s41588-020-0657-7（2020）
39）Kuramochi-Miyagawa S, et al：Genes Dev, 22：908-917, doi:10.1101/gad.1640708（2008）
40）Carmell MA, et al：Dev Cell, 12：503-514, doi:10.1016/j.devcel.2007.03.001（2007）
41）Aravin AA, et al：Mol Cell, 31：785-799, doi:10.1016/j.molcel.2008.09.003（2008）
42）Kuramochi-Miyagawa S, et al：Development, 131：839-849, doi:10.1242/dev.00973（2004）
43）Aravin A, et al：Nature, 442：203-207, doi:10.1038/nature04916（2006）
44）De Fazio S, et al：Nature, 480：259-263, doi:10.1038/nature10547（2011）
45）Pezic D, et al：Genes Dev, 28：1410-1428, doi:10.1101/gad.240895.114（2014）
46）Kojima-Kita K, et al：Cell Rep, 16：2819-2828, doi:10.1016/j.celrep.2016.08.027（2016）
47）Ooi SK, et al：Nature, 448：714-717, doi:10.1038/nature05987（2007）
48）Chedin F, et al：Proc Natl Acad Sci U S A, 99：16916-16921, doi:10.1073/pnas.262443999（2002）
49）Bourc'his D & Bestor TH：Nature, 431：96-99, doi:10.1038/nature02886（2004）
50）Suetake I, et al：J Biol Chem, 279：27816-27823, doi:10.1074/jbc.M400181200（2004）
51）Veland N, et al：Nucleic Acids Res, 47：152-167, doi:10.1093/nar/gky947（2019）
52）Kaneda M, et al：Nature, 429：900-903, doi:10.1038/nature02633（2004）
53）Kato Y, et al：Hum Mol Genet, 16：2272-2280, doi:10.1093/hmg/ddm179（2007）

54) Barau J, et al：Science, 354：909-912, doi:10.1126/science.aah5143（2016）

55) Jain D, et al：PLoS Genet, 13：e1006964, doi:10.1371/journal.pgen.1006964（2017）

56) Liu S, et al：Genes Dev, 28：2041-2055, doi:10.1101/gad.244848.114（2014）

57) Zoch A, et al：Nature, 584：635-639, doi:10.1038/s41586-020-2557-5（2020）

58) Schöpp T, et al：Nat Commun, 11：3739, doi:10.1038/s41467-020-17372-5（2020）

59) Zoch A, et al：Mol Cell, 84：1021-1035.e11, doi:10.1016/j.molcel.2024.01.014（2024）

60) Pastor WA, et al：Nat Commun, 5：5795, doi:10.1038/ncomms6795（2014）

61) Uneme Y, et al：Proc Natl Acad Sci U S A, 121：e2317095121, doi:10.1073/pnas.2317095121（2024）

62) Dong J, et al：Nat Commun, 10：4705, doi:10.1038/s41467-019-12455-4（2019）

63) Ishino K, et al：Nucleic Acids Res, 49：2700-2720, doi:10.1093/nar/gkab059（2021）

64) Loubalova Z, et al：Nat Cell Biol, 23：992-1001, doi:10.1038/s41556-021-00746-2（2021）

65) Hasuwa H, et al：Nat Cell Biol, 23：1002-1012, doi:10.1038/s41556-021-00745-3（2021）

66) Zhang H, et al：Nat Cell Biol, 23：1013-1022, doi:10.1038/s41556-021-00750-6（2021）

＜筆頭著者プロフィール＞

大西　遼：2020年，東京大学大学院理学系研究科生物科学専攻RNA生物学研究室博士課程修了．塩見美喜子教授の元，小分子RNAのなかでも珍しく，核内で機能するpiRNAの分子メカニズムの謎に惹かれ，夢中で実験する毎日を過ごす．その過程で，エピゲノム制御のより原理的な部分に興味をもち，その解明をめざして'21年から理研生命医科学研究センター免疫器官形成研究チーム（古関明彦チームリーダー）に所属．現在，二次元的なエピゲノム情報と細胞レベルの生命現象を結びつけるのに重要だと思われる，三次元ゲノム構造の生理学的意義解明をめざし，日々奮闘中．

第2章 ncRNAを"知る" ─見出される新たな機能・意義

3. レトロトランスポゾン由来の短い非コーディングRNA
─進化，機能，および生理的重要性

芳本 玲

> 本稿では，レトロトランスポゾン由来の短い非コーディングRNA（ncRNA）について解説する．特に，BC1，BC200，および4.5SH RNAの進化，機能，および生理的重要性に焦点を当てる．BC1 およびBC200は翻訳抑制機能をもち，特定の神経細胞内で局在化している．4.5SH RNAは，ユビキタスに発現し，細胞の生存に必須のスプライシング調節機能をもつことが最近示された．これらのncRNAが種特異的に発展した背景と進化の過程を詳述し，今後の研究の可能性を探る．

はじめに

　非コーディングRNA（ncRNA）は，タンパク質に翻訳されないRNA分子の総称である．これらのRNAは，RNAポリメラーゼ I（Pol I），Pol II，Pol III によって転写されるRNAや，プロセスされたイントロンから生成されるRNAを含む．ncRNAは高等真核生物のゲノムの大部分を占めており，遺伝子の発現調節やゲノムの安定性維持に重要な役割を果たしている．これらのRNA分子が細胞機能をどのように制御し，疾患の進行に影響を与えるかについての理解が急速に進

んでいる[1]．

　ncRNAの分類は，その多様な機能と多くのアイソフォームの存在により，複雑である．便宜上，200塩基を境に大まかに短鎖ncRNAと長鎖ncRNAに分けられる．短鎖ncRNAには，siRNA（small interfering RNA），miRNA（microRNA），piRNA（PIWI-interacting RNA）に加え，古典的なncRNAである7SK RNA，7SL RNA，tRNA，U snRNA，5S rRNAなどが含まれる．一方，長鎖ncRNA（lncRNA）には，Xist，NEAT1，MALAT1をはじめとして，数多くのlncRNAが見出されている．これらのncRNAは，転写後のmRNAの分解や翻訳抑制，エピジェネティック制御，スプライシング調節など，さまざまなメカニズムを通じて遺伝子発現を調節する能力をもつ．

　レトロトランスポゾンは，RNA中間体を介して自己複製することにより，ゲノム内を移動するDNA断片

［略語］
asB1：antisense SINE B1
BC1/BC200：brain cytoplasmic 1/ brain
　cytoplasmic 200
SINE：short interspersed nuclear elements
srRNA：splicing regulatory RNA

Distinct evolutionary pathways and regulatory functions of BC1, BC200, and 4.5SH RNAs: from synaptic plasticity to splicing control

Rei Yoshimoto：Department of Applied Biological Science, Faculty of Agriculture, Setsunan University（摂南大学農学部応用生物科学科）

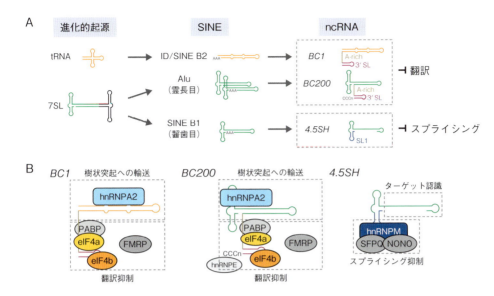

図1　レトロトランスポゾン由来のRNAの進化的起源・構造
SINE（short interspersed nuclear elements）由来の非コーディングRNA（ncRNA）の進化的起源（A）とその機能（B）を示す．SINEから進化したncRNAの例として，BC1 RNA，BC200 RNA，4.5SH RNAが挙げられている．これらのRNAは，それぞれ異なる進化の道筋を辿り，特定の機能を発展させている．BC1 RNAとBC200 RNAは，特定の神経細胞内で翻訳調節機能をもち，樹状突起への輸送と翻訳抑制に寄与する．4.5SH RNAは，特定のエキソンに相補的な配列を認識し，異常なスプライシングイベントを抑制することで遺伝子の正しい発現を保証する役割を果たす．文献1，4をもとに作成．

であり，ゲノムの約40％を占める．ゲノムは絶えずレトロトランスポゾンにさらされており，新たなレトロトランスポゾンの増幅と挿入は，ゲノムの構造や機能に影響を与える可能性がある．例えば，ヒトにおいて，新しい*Alu*※の挿入は平均して約20人の出生ごとに1回発生するといわれており[2]，遺伝子内への*Alu*挿入は福山型筋ジストロフィーをはじめとする疾患の原因となることがある[3]（第3章-6を参照のこと）．したがって，レトロトランスポゾンの転写活性は，一般にDNAメチル化を介してエピジェネティックレベルで抑えられる必要がある．

一方で，レトロトランスポゾン由来の転写物がncRNAとして機能することがある[4]．これらのncRNAは進化の過程で元来のレトロトランスポゾンとは異なる新たな役割を獲得し，特定の生物の生理的および病理的プロセスに深く関与している．

1　BC1 RNA

BC1 RNAは小型齧歯類（マウス，ラット，ハムスター，モルモットなど）の脳特異的に発現する短いncRNAとして1984年に同定された[5]．このRNAはIDエレメントとよばれるtRNA由来のレトロトランスポゾンSINE（short interspersed nuclear elements）と高い相同性をもつ．tRNAと同様，内部プロモーターをもち，Pol Ⅲにより転写される．BC1 RNAは約150塩基であり，上流のSINE由来の領域，中間のAリッチ領域，および下流のステムループ（SL）領域から構成される（図1）．上流配列は樹状突起への局在に必要であり，中間のAリッチ配列と下流のステムループ配列はIDエレメント由来ではないが，いずれも翻訳調節に必要である[6]．BC1 RNAは特に神経細胞の樹状突起に局在し，局所的な翻訳調節に関与する．この翻訳調

> ※ *Alu*
> *Alu*は，哺乳類のゲノムに広く存在する短い繰り返し配列の1種であり，特にヒトのゲノムに多く見られる．*Alu*配列は約300塩基対の長さをもち，全ヒトゲノムの約10％を占めるとされている．*Alu*配列はRNAポリメラーゼⅢによって転写され，その後，逆転写酵素によってDNAに逆転写されることで新たなコピーがゲノムに挿入される．これにより，遺伝子の発現やゲノムの構造に影響を与えることがある．

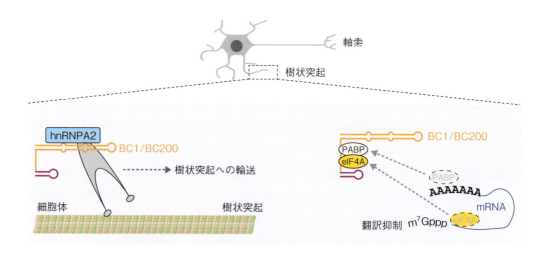

図2　BC1 RNAおよびBC200 RNAの機能と樹状突起への輸送メカニズム
BC1 RNAおよびBC200 RNAの機能と樹状突起への輸送メカニズムを示す．BC1 RNAおよびBC200 RNAは，hnRNP A2タンパク質に結合し，モータータンパク質により，細胞体から樹状突起へ輸送される．樹状突起において，BC1 RNAおよびBC200 RNAは，PABPおよびeIF4Aと結合することで翻訳を抑制する．この機能により，神経細胞における局所的な翻訳調節が行われる．

節は，シナプスにおける神経信号伝達の調節を介して，シナプスの可塑性にかかわることが知られている．

BC1 RNAに結合する因子はいくつか知られており，それぞれBC1の特定のエレメントに結合することにより，樹状突起への局在および翻訳調節に関与する．hnRNP A2タンパク質は上流配列に特異的に結合し，神経細胞の細胞体から樹状突起まで輸送し，シナプスでの局所的な翻訳調節を可能にする[7]（図2）．翻訳開始因子eIF4A（eukaryotic initiation factor 4A）は，真核生物の翻訳開始において重要な役割を果たすATP依存性RNAヘリカーゼであるが，BC1 RNAは中央のAリッチ領域を介してeIF4Aに結合する[8,9]（図2）．この結合は，eIF4Aのヘリカーゼ活性を抑制することでmRNAの翻訳開始を阻害する[9]．また，BC1 RNAの中央のAリッチ領域はポリ（A）結合タンパク質（PABP）とも相互作用し，この相互作用も翻訳抑制に寄与することが知られている[10]（図2）．

BC1遺伝子のノックアウト（KO）マウスは，一見目立った形態異常はみられなかったことから，BC1 KOは発生や形態形成には影響を与えない[11]．一方，行動学的な研究により，BC1 KOマウスは探索行動の減少と不安行動の増加がみられた[12]．電気生理学的には，BC1 RNAが線条体ニューロンにおけるGABAシナプスを調節するD2受容体の伝達効率を制御することが示されている[13]．後の研究により，BC1 RNAがシナプスタンパク質の翻訳を抑制することにより，錐体ニューロンの構造的可塑性を調節し，BC1 KOマウスでのシナプススパインの増加とシナプス後肥厚（PSD）の拡大を引き起こすことが示されている[14]．

2 BC200 RNA

BC200 RNAは，霊長類特有のncRNAであり，翻訳調節機能をもち，特定の神経細胞内で局在する．BC200 RNAは1987年にサルの脳由来のRNA産物のなかから同定された[15]．当初，BC1 RNAのホモログを探索する目的でIDエレメントをもつRNAとして探索されたが，配列解析の結果，このRNAはtRNA由来のIDエレメントではなく，7SL RNA由来の*Alu*エレメントと高度な相同性をもつことが明らかになった．この矛盾は，IDプローブに*Alu*に相補的な短い配列が存在することによるクロスハイブリダイゼーションによるものである．

BC200 RNAは約200塩基の短いRNAであり，7SL RNAと同様にPol Ⅲによって転写される．上記のとおり，BC1 RNAとBC200 RNAは，起源や一次配列が異

なるにもかかわらず，多くの共通の特性をもっている．BC200 RNAは，5′末端にAluエレメントに相当する領域，中央のAリッチドメイン，そして特有のCリッチな3′末端のステムループ構造からなるモジュラー構造をとっている（**図1**）．これには，脳内での発現，特定の神経細胞内での局在，および翻訳抑制機能が含まれる．BC1と同様に，上流のAluドメインにhnRNP A2タンパク質が結合し樹状突起への輸送にかかわり[16]，中央のAリッチドメインにeIF4AやPABPタンパク質が結合し翻訳制御にかかわる[17] [18]（**図1**）．

興味深いことに，BC200 RNAはアルツハイマー病などの神経変性疾患や多くのがんにおいて過剰発現する．アルツハイマー病では，BC200 RNAの過剰発現がシナプス機能に悪影響を与える可能性が示唆されている．また，過剰発現したBC200 RNAは乳がんにおいて，アポトーシス関連遺伝子であるBcl-xの選択的スプライシングを制御するという報告もある[19]．

脆弱X症候群の患者細胞においては，FMR1遺伝子の5′ UTR内に存在するCGGリピートが異常に伸長することが知られている（通常50以下が正常，脆弱X症候群では200回以上）[20]．この異常に伸長したCGGリピートはhnRNP A2をはじめとするRNA結合タンパク質に結合し，これらのタンパク質の機能を阻害する．その結果，BC200 RNAの樹状突起への輸送が競合的に阻害されることが示されている[21]．さらに，全身性エリテマトーデス（SLE）における中枢神経症状である神経精神ループス（neuropsychiatric lupus）では，BC200 RNAのAluエレメントに存在する特定の塩基対に対する自己抗体が，hnRNP A2による正常な樹状突起への輸送を妨げ，神経系の機能異常や症状の原因の1つと考えられている[22]．以上よりBC1と同様に，BC200 RNAは神経細胞の機能調節において重要な役割を果たしており，その異常な発現や機能不全がさまざまな疾患と関連している．

3 *4.5SH* RNA

4.5SH RNAは，1970年代後半にポリA（＋）RNA画分に存在する沈降係数4.5Sの低分子RNAとして初めて同定された[23] [24]．4.5SH RNAは約90塩基の短いRNAであり，小型齧歯類（マウス，ハムスター，ラット

など）に特異的に存在する．その配列はBC200と同様に7SL RNAを起源とするSINE B1のバリアントであるpB1d10に由来することが示唆されているが，レトロトランスポジションに必要な3′領域を失っている[25]．SINE B1がゲノム全体に散在するのに対し，4.5SH RNAは4.2 kbの内部プロモーターをもつPol Ⅲの転写単位を構成しており，マウスの場合，4.5SHの転写単位は第6染色体の約90万塩基の領域に約200コピー存在する[26]．細胞内での4.5SHは不安定であり，細胞あたり約1万分子しか存在しない[26]．これは，約20コピーの転写単位から細胞あたりで100万分子以上のRNAが存在するU1 snRNAとは対照的である．4.5SH RNAの生理的意義は40年以上も不明のままであった．

4.5SH RNAの機能に関する最初の知見は，このncRNAを枯渇させるアンチセンスオリゴヌクレオチド（ASO）を使用した実験から得られた[27]．4.5SHに対するASOを用いてマウス由来の培養細胞の核内4.5SH RNAを枯渇させると，細胞増殖が抑制されることが示された．4.5SH RNAは，レポーターmRNAの3′非翻訳領域にSINE B1のアンチセンス挿入（asB1）を含むものと二本鎖RNA構造を形成し，長い二本鎖RNAを認識するアデノシンデアミナーゼ（ADAR1）依存のAからIへの塩基置換を引き起こす．このことから，4.5SH RNAはmRNAとのRNA-RNA相互作用を介して，細胞にとって重要な機能をもつことが示唆された．

4.5SH RNAの生理的意義は，KOマウスを用いた最近の研究により急速に明らかになった[28]．4.5SH KOマウスは着床直後に胚性致死を示した．そこでKO胚からES（多能性幹）細胞を樹立し，RNA-seqにより胚性致死の原因を探った．4.5SHはポリA（＋）RNAやスプライシング因子を含む核内コンパートメントである核スペックルに局在するが[27]，このことにヒントを得て，選択的スプライシングに注目した解析を行った．RNA-seqは遺伝子発現解析だけでなく，選択的スプライシングの解析にも利用できる強力なツールである[29]．解析の結果，100以上の異常なエキソンが4.5SH KO細胞に特異的に検出された．これらのエキソンの75％は未注釈であり，そのコンセンサス配列はasB1と一致した．SINE B1を始めとする哺乳類ゲノム内に存在するレトロトランスポゾンは遺伝子内のイントロンに挿入されることで，その配列の一部がエキソンとして取り

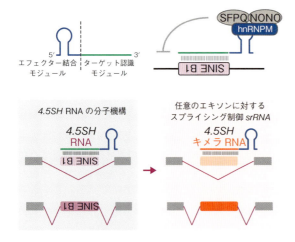

図3 4.5SH RNAの分子機構とキメラRNAによるスプライシング制御

4.5SH RNAの分子機構と，キメラRNAを用いたスプライシング制御のしくみ．4.5SH RNAは，5′エフェクター結合モジュールと3′ターゲット認識モジュールの2つの主要なモジュールで構成されている．5′エフェクター結合モジュールは，hnRNPM，SFPQ，NONOなどのスプライシング抑制因子と結合する．一方3′ターゲット認識モジュールは，SINE B1配列を介してターゲットRNAと相互作用する．4.5SHキメラRNA：ターゲット認識モジュールを任意のエキソンに相補的な配列に置き換えたキメラRNA分子は，特定のエキソンを効果的にスキッピングする能力をもつプログラム可能なスプライシング調節RNA（srRNA）として機能する．

込まれ，未成熟ストップコドン（PTC）やフレームシフト変異を誘導することが知られている[30)31)]．異常エキソンはPTCを含むため，エキソン化により遺伝子の機能が喪失されることから有害である．4.5SH RNAは，これらの有害なエキソン化を抑制するいわば解毒剤として機能することが示唆された（図3）．

4.5SH RNAの分子メカニズムについても明らかになりつつある[28)]．4.5SH RNAは，上流のエフェクター結合モジュールと下流のターゲット認識モジュールの2つのモジュールで構成される．5′エフェクター結合モジュールは強固なステムループ構造をとり，スプライシング抑制因子であるhnRNPM，SFPQ，NONOなどと結合し，異常エキソンのスキッピングを引き起こす働きがある．下流の3′ターゲット認識モジュールは相補的なasB1配列とRNA-RNA塩基対を形成することにより，4.5SH RNAを異常エキソンへとリクルートする働きがある（図3）．

さらに，4.5SH RNAのモジュール構造は，下流のターゲット認識モジュールを任意のエキソンに相補的な配列に置き換えることにより，上流のエフェクター結合モジュールによってエキソンスキップが誘導されることを示唆していた．実際にターゲット認識モジュールを特定のエキソンに相補的な配列に置き換えたキメラRNA分子は，標的エキソンを効率よくスキッピングすることが示された[28)]．この発見は，4.5SH RNAがモジュラー構造をもっていることを実験的に証明するとともに，任意のエキソンをスキップさせるプログラム可能なスプライシング調節RNA（splicing regulatory RNA：srRNA）分子の発明でもある[32)]（図3）．

おわりに

BC1 RNA，BC200 RNA，4.5SH RNAは，それぞれ異なる進化の経路を辿りながらも，種特異的な重要な生理機能を発展させてきた．BC1 RNAとBC200 RNAは，樹状突起に局在して翻訳を調節し，神経細胞の機能維持に寄与する．一方，4.5SH RNAは，進化の過程で核内局在性とスプライシング調節能力を獲得し，細胞の生存とゲノムの整合性を維持するうえで重要な役割を果たしている．このRNAは，異常なエキソン化を抑制することで遺伝子の正しい発現を保証し，細胞の正常な機能を維持する．4.5SH RNAの研究は，その分子メカニズムの解明を通じて，スプライシング調節の新たな理解をもたらし，将来的にはエキソンスキップを誘導するツールや治療法の開発に貢献する可能性がある．

文献

1) Mattick JS, et al：Nat Rev Mol Cell Biol, 24：430-447, doi:10.1038/s41580-022-00566-8（2023）
2) Kramerov DA & Vassetzky NS：Wiley Interdiscip Rev RNA, 2：772-786, doi:10.1002/wrna.91（2011）
3) Taniguchi-Ikeda M, et al：Nature, 478：127-131, doi:10.1038/nature10456（2011）
4) Yoshimoto R & Nakagawa S：Front. RNA Res, 1：1257775, doi:10.3389/frnar.2023.1257775（2023）
5) Sutcliffe JG, et al：Science, 225：1308-1315, doi:10.1126/science.6474179（1984）
6) Rozhdestvensky TS, et al：RNA, 7：722-730, doi:10.1017/s1355838201002485（2001）

7) Muslimov IA, et al：J Cell Biol, 175：427-439, doi:10.1083/jcb.200607008（2006）

8) Wang H, et al：J Neurosci, 22：10232-10241, doi:10.1523/JNEUROSCI.22-23-10232.2002（2002）

9) Lin D, et al：Mol Cell Biol, 28：3008-3019, doi:10.1128/MCB.01800-07（2008）

10) Wcst N, ct al：J Mol Biol, 321：423-432, doi:10.1016/s0022-2836(02)00542-9（2002）

11) Skryabin BV, et al ： Mol Cell Biol, 23 ： 6435-6441, doi:10.1128/MCB.23.18.6435-6441.2003（2003）

12) Lewejohann L, et al：Behav Brain Res, 154：273-289, doi:10.1016/j.bbr.2004.02.015（2004）

13) Centonze D, et al：J Neurosci, 27：8885-8892, doi:10.1523/JNEUROSCI.0548-07.2007（2007）

14) Briz V, et al：Nat Commun, 8：293, doi:10.1038/s41467-017-00311-2（2017）

15) Watson JB & Sutcliffe JG：Mol Cell Biol, 7：3324-3327, doi:10.1128/mcb.7.9.3324-3327.1987（1987）

16) Muslimov IA, et al：J Neurosci, 39：7759-7777, doi:10.1523/JNEUROSCI.1657-18.2019（2019）

17) Kondrashov AV, et al：J Mol Biol, 353：88-103, doi:10.1016/j.jmb.2005.07.049（2005）

18) Booy EP, et al：Nucleic Acids Res, 46：11575-11591, doi:10.1093/nar/gky860（2018）

19) Singh R, et al：Cell Death Dis, 7：e2262, doi:10.1038/cddis.2016.168（2016）

20) Fu YH, et al：Cell, 67：1047-1058, doi:10.1016/0092-8674(91)90283-5（1991）

21) Muslimov IA, et al：J Cell Biol, 194：441-457, doi:10.1083/jcb.201010027（2011）

22) Muslimov IA, et al：Life Sci Alliance, 5：e202201496, doi:10.26508/lsa.202201496（2022）

23) Jelinek W & Leinwand L：Cell, 15：205-214, doi:10.1016/0092-8674(78)90095-8（1978）

24) Harada F & Kato N：Nucleic Acids Res, 8：1273-1285, doi:10.1093/nar/8.6.1273（1980）

25) Gogolevskaya IK, et al：Mol Biol Evol, 22：1546-1554, doi:10.1093/molbev/msi140（2005）

26) Schocnigcr LO & Jelinek WR：Mol Cell Biol, 6：1508-1519, doi:10.1128/mcb.6.5.1508-1519.1986（1986）

27) Ishida K, et al：Genes Cells, 20：887-901, doi:10.1111/gtc.12280（2015）

28) Yoshimoto R, et al：Mol Cell, 83：4479-4493.e6, doi:10.1016/j.molcel.2023.11.019（2023）

29) Shimazu T, et al：Genes Dev, 37：724-742, doi:10.1101/gad.350755.123（2023）

30) Sela N, et al：Genome Biol, 8：R127, doi:10.1186/gb-2007-8-6-r127（2007）

31) Sorek R：RNA, 13：1603-1608, doi:10.1261/rna.682507（2007）

32) Yoshimoto R, et al：WO2023-214512, PCT/JP2023/015828, 2023-11-09

＜著者プロフィール＞

芳本　玲：2009年，京都大学大学院理学研究科生物科学専攻修了，博士（理学）．その後，理化学研究所吉田化学遺伝学研究室特別研究員，藤田医科大学総合医科学研究所助教を経て，'20年より現職．mRNA前駆体のスプライシング調節機構とノンコーディングRNAの新機能に興味があり，その交差点に立つ研究に取り組みたいと思っている．

第2章 ncRNAを"知る"―見出される新たな機能・意義

4. 非膜オルガネラの骨格として働くarcRNA

山崎智弘, 廣瀬哲郎

ヒトゲノムからは，10万種類近い長鎖ノンコーディングRNA（lncRNA）が産生されている．そのなかには，膜をもたない非膜オルガネラの骨格となる"architectural RNA（arcRNA）"が存在する．arcRNAは，これまで考えられていた以上に数多く存在していることが示唆され，lncRNAの主要な機能の1つであることがわかってきた．本稿ではNEAT1_2 lncRNAを中心に，arcRNAにより構築される非膜オルガネラの形成機構や機能について，最新の知見を含めて概説する．さらに，こうしたarcRNAによって形成される非膜オルガネラを解析する際に利用される実験手法についても紹介する．

はじめに

lncRNA（タンパク質をコードしない200塩基以上のRNA）は，ヒトゲノムの主要な産物であり，その数は，タンパク質をコードする遺伝子の数を上回り，10万種類近く報告されている[1]．lncRNAは細胞や組織に特異的な発現特性をもつ一方で，特定の発生段階などで特異的に発現するlncRNAはまだ見過ごされている可能性があり，今後さらにその数は増加することが見込まれている[1]．また，このような組織，時期特異的な発現パターンは，創薬標的として適した特性である．しかしながら，大部分のlncRNAの機能が未解明であり，lncRNAの機能解明はゲノム機能理解やこれらの機能応用にとって重要な課題である．lncRNAはそれ自体が機能分子として働き，他の生体分子と相互作用し，機能を発揮する[2]．その作用機序を理解し，知見を蓄積することは，lncRNAの働きを体系的に理解し，

lncRNAの機能予測や制御，さらに応用活用する上で今後継続して取り組むべき課題である．本稿では，lncRNA機能の中でも細胞内の非膜オルガネラを構築するという機能に焦点を当て，その作動機序について概説する．

1 非膜オルガネラの骨格として働くarchitectural RNA（arcRNA）

細胞内には特定の分子を選択的に集める区画が存在し，生体にとって重要な役割を担う．このような区画には，小胞体やミトコンドリアなどの膜で包まれた細胞小器官（オルガネラ）だけでなく，核小体やカハール体といった膜をもたない構造体である"非膜オルガネラ"も古くから知られている．非膜オルガネラは，相分離という物理現象を介して形成されることが近年明らかにされてきた．相分離は，細胞内の混雑環境に

Architectural RNAs（arcRNAs）act as scaffolding for membraneless organelles
Tomohiro Yamazaki[1] /Tetsuro Hirose[1][2] : Graduate School of Frontier Biosciences, Osaka University[1] /Institute for Open and Transdisciplinary Research Initiatives（OTRI），Osaka University[2]（大阪大学大学院生命機能研究科[1] /大阪大学先導的学際研究機構[2]）

おいて，特定の分子が集まる区画をつくり，生化学反応を促進する，周囲の生体分子の濃度を制御するなどの機能を果たす[3]．

非膜オルガネラの主要な構成因子としては，タンパク質だけではなくRNAが挙げられる．タンパク質とRNAによる相互作用（RNA同士，RNA-タンパク質間，タンパク質同士）が相加的に働き，相分離が誘導され，非膜オルガネラが形成される[4]．RNAとタンパク質という異なる性質をもつ高分子が共存することで，多様な非膜オルガネラが形成される．このような非膜オルガネラに含まれるRNAのなかには，非膜オルガネラの骨格として，その形成に必須なものが存在する．これまでに，こうしたRNAがさまざまな生物種で同定されてきたことから，この構造骨格となる働き方は，RNAの普遍的な作用様式であると考えられる．そこで，私たちは，こうしたRNAをarchitectural RNA（arcRNA）とよぶことを提唱した[5]（**図1A**）．さらに，複数の研究から，数千種類に及ぶarcRNA候補が見出されており，そのなかには，lncRNAだけではなく，pre-mRNAやウイルスRNAなども含まれ，こうしたRNAもノンコーディング様の機能をもつことが示唆さ

れる（**図1B**）．このように，arcRNAというRNAの働き方は広く利用されている可能性が浮上してきた[6]〜[9]．

では，なぜRNAは非膜オルガネラの足場として利用されるのだろうか？それは，RNAが足場として非常に適した性質をもつからであると考えられる[5][10][11]（**図2**）．RNAは負電荷を帯びた非常に長い高分子であり，その大きさの違いは，タンパク質と比較しても明らかである（**図2A**）．lncRNAで，数百キロ塩基の長さに及ぶものも珍しくない．この長さと数塩基から数十塩基程度の領域で1タンパク質を捕捉できる性質から，RNAは，多数のタンパク質と結合でき，さらに，1,500〜2,000種類ともいわれるRNA結合タンパク質[12]を，多種類集めることができる（**図2B**）．このように，arcRNAは分子上にタンパク質を集め，それらが同種あるいは多種分子と相互作用することで相分離を誘導できる（**図2B**）．さらに，RNAは転写によって多数のコピーが産生されることで，転写点近傍で相分離の起点となる構造生成が起こり，arcRNAが特定の時期に発現することで，非膜オルガネラの形成を時空間的に制御できる（**図2C**）．

[略語]

APEX：ascorbate peroxidase
arcRNA：architectural RNA
ChAR-seq：chromatin-associated RNA sequencing
CHART：capture hybridization analysis of RNA targets
ChIRP：chromatin isolation by RNA purification
dChIRP：domain-specific chromatin isolation by RNA purification
FAPS：fluorescence-activated particle sorting
FISH：fluorescence *in situ* hybridization（蛍光 *in situ* ハイブリダイゼーション）
GRID-seq：global RNA interactions with DNA by deep sequencing
HRP：horseradish peroxidase
HyPro：hybridization-proximity
iMARGI：*in situ* mapping of RNA-genome interactome
lncRNA：long non-coding RNA（長鎖ノンコーディングRNA）
MUSIC：multinucleic acid interaction mapping in single cells

NORAD：noncoding RNA activated by DNA damage
NP body：NORAD-PUM body
O-MAP：oligonucleotide-directed proximity-interactome mapping
PARIS：psoralen analysis of RNA interactions and structures
PIC：photo-isolation chemistry
RADICL-seq：RNA and DNA interacting complexes ligated and sequenced
RAP：RNA antisense purification
RD-SPRITE：RNA and DNA split-pool recognition of interactions by tag extension
Red-C：RNA ends on DNA capture
RIC-seq：RNA *in situ* conformation sequencing
RNP：RNA-protein complex（RNA-タンパク質複合体）
TREX：targeted RNase H-mediated extraction of crosslinked RBPs
XIST：X-inactive specific transcript

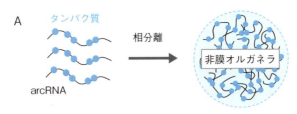

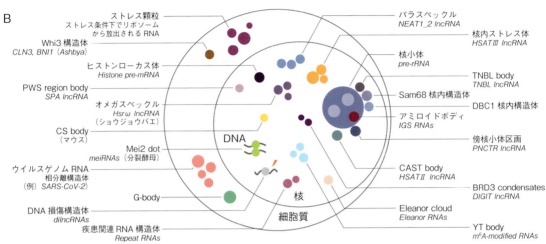

図1　arcRNAを骨格として形成される非膜オルガネラ
A）arcRNAとそこに相互作用するタンパク質による非膜オルガネラ形成の模式図．B）細胞内に存在するarcRNAを介して形成される非膜オルガネラ．非膜オルガネラの名前と骨格となるarcRNA名を示す．ヒト以外の生物における非膜オルガネラについては，生物種も示す．文献11をもとに作成．

2 arcRNAは非膜オルガネラの形成・性質・機能を規定する設計図として働く

　arcRNAには，非膜オルガネラの設計図といえる情報がその配列に含まれていると考えられる．これまでに，パラスペックルの解析から明らかになった点を中心に，多くのarcRNAによる非膜オルガネラ形成や機能発現に適用できるコンセプトを概説する．

1）arcRNAが誘導する非膜オルガネラの形成機構

　パラスペックルは，23 kbのNEAT1_2 lncRNAが骨格となり形成される．パラスペックルには，80種類以上のタンパク質が含まれることが明らかになっている[11]．一方で，これらの構成因子のなかでパラスペックルの形成に不可欠なものはごく一握りである[13]．NEAT1_2のパラスペックルアセンブリを担うRNAドメインの解析から，NEAT1_2内には，非膜オルガネラ形成の起点構造を形成するタンパク質が多数結合する領域があることが明らかになった[14]．RNA上に集められたタンパク質の多くは，低複雑性領域，天然変性領域，またはオリゴマー化ドメインをもっており，これらを介した多価相互作用によって相分離が誘導される[14,15]．同様のメカニズムは他のarcRNAでも観察される．例えば，NORAD lncRNAはPumilioタンパク質の結合サイトを多数もつことで，Pumilioタンパク質を集め，細胞質の非膜オルガネラであるNP bodyを形成する[16]．また，X染色体不活化の初期過程では，XIST lncRNA上のRNAドメインに4種類のタンパク質が集約することで，相分離が誘導されることが報告されている[17]．このような特徴は，特にリピート配列をもったRNAの場合に顕著である．多数の連続する同一配列に同じタンパク質が結合するためであり，ゲノムのサテライト領域由来RNA，数塩基単位のくり返し配列を含むRNA（short-tandem repeat RNA）や疾患関連リピートRNAなどはその例として挙げられる[18]．このように，多数の構成因子のうちで少数の起点構造を

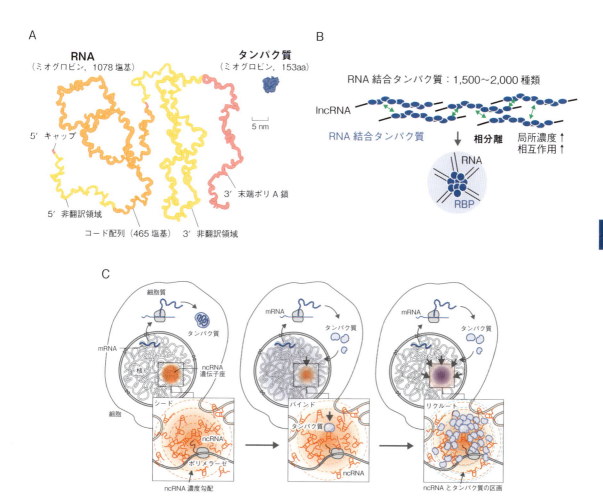

図2　RNAは足場に適した性質をもち，時空間的に細胞内相分離を制御する
A）RNAとタンパク質の大きさの比較．「数でとらえる細胞生物学」（舟橋　啓／翻訳，Ron Milo, Rob Phillips／著），羊土社（2020）をもとに作成．B）lncRNAに多数のRNA結合タンパク質が結合し，相分離を誘導する機構．C）黒枠内は，シード，バインド，リクルートの非膜オルガネラ形成の3段階を示す．転写により産生されたRNAが非膜オルガネラを形成する機構を示した模式図．文献9より引用．

形成できるタンパク質をRNA上に多数集めることが，arcRNAによる相分離誘導の根幹となるメカニズムと考えられる．

パラスペックルは，特徴的な形態と内部構造をもち，しばしば球形ではなく円筒形の形状も示す．NEAT1_2の発現量が増加した際は，パラスペックルは短径をほぼ一定（約360 nm）に保ちつつ，伸長する[19]（**図3**）．内部では，NEAT1_2の5′末端と3′末端がパラスペックルの表面（シェル）に配置され，中央の領域が中心（コア）に位置し，タンパク質もシェルやコアに配置されるコア-シェル構造をもつ[19,20]．これは，液-液相分離によって形成される典型的な非膜オルガネラの特徴である．内部に規則性をもたず，球形をとることと大きく異なる際立った特徴である．こうした特徴を説明するため，物理理論と実験を融合した解析を行い，パラスペックルの挙動はブロック共重合体のミセル化によって説明できることを発見した[21]．ブロック共重合体とは，2種類以上の性質が異なる高分子が連結した高分子の総称である．NEAT1_2とそこに結合したタンパク質が形成するRNP（RNA-タンパク質複合体）を親水性と疎水性のブロックから構成されるブロック共重合体とみなすことができる（**図3A**）．パラスペッ

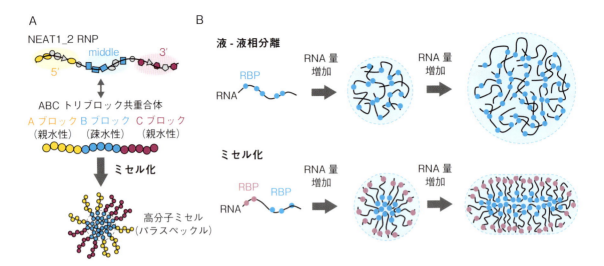

図3　RNAは，液−液相分離だけではなく，ミセル化によっても非膜オルガネラを誘導する
　A）パラスペックルはブロック共重合体のミセルとして形成される．B）RNAを骨格として，液−液相分離あるいはミセル化によって形成された典型的な非膜オルガネラが，RNAの量に応じて，どのような形態変化をするかを示す．

クルはリン脂質のように，水中では，親水性の領域を外側に向けて，疎水性領域を内側にしてミセルを形成する．この過程をミセル化とよぶ．こうした内部構造のため，構造体の大きさは，RNAの長さに応じて，制限される．さらに，親水性ドメインは，水分子と相互作用することを好むため，親水性ドメインがたくさん取り込まれ，密になる状態はエネルギー的に好ましくない．そのため，構造体に取り込まれる分子の数が制限され，非膜オルガネラの大きさが厳密に制御される．こうした機構により，長いRNAが足場となることでパラスペックルのような巨大な非膜オルガネラが構築される．ブロック共重合体のミセル化は高分子物理などの分野ではよく知られたものであるが，細胞内でのミセル化は，RNPの新しい働き方である．以上のように，RNAは足場として，液−液相分離だけではなく，ミセル化も誘導できる（**図3B**）．

2）非膜オルガネラの界面の役割

　細胞内には，多くの種類の非膜オルガネラが存在し，arcRNAも多くの非膜オルガネラ形成を誘導する．そうなると，これらが形成する非膜オルガネラ同士はどのように相互作用するかが疑問となる．非膜オルガネラが，他の非膜オルガネラとどのように独立して存在し機能しているのかは，固有の機能を果たすうえで重要であるが，そのメカニズムはよくわかっていなかった．最近，私たちは，パラスペックルと核スペックルという2つの非膜オルガネラをモデルにして，この問題に取り組んだ[22]．パラスペックルは通常核スペックルと近接して存在する．特定のRNA領域を欠失させた変異NEAT1によって形成されたパラスペックルは，核スペックル内部に取り込まれてしまう．このメカニズムを解析した結果，パラスペックルのシェルに特定のタンパク質が存在することが，パラスペックルの核スペックルへの取り込みや分離にかかわることが明らかになった（**図4A**）．非膜オルガネラには，非膜オルガネラ同士が近接しているものや，特定の条件で近接するものなどが他にも知られており，そうした状態がいかにつくられるのか，その機能における意義は何かといった点も重要な課題である．このような問いに対する知見も一部得られつつあり，いくつかの非膜オルガネラの近接するためのメカニズムが報告されているが，基本的には，タンパク質間相互作用（翻訳後修飾による相互作用などの例もある）により非膜オルガネラ同士が近接するという機構である[23]〜[25]．

　非膜オルガネラの界面は，他の分子と相互作用する作用点であり，非膜オルガネラの機能のうえで重要であると考えられている[26]．例えば，非膜オルガネラの表面には，DNAがまとわりつくような形で接触していることが1細胞レベルでの大規模同時可視化実験によっ

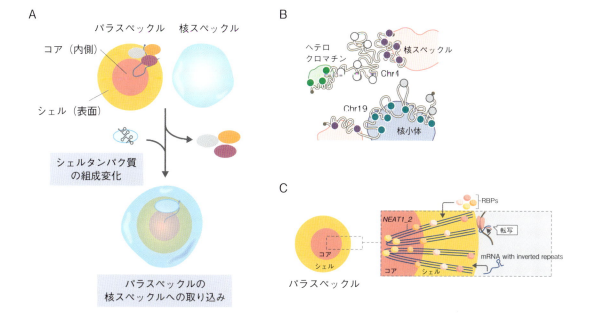

図4　非膜オルガネラの界面の役割
A）パラスペックルと核スペックルの分離と取り込みの分子機構．B）核内クロマチン配置における非膜オルガネラの界面の役割．文献27より引用．C）パラスペックルの界面の遺伝子発現における役割．文献3より引用．

て明らかにされている[27]（**図4B**）．パラスペックルの表面にも，特定の配列を有するRNAが集まる[20]（**図4C**）．こうした非膜オルガネラの機能における界面の役割に焦点を当てた解析も今後の重要課題である．

3）非膜オルガネラの機能はどのように規定されるのか？

非膜オルガネラは，スポンジ機能やるつぼ機能などの分子機能を果たすが，パラスペックルは，スポンジとして働き，SFPQという転写制御にかかわるタンパク質をトラップし，遺伝子発現制御を行う[28,29]．同様に，TDP-43タンパク質はNEAT1_2中に含まれるUGリピート配列を介して，パラスペックルにリクルートされ，ES細胞からの分化過程を調節する[30]．さらに，パラスペックルは，多くのクロマチン領域，特に活発に発現している遺伝子と相互作用することが知られている[31]．この機能的な意義は明らかになっていないが，ミセルには親水性のシェルがあり，パラスペックルは核内で拡散できるため，このクロマチンとの広範な相互作用を支えている可能性がある[11]．また，第2章-5で詳細に解説されているが，HSAT III lncRNAを足場として形成される核内ストレス体は，スプライシング制御因子を集めることで，るつぼ機能とスポンジ機能を介して，スプライシングを制御していることが示されている．パラスペックルは，がん，ウイルス感染，神経変性疾患，線維症などとの関連が知られているが[32,33]，生理機能がパラスペックルの形態や分子機能と結びつくかは，今後の重要な研究課題である．こうした生理機能は，lncRNA内の配列とそこに結合するタンパク質などがその機能を支えていると考えられる．

3 arcRNAにより形成される非膜オルガネラの構成因子の同定手法

arcRNAが構築する非膜オルガネラの機能を理解するうえで，構成因子や相互作用する因子の情報は，形成機構や作用機序，機能を理解するうえで重要な情報となる．このような解析に使用される手法について簡潔に紹介する．重要な点は，arcRNAが構築する核内非膜オルガネラの場合，arcRNAは非膜オルガネラに限局している一方で，構成タンパク質は非膜オルガネラ外にも存在するという点である（**図5A**）．また，ここで紹介する多くの手法は，arcRNAの解析だけではなく，lncRNA全般に使用できる手法でもある．

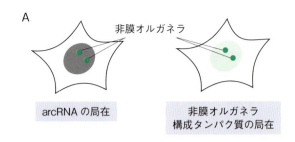

図5　arcRNAにより形成される非膜オルガネラの構成因子の同定手法
　A）arcRNAにより形成される典型的な非膜オルガネラにおけるarcRNAの局在と非膜オルガネラの構成タンパク質の局在．緑がarcRNA（左），構成タンパク質（右）の局在を示す．B）lncRNAと相互作用するタンパク質，DNA，RNAを同定する手法．1対多（lncRNA対相互作用因子）あるいは多対多（lncRNA対相互作用因子）で分類．

　まず，構成タンパク質を同定する手法を解説する（**図5B**）．アンチセンス核酸を用いて，arcRNAを含む複合体を精製する手法としてChIRP，CHART，RAPなどの方法がある[31) 34) 35)]．さらに，RNAに近接する領域をビオチン標識し，標識されたタンパク質を同定する方法もある．この場合に，RNAが存在する領域のみを解析対象とするため，タンパク質に近接標識のための酵素をつけるのではなく，*in situ* ハイブリダイゼーションをベースとして，APEX2やHRPといった酵素を用いる手法であるHyPro法やO-MAP法が開発されている[36) 37)]．ここまでに述べた手法では，構成タンパク質だけではなく，近接して存在するRNAやDNA領域も同定できる．さらに，RNAの特定の領域のみに結合するタンパク質を同定する手法として，dChIRP法やTREX法なども開発されている[38) 39)]．非膜オルガネラを生化学的に精製することによってタンパク質を同定するFAPSという手法も報告されている[40)]．

　タンパク質の構成因子を同定する手法については，多くのlncRNAで同時に同定する方法は開発されていない．一方で，RNAに結合するDNA領域やRNAを同定する方法については，多くのlncRNAで同時に同定できる手法も開発されている（**図5B**）．このうち網羅的に，DNAとの相互作用を同定する手法として，RADICL-seq，GRID-seq，Red-C，ChAR-seq，iMARGI，RD-SPRITEなどが挙げられ，RNAとの相互作用を同定する手法としては，RIC-seq，PARISなどが挙げられる[8) 9) 41) 42)]．他にも，Sequential FISH/免疫染色による多数のタンパク質，RNA，DNA領域の可視化により大規模に1細胞レベルで同定する手法もある[27)]．さらに，1細胞レベルで，こうした相互作

用を同定するMUSICとよばれる手法も開発されている[43]．また，多くのRNAについて一挙に同定する手法ではないが，顕微鏡下で観察される免疫染色サンプルの特定の領域に存在するRNAを高精度に同定できるPIC法も強力なアプローチである[44]．このような手法により，さまざまなarcRNAにより構築される非膜オルガネラが解析され，その作動原理や機能が理解されていくことが期待される．

おわりに

相分離を誘導するというRNAの働き方は，他の生体分子とは異なるRNAの特徴を存分に活かした働き方であり，非常に合理的なものであり，広く利用されているのも納得できる．しかし，機能を司るRNAの配列や立体構造，相分離の起点構造を形成するタンパク質の全体像などまだまだ多くの課題が残されている．このような点を理解することで，形成機構やこのようなRNAの配列や立体構造を介したlncRNA標的薬の開発につながることが期待できる．また，巨大なRNP構造がどのように組立てられ，その機能がどのように実現されるかを構造学的な観点から理解することも今後の重要な課題である．

文献

1) Amaral P, et al：Nature, 622：41-47, doi:10.1038/s41586-023-06490-x（2023）
2) Mattick JS, et al：Nat Rev Mol Cell Biol, 24：430-447, doi:10.1038/s41580-022-00566-8（2023）
3) Hirose T, et al：Nat Rev Mol Cell Biol, 24：288-304, doi:10.1038/s41580-022-00558-8（2023）
4) Van Treeck B & Parker R：Cell, 174：791-802, doi:10.1016/j.cell.2018.07.023（2018）
5) Chujo T, et al：Biochim Biophys Acta, 1859：139-146, doi:10.1016/j.bbagrm.2015.05.007（2016）
6) Chujo T, et al：EMBO J, 36：1447-1462, doi:10.15252/embj.201695848（2017）
7) Zeng C, et al：Nucleic Acids Res, 51：7820-7831, doi:10.1093/nar/gkad567（2023）
8) Cai Z, et al：Nature, 582：432-437, doi:10.1038/s41586-020-2249-1（2020）
9) Quinodoz SA, et al：Cell, 184：5775-5790.e30, doi:10.1016/j.cell.2021.10.014（2021）
10) Chujo T & Hirose T：Mol Cells, 40：889-896, doi:10.14348/molcells.2017.0263（2017）
11) Yamazaki T, et al：Front Mol Biosci, 9：974772, doi:10.3389/fmolb.2022.974772（2022）

12) Schmok JC, et al：Nat Biotechnol, doi:10.1038/s41587-023-02014-0, Epub ahead of print（2024）
13) Naganuma T, et al：EMBO J, 31：4020-4034, doi:10.1038/emboj.2012.251（2012）
14) Yamazaki T, et al：Mol Cell, 70：1038-1053.e7, doi:10.1016/j.molcel.2018.05.019（2018）
15) Hennig S, et al：J Cell Biol, 210：529-539, doi:10.1083/jcb.201504117（2015）
16) Elguindy MM & Mendell JT：Nature, 595：303-308, doi:10.1038/s41586-021-03633-w（2021）
17) Pandya-Jones A, et al：Nature, 587：145-151, doi:10.1038/s41586-020-2703-0（2020）
18) Ninomiya K & Hirose T：Noncoding RNA, 6：6, doi:10.3390/ncrna6010006（2020）
19) Souquere S, et al：Mol Biol Cell, 21：4020-4027, doi:10.1091/mbc.E10-08-0690（2010）
20) West JA, et al：J Cell Biol, 214：817-830, doi:10.1083/jcb.201601071（2016）
21) Yamazaki T, et al：EMBO J, 40：e107270, doi:10.15252/embj.2020107270（2021）
22) Takakuwa H, et al：Nat Cell Biol, 25：1664-1675, doi:10.1038/s41556-023-01254-1（2023）
23) Mannen T, et al：J Cell Biol, 214：45-59, doi:10.1083/jcb.201601024（2016）
24) Sanders DW, et al：Cell, 181：306-324.e28, doi:10.1016/j.cell.2020.03.050（2020）
25) Courchaine EM, et al：Cell, 184：3612-3625.e17, doi:10.1016/j.cell.2021.05.008（2021）
26) Gouveia B, et al：Nature, 609：255-264, doi:10.1038/s41586-022-05138-6（2022）
27) Takei Y, et al：Nature, 590：344-350, doi:10.1038/s41586-020-03126-2（2021）
28) Hirose T, et al：Mol Biol Cell, 25：169-183, doi:10.1091/mbc.E13-09-0558（2014）
29) Imamura K, et al：Mol Cell, 53：393-406, doi:10.1016/j.molcel.2014.01.009（2014）
30) Modic M, et al：Mol Cell, 74：951-965.e13, doi:10.1016/j.molcel.2019.03.041（2019）
31) West JA, et al：Mol Cell, 55：791-802, doi:10.1016/j.molcel.2014.07.012（2014）
32) McCluggage F & Fox AH：Bioessays, 43：e2000245, doi:10.1002/bies.202000245（2021）
33) Fukushima K, et al：Immunity, 52：542-556.e13, doi:10.1016/j.immuni.2020.02.007（2020）
34) Chu C, et al：Cell, 161：404-416, doi:10.1016/j.cell.2015.03.025（2015）
35) McHugh CA, et al：Nature, 521：232-236, doi:10.1038/nature14443（2015）
36) Yap K, et al：Mol Cell, 82：463-478.e11, doi:10.1016/j.molcel.2021.10.009（2022）
37) Tsue AF, et al：bioRxiv, doi:10.1101/2023.01.19.524825（2023）
38) Quinn JJ, et al：Nat Biotechnol, 32：933-940, doi:10.1038/nbt.2943（2014）
39) Dodel M, et al：Nat Methods, 21：423-434, doi:10.1038/s41592-024-02181-1（2024）
40) Hubstenberger A, et al：Mol Cell, 68：144-157.e5, doi:10.

1016/j.molcel.2017.09.003（2017）

41) Kato M & Carninci P：Noncoding RNA, 6：20, doi:10.3390/ncrna6020020（2020）

42) Lu Z, et al：Cell, 165：1267-1279, doi:10.1016/j.cell.2016.04.028（2016）

43) Wen X, et al：Nature, 628：648-656, doi:10.1038/s41586-024-07239-w（2024）

44) Honda M, et al：Nat Commun, 12：4416, doi:10.1038/s41467-021-24691-8（2021）

＜筆頭著者プロフィール＞

山崎智弘：京都大学農学部生物機能科学科卒業，京都大学大学院生命科学研究科にて学位を取得〔博士（生命科学）〕．米国ハーバードメディカルスクールにて博士研究員，北海道大学遺伝子病制御研究所，助教，同講師を経て，現職．現在，細胞内相分離におけるRNAの役割について，物理理論や構成的手法，スクリーニングなども駆使して，体系的な理解に向けた研究を進めている．

| 第2章 | ncRNAを"知る"—見出される新たな機能・意義 |

5. リピートncRNAによる遺伝子発現制御

二宮賢介，廣瀬哲郎

> 短い配列のくり返しで構成されたリピートncRNAのなかには，おのおのに特異的な結合タンパク質を高度に集積して，非膜オルガネラや疾患関連凝集体を形成するものが存在する．これらは，特定の化学反応を促進する「るつぼ」や，周囲から特定の分子を隔離し，その機能を抑制する「スポンジ」などとして働く．霊長類特異的なリピートncRNAであるHSAT III は，熱ストレスに応答し発現して核内ストレス体を形成し，熱ストレス回復期に「るつぼ」と「スポンジ」の機能を併用して，遺伝子発現を制御する．その分子機構について最近の成果を紹介する．

はじめに

　近年，非膜オルガネラの骨格分子として働くncRNAが次々に発見されている[1]．そのなかでも，短い配列のくり返しで構成されたリピートncRNAは特定のタンパク質や核酸を高度に集積するポテンシャルをもち，非膜オルガネラの骨格分子として働く一方で，疾患関連の凝集体の原因にもなりうる存在である．リピートncRNAによる遺伝子発現制御や，その配列の単純なくり返しのなかに潜む潜在的な多様性について，HSAT III ncRNAとそれを骨格に形成されるnuclear stress body（核内ストレス体，以下nSB）を例に最新の知見を紹介する．

[略語]

BEAN1：brain expressed associated with NEDD4 1
ChIRP：chromatin isolation by RNA purification
CLK1：CDC2-like kinase 1
FISH：fluorescence *in situ* hybridization
HNRNP：heterogeneous nuclear ribonucleoprotein
HSAT III：human satellite III
HSF1：heat shock factor 1
ncRNA：non-coding RNA（ノンコーディングRNA）
nSB：nuclear stress body（核内ストレス体）

PNC：perinucleolar component
PNCTR：pyrimidine-rich non-coding transcript
PTBP1：polypyrimidine tract binding protein 1
RBP：RNA-binding protein（RNA結合タンパク質）
SCA：spinocerebellar ataxia（脊髄小脳変性症）
SRSF：serine/arginine-rich splicing factor
TDP-43：TAR DNA-binding protein of 43 kDa
YTHDC1：YTH N6-methyladenosine RNA binding protein C1

Repeat ncRNAs and their roles in gene regulation
Kensuke Ninomiya[1] /Tetsuro Hirose[1] [2]：Department of Frontier Biosciences, Osaka University[1] /Institute for Open and Transdisciplinary Research Initiatives, Osaka University[2]（大阪大学大学院生命機能研究科[1] /大阪大学先導的学際研究機構[2]）

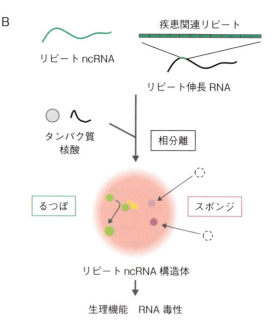

図1　リピートRNA構造体と機能モデル
A） 正常細胞で発現するリピートncRNAと疾患関連リピートncRNAの例．**B）** リピートncRNAによる構造体形成と機能モデル．酵素と基質などを濃縮して相互作用や生化学反応を促進する「るつぼ」と，特定の分子を構造体内に隔離し，周辺での機能を阻害する「スポンジ」に大別される．

1 リピートncRNA

1）リピートncRNAと非膜オルガネラ

　細胞には脂質膜で隔離されない構造体である非膜オルガネラが多種存在し，その代表的な機能として，構造体内に特定の分子を集積して生化学反応を促進する「るつぼ（reaction crucible）」や，構造体内に分子を隔離して機能を阻害する「スポンジ（molecular sponge）」が挙げられる．近年，さまざまな非膜オルガネラがncRNAを必須の足場分子としていることが報告されている[1]．

　非膜オルガネラの足場となるncRNAのなかには特定のくり返し配列（リピート配列）をもつものが少なくない．このくり返しは，一般的に，リピート配列に結合するタンパク質や核酸をRNA分子上に多数結合させるために役立っていると考えられる．リピート配列を有するncRNAのうち，明確な定義はないものの，短いリピート配列が連続する長大な領域をもつものは，short-tandem repeat RNA（strRNA）などともよばれる[2]．本稿では，このようなリピート領域を主たる特徴とするncRNAをリピートncRNAとして扱う．リピートncRNAはゲノム中にもともと散在する長大なリピート配列領域から転写される場合と，遺伝子内のリピート配列の異常伸長によって，遺伝子の転写産物のイントロンや非翻訳領域に長大なリピート領域が含まれた結果，ncRNA化する場合がある（**図1**）．一般的に，RNA結合タンパク質（RNA-binding protein，以下RBP）は4～6塩基の配列モチーフを認識して結合するため，膨大な数の短いリピート配列をもつリピートncRNAはその配列を認識するRBPを大量に結合し集積させることが容易に想像できる．その好例として，pyrimidine-rich non-coding transcript（PNCTR）ncRNAや後述するHSAT Ⅲ ncRNAが挙げられる[3]．PNCTRは多数のCUCUCU配列を有する約10 kbのncRNAであり，核内構造体の1つであるperinucleolar compartment（PNC）の内部に，スプライシング制御等にかかわるRBP，polypyrimidine tract binding protein 1（PTBP1）を集積する．その結果，PTBP1依存的なスプライシングは抑制される．つまり，前述の機能区分でいえば，PNCはPNCTRを介してPTBP1を

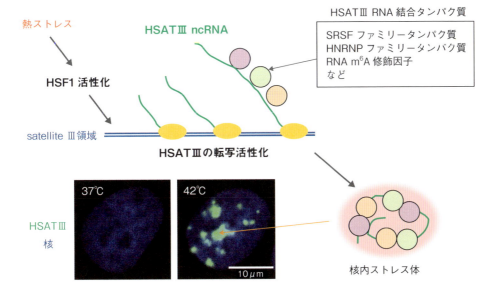

図2　HSAT III ncRNAの発現誘導と核内ストレス体形成のモデル図
熱ストレスにより活性化した転写因子HSF1（heat shock factor 1）により，複数の染色体のsatellite III領域よりHSAT IIIの転写が誘導され，多種のHSAT III RNA結合タンパク質とともに核内ストレス体を形成する．写真は熱ストレス前後のHeLa細胞の染色画像．

核質から隔離する「スポンジ」として働いているといえる．

2）ノンコーディングリピート病

遺伝子内のリピート配列の異常伸長によって産生されたリピートncRNAは，筋萎縮性側索硬化症（amyotrophic lateral sclerosis：ALS），前頭側頭型認知症（frontotemporal dementia：FTD），脆弱X関連振戦/失調症候群（fragile X-associated tremor/ataxia syndrome：FXTAS），脊髄小脳変性症（spinocerebellar ataxia：SCA）など疾患の原因となる場合があり，そのため，これらの疾患はノンコーディングリピート病とも総称される[4]．その発症機構として，異常伸長したリピートRNA配列が特定のRBPを集積し凝集体をつくることで，それらの正常な機能を損なう可能性が考えられている（RNA毒性モデル）．つまり，前述の機能区分では「スポンジ」に該当する．このRNA毒性モデルは以下の知見の組合わせを主な根拠としている．①疾患関連リピートncRNAが相互作用するRBP群を蓄積し，それらの他の領域における濃度や正常な細胞内分布に影響を与える．②そのRBPの過剰発現がリピートの異常伸長による疾患症状や細胞毒性を緩和する．③逆に，そのRBPの欠損・阻害が単独で疾患症状を模倣し，あるいは細胞毒性を示す．ただし，ノンコーディングリピート病の発症機構には，他にもさまざまなモデルが提唱されており，リピート配列によるホスト遺伝子の発現異常・機能阻害や，細胞にとって有害なリピートポリペプチドの産生など，リピートncRNA自体を直接の原因としない可能性もあり，さらに，これらのモデルが必ずしも相互排他的ではないことを踏まえて慎重に考える必要がある．

2 HSAT III ncRNAとnSBによる遺伝子発現制御

1）HSAT III ncRNAと核内ストレス体

HSAT IIIは配列の大半をGGAAUのくり返しで占められた霊長類特異的なリピートncRNAであり，熱などのストレスによって転写誘導される．このRNAは，それより以前に発見されていた熱ストレス下の霊長類細胞特異的に観察される非膜オルガネラ，核内ストレス体（nuclear stress body：nSB）の骨格分子として同定された[5]（図2）．HSAT IIIはスプライシング制御を担うSRSFファミリーやHNRNPファミリーに属するRBPを結合し集積することでnSBを形成する．細胞

におけるnSBの役割については，熱ストレスによる細胞死を抑制し，細胞の生存・維持に寄与することが報告されているが[6]，一方で，分子機能については長年不明のままであった．HSAT IIIは複数の染色体のセントロメア近傍領域（ペリセントロメア）に存在するsatellite III領域のさまざまな場所から転写されていると考えられている．つまり，HSAT IIIは単一のRNAではなく，複数のsatellite III領域に由来する配列や長さがさまざまなヘテロなRNA集団であり，GGAAUくり返し配列という共通の特徴で定義されている．配列や長さの多様性に加えて，リピート配列であるがゆえに個々のRNA分子の配列決定も容易ではない．これらの制約により，HSAT IIIの機能解明をめざすうえで，ノックアウトやゲノム編集による配列改変などの他のncRNAの研究と同じアプローチを採るのは限界がある．

　一方で，HSAT IIIはその単純なくり返し配列ゆえに，解析するうえでの利点がいくつか存在する．まず，リピート配列を標的にしたアンチセンス核酸を用いたFISHによる染色の感度やノックダウンの効率が非常に高い．さらに特筆すべき点として，chromatin-isolation by RNA purification（ChIRP）法などによる結合分子の解析が比較的容易である．ChIRPは細胞をホルムアルデヒドなどで固定して，目的のRNAを相補鎖プローブで精製することで，生体内でRNAに結合している分子群を網羅的に単離する方法であるが，技術的な難易度が高く精製効率も低い．HSAT IIIは，そのリピート配列に対するプローブを用いることで高効率かつ安定した精製が他のRNAと比べて容易で，そのため，ChIRPによるnSBの構成成分の同定だけでなく，構成タンパク質の温度変化依存的・経時的な変動やそれらのリン酸化状態などの変化を解析することが可能である．これらの利点は，他のリピートncRNAの解析にも当てはまると考えられる．これまでに私たちは，これらの利点を活用して，HSAT IIIに結合するタンパク質の網羅的な同定やその変動解析，HSAT IIIノックダウン細胞におけるトランスクリプトーム解析を行ってきた[7][8]．以降に明らかになったことを紹介する．

2）nSBの構成タンパク質の特徴

　nSBの発見当初，構成タンパク質については，heat shock factor 1（HSF1）などHSAT IIIの転写にかかわる因子群と，RBPとしてSAFB，SRSFファミリータンパク質に属するSRSF1，SRSF7，SRSF9とHNRNPMなどが知られていた．私たちは，ChIRPで精製したHSAT III ncRNA結合タンパク質の質量分析により，100種類以上のRBPとRBPの修飾酵素をnSBの構成因子候補として見出した．そのなかには，SRSFファミリータンパク質の大半と，類似したドメイン構造をもつSR-related factorの多く，HNRNPファミリータンパク質の一部が含まれていた．このことから，nSBはそれまで知られていた以上に，広汎なスプライシング制御因子群を構成成分としていると考えられる．スプライシング制御因子のファミリー以外にもm^6A修飾関連因子などRNAプロセシングにかかわる因子が同定されている（**3**）を参照）．興味深いことに，nSB構成タンパク質の種類が，熱ストレス条件下と，温度が正常化した後のストレス回復期では一部変化していた．つまり，nSBの構成成分は温度変化に依存して動的であり，この特性は次に述べるnSBの分子機能と密接に結び付いている．

3）nSBによる2つのスプライシング制御機構

　HSAT IIIノックダウン細胞のトランスクリプトーム比較により，HSAT IIIはストレス回復期に400種以上の遺伝子のスプライシングを主に抑制的に制御していることが明らかになった．特に，私たちが着目したのは，intron detentionとよばれるRNAが特定のイントロンを保持した状態で核内に留まる選択的スプライシングの様式である[9][10]．HSAT IIIはストレス回復期に特定のRNAのintron detentionを促進し，成熟型mRNAの産生を抑える．このスプライシング制御を実現する分子基盤は，nSBの構成成分の経時的な変化の解析によって明らかになった．解析の結果，nSB内ではストレス回復期に少なくとも2つの異なるスプライシング制御機構が働くことがわかった（**図3**）．1つ目は，SRSFファミリータンパク質を基質とするリン酸化酵素CLK1が，熱ストレス回復期に特異的にnSBにリクルートされ，すでに集積していたSRSF群，特に高度に集積しているSRSF9をすみやかに再リン酸化する．その結果，前述のスプライシング制御が行われる．興味深いことに，この経路で制御される代表的ないくつかのRNAは，通常の培養温度では，intron detention型で存在し，熱ストレスによってintron detention型

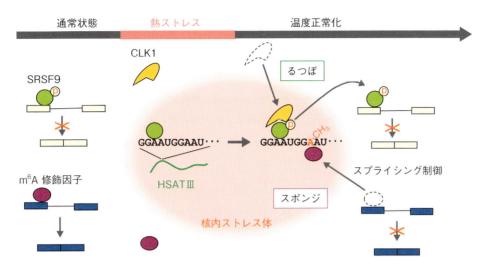

図3　nSBの構成の経時変化と機能発現メカニズムの模式図
るつぼ：熱ストレスによって脱リン酸化したスプライシング制御因子SRSF9を集積し，温度正常化とともにリン酸化酵素CLK1が構造体内に移行し，すみやかに再リン酸化を行うことで，スプライシングを制御する．スポンジ機構：通常時には一部のmRNA前駆体はm^6A修飾依存的にスプライシングを促進されている．熱ストレスによってnSBが形成した後，温度正常化後にHSAT III自身がm^6A修飾の基質となることで，m^6A修飾因子を核質から隔離し，他のmRNA前駆体のm^6A修飾依存的なスプライシングを阻害する．

から成熟型mRNAへと変わるスプライシング制御を受けていた．言うなれば，この経路の役割は，熱ストレスによるSRSFの脱リン酸化が引き起こしたスプライシング変化を，熱ストレス除去後にSRSFをすみやかに再リン酸化することで，素早く正常化することであると考えられる．

もう1つの機構は，熱ストレス回復期にHSAT IIIのGGAAUリピート配列中のAがm^6A修飾されることにより誘導される．m^6A修飾は主要なRNA修飾の1つで，mRNAのスプライシング，安定性や翻訳効率など多岐にわたって制御する．HSAT III自身が修飾の基質となることで，m^6A修飾酵素複合体や修飾部位に結合するタンパク質（m^6Aリーダータンパク質）YTHDC1はnSB内に集積する．その影響で，他のmRNA前駆体のm^6A修飾は阻害され，結果的にそれらのm^6A修飾依存的なスプライシングは抑制される．

このように，HSAT IIIのユニークさは，主成分であるGGAAUリピートが2つの異なる分子機構の共通の足場となり，その両者がともにスプライシングを抑制的に制御しているという点にある．試験管内のRNA-タンパク質結合実験では，GGAAUのくり返し配列はSRSF9とm^6A修飾酵素複合体の構成タンパク質の両方と結合するが，配列に変異を入れると，少なくともいずれかが結合しなくなる[8]．このことからも，GGAAUリピートが2つの機構が両立するための絶妙な配列であることが示唆される．もう1つのユニークな点は，nSBは熱ストレスで転写されたHSAT IIIを足場に形成された後，温度正常化に伴い構成タンパク質やHSAT IIIの修飾を変化させることによってはじめて機能を発現できる二段階制御の構造体であるという点である．この温度変化依存的な構成変化の機構は現時点では謎であり，今後の解明が待たれる．

4）HSAT III ncRNAと疾患関連リピートの配列類似性

別の興味深い点として，前述の通りHSAT IIIは配列の大半をGGAAUのくり返しが占めるが，この配列は脊髄小脳変性症31型（SCA31）の原因とされるSCA31 RNAのリピート配列（通常，UGGAAと表記される）と同一の配列である（図1）．実際に，実験的に同定された両者の結合タンパク質には共通するものが多い[2]．HSAT IIIの転写は熱ストレスで活性化した転写因子HSF1によって誘導され，nSBは熱ストレス条件下のさまざまなヒト培養細胞で観察されるのに対し，SCA31患者におけるSCA31 RNA顆粒の組織分布はホスト遺

伝子であるbrain expressed associated with NEDD4 1（BEAN1）の転写に依存していると考えられ，小脳プルキンエ細胞で観察される[11]．SCA31 RNA顆粒はTDP-43やHNRNPA2などのRBPと共局在し，それらのRBPの過剰発現で細胞毒性が緩和される[12]．このことから，SCA31の発症機構のモデルの1つとして，SCA31 RNA顆粒が上記のRBPを隔離するスポンジ作用が示唆されている．nSBとSCA31 RNA顆粒の機能的な類似性の有無については不明であり，今後の展開が期待される．

おわりに

　非膜オルガネラを形成するncRNAのうち，リピートncRNAは特定のRBPを高度に集積することに適しているという点で，最も機能を連想しやすいタイプのRNAにも思える．一方で，本稿で紹介したHSAT Ⅲは単純なリピートncRNAでありながら，複数の遺伝子発現制御機構の共通の足場となり，それらを温度変化依存的に制御する機構の存在が示唆されている．さらには，ノンコーディングリピート病の1つであるSCA31の原因RNAとくり返し配列の特徴が共通している．このことは，リピートncRNAの見かけ上の単純さの裏に潜むcontextに依存した機能の多様性や巧妙な制御機構の存在を想像させる．今後，さまざまなリピートncRNAについて，リピートncRNAならでは

の研究アプローチでさらなるポテンシャルが明らかになることを期待する．

文献

1）Hirose T, et al：Nat Rev Mol Cell Biol, 24：288-304, doi:10.1038/s41580-022-00558-8（2023）
2）Ninomiya K & Hirose T：Noncoding RNA, 6：6, doi:10.3390/ncrna6010006（2020）
3）Yap K, et al：Mol Cell, 72：525-540.e13, doi:10.1016/j.molcel.2018.08.041（2018）
4）Swinnen B, et al：EMBO J, 39：e101112, doi:10.15252/embj.2018101112（2020）
5）Biamonti G & Vourc'h C：Cold Spring Harb Perspect Biol, 2：a000695, doi:10.1101/cshperspect.a000695（2010）
6）Ninomiya K, et al：EMBO J, 42：e114331, doi:10.15252/embj.2023114331（2023）
7）Ninomiya K, et al：EMBO J, 39：e102729, doi:10.15252/embj.2019102729（2020）
8）Ninomiya K, et al：EMBO J, 40：e107976, doi:10.15252/embj.2021107976（2021）
9）Ninomiya K, et al：J Cell Biol, 195：27-40, doi:10.1083/jcb.201107093（2011）
10）Boutz PL, et al：Genes Dev, 29：63-80, doi:10.1101/gad.247361.114（2015）
11）Niimi Y, et al：Neuropathology, 33：600-611, doi:10.1111/neup.12032（2013）
12）Ishiguro T, et al：Neuron, 94：108-124.e7, doi:10.1016/j.neuron.2017.02.046（2017）

＜筆頭著者プロフィール＞
二宮賢介：大阪大学大学院理学研究科で学位取得後，京都大学ウイルス研究所（現・医生物学研究所），東京医科歯科大学難治疾患研究所，京都大学医学部，北海道大学遺伝子病制御研究所での職歴を経て現職．

第2章　ncRNAを"知る"—見出される新たな機能・意義

6. クロマチン高次構造とRNA
—ELEANORを例に

Maierdan Palihati，斉藤典子

真核生物のゲノムDNAは，細胞核内で折りたたまれてさまざまな制御を受けている．このしくみには，クロマチンタンパク質やヒストン修飾因子に加えて非コードRNA（ncRNA）が関与する．ncRNAはゲノム上で転写された場所にとどまりやすく，そこに転写調節因子や他のRNAをよび込む．ncRNAの発現は組織特異的，発生段階特異的で，その異常はがんを含む疾患に関与する．本稿では，ncRNAがクロマチン高次構造形成にどのようにかかわるか，われわれが再発乳がんモデル細胞で見出したncRNAであるELEANORを例に紹介する．

はじめに

細胞核内には，タンパク質に翻訳されない非コードRNA（ncRNA）が多数存在する．近年の高解像度空間マルチオミクス解析[1][2]やSPRITE（split-pool recognition of interactions by tag extension）解析[3]などにより，自身が転写されたクロマチン上にとどまる一群のncRNAが明らかになった．これらのなかには，長距離クロマチン間相互作用や生体分子凝縮体の形成を介在することで，三次元ゲノム構造や遺伝子の発現制御，さらに高次生命現象にかかわるものがあることがわかってきた．

1 ゲノムDNAの三次元構造

ゲノムDNAの98％はタンパク質をコードしない非コード領域で，そこにはエンハンサー，クロマチン境界，反復配列，セントロメアやテロメアなどの配列が埋め込まれている．それぞれの配列にエピジェネティック制御因子がリクルートされたり，特定のタンパク質とRNAからなる複合体が形成されることで，遺伝子や染色体の構造と機能が制御される[4]．全長2 mほどのヒトゲノムDNAは，異なるスケールで階層的にたたまれて，直径10 μmほどの核に収められている（**図1**）．裸のDNAはヒストン8量体との複合体であるヌ

［略語］
ASO：antisense oligonucleotide（アンチセンス核酸）
ELEANORs：ESR1 locus enhancing and activating non-coding RNAs
ER：estrogen receptor（エストロゲン受容体）
FISH：fluorescence *in situ* hybridization
Hi-C：high-throughput chromosome conformation capture

IDR：intrinsic disordered region（天然変性領域）
ncRNA：non-coding RNA（非コードRNA）
SPRITE：split-pool recognition of interactions by tag extension
TAD：topologically associating domain

Higher order chromatin structure and non-coding RNA
Maierdan Palihati/Noriko Saitoh：Division of Cancer Biology, The Cancer Institute of JFCR（がん研究会がん研究所がん生物部）

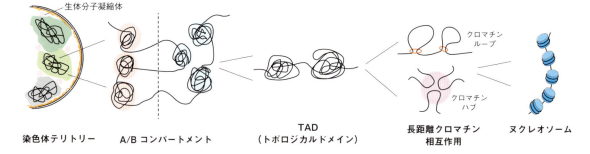

図1　階層的な高次クロマチン構造形成と生体分子凝縮体の形成

クレオソームを形成し，さらにkb単位のクロマチンループを形成する[5)6)]．遺伝子の転写を制御する配列であるプロモーターとエンハンサーの間の相互作用によって形成されるクロマチンループはその一例である．また，ゲノムから転写されたncRNAを中心にして生体分子凝縮体が形成され，その構造体を介して複数の染色体部位が寄り集まり，"クロマチンハブ"として機能することもある．

さらにゲノムDNAは，Mb単位のトポロジカルドメイン（TAD）※1を形成する．TAD内でのDNA相互作用頻度は，TADの外側よりもはるかに高いことを反映している．協調的に発現する遺伝子が同じTAD内に配置されることもある．TADの境界には，制御因子の働きがTAD内に限定されること，例えば，遺伝子の活性化を担うエンハンサーの働きがTAD内の遺伝子にとどめられ，TADを越えないようにする働きがある[7)]．

ゲノムDNAはさらなる高次構造を形成する．転写活性なTAD同士が寄り集まりAコンパートメントを，転写抑制なTAD同士が寄り集まりBコンパートメントを形成する．そのうえで，染色体同士は核内でむやみに混じり合うことなく，固有の場を占めており，これは染色体テリトリーとよばれる．

これらの三次元ゲノム構造は，従来，個別の免疫染色，DNA/RNA FISH，Hi-C解析※2などを用いた研究から提唱されてきた．近年，SPRITE解析[3)]や連続FISHを含む高解像度空間マルチオミクス解析[1)2)]が開発されたことにより，ゲノムワイドなクロマチン相互作用，ゲノムDNAの細胞核内での配置，それに沿って形成される生体分子凝縮体などが可視化されてきた．これらの結果は，従来の結果によく一致する．例えば，X染色体不活性化にかかわる17 kbのXIST ncRNAは，自身が転写される場を起点にして進展し，X染色体全体を覆い，そこに転写を抑制するクロマチン修飾因子をよび込み，バーボディとよばれる大きな生体分子凝縮体を形成する[8)9)]．ncRNAが高次クロマチン構造と制御の鍵であることを示す好事例である（第2章-8を参照）．

2 ELEANOR TAD

XIST同様に，細胞核内に蓄積してクロマチンに作用するncRNAとしてAirn，Kcnq1ot1などが挙げられる．乳がんの再発にかかわるncRNA，ELEANORsもまたその一員である．

乳がんの70％は，女性ホルモンであるエストロゲンと結合して機能するエストロゲン受容体（estrogen receptor：ER）を発現するER陽性型である．治療としてエストロゲンの作用をブロックする内分泌療法が

※1　TAD

トポロジカルドメインとよばれるメガベース（Mb）単位の大きなクロマチンドメインで，Hi-C法，SPRITE法，高解像度空間マルチオミクス法などで検出される．ゲノム上である一定区間内では近隣同士が相互作用し，境界を越えるとまた別の近隣同士が相互作用をする様子を反映している．

※2　Hi-C

ゲノムワイドに核内の全クロマチン間相互作用を検出する，染色体構造捕獲法の1つ．細胞核を固定，制限酵素処理をした後に，核内空間で近傍にあるDNA同士を結合させて，その融合部分を次世代シークエンスで検出する．

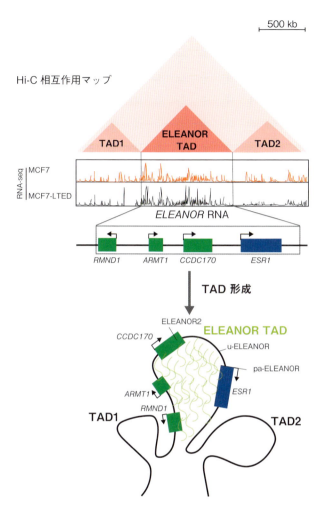

図2　クロマチンのトポロジカルドメイン（TAD）を規定するELEANOR ncRNA

行われる．しかし治療が長期にわたると，がん細胞が治療に対する耐性を獲得し，再発に至ることが大きな問題である．われわれは再発乳がんモデルLTED（long term estrogen deprivation）細胞で過剰発現し，ERをコードする*ESR1*遺伝子の転写活性化に機能するncRNA，ELEANORs（ESR1 locus enhancing and activating non-coding RNAs）を発見した[10]．

ELEANORsは，ヒト6番染色体上でERをコードする*ESR1*の遺伝子を含む約700 kbのクロマチンドメインから転写されるncRNA集団である．ELEANORsは，自身の転写部位にとどまり，RNAクラウド（ELEANORクラウド）を形成し，*ESR1*の転写を活性化する[10]（図2）．u-ELEANOR（エンハンサーRNA），pa-ELEANOR（プロモーターRNA），ELEANOR2（天然アンチセンス転写産物）について解析が進んでいる[10]〜[12]．4C-seqおよびHi-Cといったクロマチン構造解析により，ELEANORsが転写されているゲノム領域は，TAD領域（ELEANOR TAD）と一致することがわかった[10][11]．ELEANORsはTAD内の4遺伝子の協調的な転写活性化と細胞増殖に機能する．

3 ncRNAを含む転写凝縮体

ELEANORクラウドは，多種のELEANORsが結集した生体分子凝縮体で，*ESR1*遺伝子座近傍に形成される[10]．ELEANORクラウドは乳がんにおける転写活性の"場"を提供するものと考えられるがその実態はいまだ不明である．

核内においては，その他のncRNAが生体分子凝縮体の形成に役割をもつ．RNAはそれ自身でも凝縮体を形成するが，さらにRNA結合タンパク質をよび込むことができ，これらが局所で高密度になると，液‐液相分離とよばれる物理現象が引き起こされる[13）14）]．このプロセスでは，RNA結合タンパク質がもつ天然変性領域（IDR：intrinsic disordered region）が鍵となり，さらに，RNA結合モチーフ，RNAの配列や二次構造が，異なる凝縮体を形成するための特異性を与えると考えられている[15）]．これらの凝縮体内では，特定の分子が高度に相互作用し，移動性をもち，転写調節を含む核内活性の効率と特異性を高める．

エンハンサーやプロモーターからもそれぞれエンハンサーRNA，プロモーター相互作用RNAが転写されている．これらの制御RNAが転写されると，そこにIDRをもつ転写因子やコアクチベーターが結合し，液滴を形成して転写凝縮体を形成する．複数遺伝子を制御するスーパーエンハンサー（第2章‐7を参照）においては，BRD4やMED1などのコアクチベーターやメディエーターが長距離にわたって結合し，凝縮体が形成される．スーパーエンハンサー複合体はがんで肥大することから，治療標的として有効であると提唱されている．ELEANORクラウドもまた転写凝縮体として機能していると考えられ，今後の研究が待たれる．

4 晩期再発に至る乳がんの長期休眠にかかわるELEANORs

臨床検体の解析から，ELEANORsの生体内機能がわかってきた．ELEANORクラウドは全乳がんのおよそ30％で検出され，そのすべての症例はER陽性である．これは，生体内でも*ESR1*遺伝子の転写活性に働いていることを示唆している．逆にER陽性の原発乳がんのなかにはELEANORsが発現している症例は40％にとどまっていた．つまり*ESR1*遺伝子が転写活性でも，ELEANORsの発現を伴う場合とそうでない場合があることがわかった．興味深いことに，ELEANORsを発現している症例は術後5年を経てもなお再発を起こす頻度が高い．つまり晩期再発[※3]と相関があることがわかった．晩期再発は，「ホルモン依存性がん」であるER陽性乳がんと前立腺がんに特徴的なも

のである．その他のがんでは，再発がある場合は術後5年以内に発症することが多い．ホルモン依存性がんの場合は，いつまでも再発の不安から解放されないという精神的な負担があり，大きな問題であった．原発乳がんでELEANORsが検出される場合，後の晩期再発を予測できる可能性があり，実際にELEANORsは独立したリスク因子であることもわかった[12）]．ELEANORsはがん幹細胞遺伝子の転写を活性化する．覚醒のきっかけとなる「トリガー」を受けるまではがんを長期休眠に陥らせ，それが晩期再発へとつながる，といった機序がわかってきた．

5 ncRNAを介した長距離クロマチン相互作用

ncRNAは，ゲノム上で離れたゲノム部位にコードされた遺伝子同士，または異なる染色体を近接させることがある．例えば，X染色体から転写されるFIRRE（firre intergenic repeating RNA element）は，hnRNP-Uタンパク質と結合し，X染色体と染色体2，9，15，17の間の染色体相互作用を促進する[16）]．これらは，核内ncRNAがクロマチンの構造的なプラットフォームと機能的な要素として働くことを示唆している．

ELEANORsもまたクロマチンの長距離相互作用にかかわる．内分泌療法に耐性となり再発したER陽性乳がん患者に対して，逆説的ではあるが，エストロゲンを投与すると，寛解することが古くから知られている．この背景には，ELEANORsが細胞の増殖とアポトーシスを平衡化しているといった現象がある．MCF7とLTED細胞の高次クロマチン構造を4CおよびHi-C解析で調べたところ，LTED細胞では増殖にかかわる*ESR1*遺伝子とアポトーシスにかかわる*FOXO3*（forkhead box O3）遺伝子が相互作用し，両方ともAコンパートメント内にあって発現上昇していることがわかった．この2つの遺伝子は6番染色体上にコードされ，約40Mbも離れているが，細胞核内では近傍に位置する．

※3　晩期再発

がん患者において，がんを摘出してその前後でアジュバント療法などを受けて，通常5年の経過観察期を過ぎた後に起こる再発．ホルモン依存性がんで頻度が高いという特徴がある．

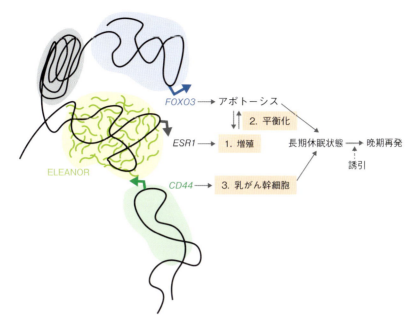

図3　ELEANOR ncRNAがかかわる乳がんの晩期再発機序
高次クロマチン構造制御を介して，①乳がんの増殖，②乳がん細胞の増殖とアポトーシスの平衡化，③乳がん幹細胞化を担い，がんが長期休眠に陥ることに機能すると考えられている．

LTED細胞をエストロゲン様のレスベラトロールで処理すると，ELEANORsが阻害され，この染色体間相互作用が解消され，ELEANOR TAD内にある遺伝子群の転写が抑制される．一方で，*FOXO3*遺伝子の転写は活性のまま維持され，その結果，がん細胞はアポトーシスに誘導される．つまり，*ESR1-FOXO3*の長距離相互作用はELEANORsによって仲介されており，ELEANORsは，細胞増殖（*ESR1*）とアポトーシス（*FOXO3*）の平衡を保っており，ELEANORsを標的とすることでがんの細胞死を誘導できる，新たな治療方法になりうる，ということがわかった[11]．増殖とアポトーシスの平衡化は，晩期再発につながる長期休眠のメカニズムの1つでもある（**図3**）．

長期休眠のメカニズムには，がんの幹細胞化とその維持も含まれることが提唱されている．実際にELEANORsは乳がん幹細胞マーカーの*CD44*遺伝子の転写を活性化してがん幹細胞維持に働く．ELEANORsと*CD44*は異なる染色体上にコードされているが，核内では近接して存在する．つまり，ELEANORsが長距離クロマチン相互作用を介在している．長期休眠にかかわるその他のメカニズムには，細胞周期の停止や免疫監視から逃れる能力などが含まれており，ELEANORs，あるいはその他のncRNAが重要な役割を果たしている可能性がある．

ELEANORsを含むncRNAを標的とする治療アプローチは，臨床への応用が期待されている．アンチセンスオリゴヌクレオチド（ASO）の利用は最も有望な治療法である．ASOはターゲットRNAと塩基対を形成し，RNase H依存的な切断を誘導する[17]．多くのncRNAは疾患特異的な発現パターンを示すため高い特異性があると期待されている（第3章-6を参照）．

おわりに

本稿では，クロマチン高次構造に関与するncRNAの例を紹介した．ncRNAの多くはRNAポリメラーゼⅡで転写されて，スプライシングもポリA鎖付加も受け，タンパク質に翻訳されないことを除けばmRNAと変わらないものが多い．したがって，ゲノム上にとどまるncRNAと細胞質に輸送されて翻訳を受けるmRNAが，転写後どのように区別されて異なる細胞内局在に至るのか，そのメカニズムは興味深い．ncRNAの分子機序

が解明されることで，それらを標的とした革新的ながん治療法の開発が進むことが大いに期待される．

文献

1) Takei Y, et al：Nature, 590：344-350, doi:10.1038/s41586-020-03126-2（2021）
2) Takei Y, et al：Science, 374：586-594, doi:10.1126/science.abj1966（2021）
3) Quinodoz SA, et al：Cell, 174：744-757.e24, doi:10.1016/j.cell.2018.05.024（2018）
4) Clamp M, et al：Proc Natl Acad Sci U S A, 104：19428-19433, doi:10.1073/pnas.0709013104（2007）
5) Rao SS, et al：Cell, 159：1665-1680, doi:10.1016/j.cell.2014.11.021（2014）
6) Grubert F, et al：Nature, 583：737-743, doi:10.1038/s41586-020-2151-x（2020）
7) Dixon JR, et al：Nature, 485：376-380, doi:10.1038/nature11082（2012）
8) Colognori D, et al：Mol Cell, 74：101-117.e10, doi:10.1016/j.molcel.2019.01.015（2019）
9) McHugh CA, et al：Nature, 521：232-236, doi:10.1038/nature14443（2015）
10) Tomita S, et al：Nat Commun, 6：6966, doi:10.1038/ncomms7966（2015）
11) Abdalla MOA, et al：Nat Commun, 10：3778, doi:10.1038/s41467-019-11378-4（2019）
12) Fukuoka M, et al：Cancer Sci, 113：2336-2351, doi:10.1111/cas.15373（2022）
13) Ribeiro DM, et al：Nucleic Acids Res, 46：917-928, doi:10.1093/nar/gkx1169（2018）
14) Cid-Samper F, et al：Cell Rep, 25：3422-3434.e7, doi:10.1016/j.celrep.2018.11.076（2018）
15) Basu S & Bahadur RP：Cell Mol Life Sci, 73：4075-4084, doi:10.1007/s00018-016-2283-1（2016）
16) Lewandowski JP, et al：Nat Commun, 10：5137, doi:10.1038/s41467-019-12970-4（2019）
17) Lee JS & Mendell JT：Mol Cell, 77：1044-1054.e3, doi:10.1016/j.molcel.2019.12.011（2020）

＜著者プロフィール＞

Maierdan Palihati：東京工業大学大学院岩崎博史研究室において *Naganishia* 酵母の遺伝子組換え研究を行い，Ph.D.取得．2022年よりがん研究所にて博士研究員．今後は，再発乳がん治療における分子標的探索とその分子メカニズムを解明していきたいと考えている．

斉藤典子：米国Johns Hopkins 大学医学部大学院修了，Ph.D.取得．NIH，Cold Spring Harbor 研究所にて博士研究員．熊本大学発生医学研究所にて助教，准教授．2017年より現所属．乳がんの非コードRNAによるクロマチン制御機構の解明を進めている．

第2章 ncRNAを"知る"—見出される新たな機能・意義

7. 非コードRNA転写による ゲノム高次構造の制御

梅村悠介，深谷雄志

近年，非コードRNA（以下，ncRNA）転写に依存したゲノム高次構造の制御機構が次々に提案されている．具体的には，ncRNA転写を介して，DNA結合タンパク質の機能やDNAのメチル化状態が変化する例が見出されている．また近年の技術的な発展により，従来信じられていたncRNAの役割に関する画一的なモデルを見直す必要性も報告されている．ゲノム高次構造の性質に関する理解もいまだ深化の途上にあり，今後より詳細なncRNA転写の機能解析を行っていく必要がある．

はじめに

　転写は遺伝子発現プロセスの最上流に位置し，細胞や個体の性質を決定づけるうえできわめて重要な機構の1つである．転写の鋳型となるゲノムDNAに書き込まれた遺伝情報は，しばしば一次元的な塩基の並びとして理解される．しかし，細胞分化などの過程において各遺伝子の転写活性が適切に制御されるしくみを理解するためには，一次元的な塩基配列の情報に加えて，転写因子の結合やヌクレオソームの形成といったゲノ

ムDNAを取り巻く多様な要素を加味する必要がある．

　重要なことに，ゲノムDNAは細胞核内部で三次元的な折り畳みを受けており，その結果生じるゲノム高次構造も転写制御において重要な役割を果たすことが明らかになりつつある．本稿では，ゲノム高次構造を介した転写制御機構に関する最新の知見について概説しつつ，高次構造形成においてncRNA転写の果たす役割について紹介する．

[略語]
3C：chromosome conformation capture
CLAP：covalent linkage and affinity purification
CLIP：crosslinking and immunoprecipitation
FISH：fluorescence *in situ* hybridization

mESC：mouse embryonic stem cell
RCMC：region capture Micro-C
RNP：ribonucleoprotein
TAD：topologically associating domain

Non-coding RNA transcription as a modulator of 3D genome architecture
Yusuke Umemura[1) 2)] /Takashi Fukaya[1) 2)]：Laboratory of Transcription Dynamics, Research Center for Biological Visualization, Institute for Quantitative Biosciences, The University of Tokyo[1)] /Department of Life Sciences, Graduate School of Arts and Sciences, The University of Tokyo[2)]（東京大学定量生命科学研究所遺伝子発現ダイナミクス研究分野[1)] / 東京大学大学院総合文化研究科広域科学専攻生命環境科学系[2)]）

1 転写制御におけるゲノム高次構造の意義

真核生物において，転写活性の制御にはエンハンサーとよばれるゲノム上の非コード領域が中心的な役割を果たす．エンハンサーは転写因子の結合する足場として機能し，RNAポリメラーゼⅡ（Pol Ⅱ）による転写反応を活性化する．例えばマウスの Shh 遺伝子座では，遺伝子に変異を加えずともエンハンサーの欠損によって Shh 遺伝子の発現が四肢特異的に失われ，結果として手足の形成に異常が生じる[1]．

エンハンサーの特筆すべき性質として，転写制御の標的とする遺伝子に対してゲノム配列の上で近傍に存在するとは限らない点が挙げられる．一般にヒトやマウスなどの哺乳動物細胞では，エンハンサーと標的遺伝子の間の距離は数十〜数百kbほど離れている．実際に，先ほど例に挙げた Shh 遺伝子の発現を四肢特異的に制御するZRS（MFCS1）とよばれるエンハンサーは，Shh 遺伝子座から約1 Mb遠位に存在する[1]．転写制御におけるゲノム高次構造の主要な役割は，ゲノム配列の上で遠位に隔てられたエンハンサーとその標的遺伝子の立体的な位置関係を変化させ，両者の相互作用を生み出すことにあると考えられている（図1A）．

転写活性の制御におけるゲノム高次構造の役割に関する理解は，解析技術の進展に伴って深められてきた．エンハンサーがゲノム配列上で遠く離れた標的遺伝子の転写を活性化する性質は，エンハンサーが発見された1980年代前半から見出されていた[2]．しかし，こうした性質の背後にあるメカニズムは長らく不明であった．この状況を打破したのは，2002年に発表された3C（chromosome conformation capture）とよばれるDNA領域間の相互作用頻度を定量的に評価する手法であった．3Cを用いてマウスの β-グロビン遺伝子座周辺のゲノム高次構造を測定したところ，β-グロビン遺伝子が約40〜60 kb離れたエンハンサー領域と相互作用する様子が β-グロビンの発現する組織に特異的に観察され，ゲノム高次構造の変化がエンハンサーによる転写活性化の基盤となることが示唆された[3]．その後，シークエンス技術の進歩に伴ってHi-CやMicro-Cなどのゲノム高次構造をゲノムワイドに捉える解析手法が開発された．これにより，現在では高次

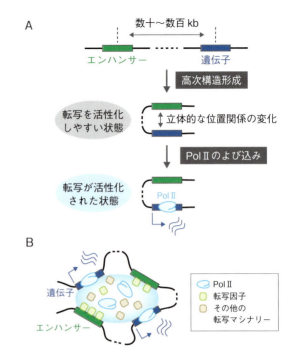

図1 転写制御におけるゲノム高次構造の意義
A）ゲノム高次構造は，エンハンサーと標的遺伝子の立体的な位置関係の変化に寄与する．しかし，転写活性はゲノム高次構造によって一義的に定められるわけではなく，実際の転写活性は転写因子やメディエーターによるPol Ⅱのよび込みの程度により決定される．B）ゲノム高次構造に依存してエンハンサーの周囲に集まった複数の遺伝子は，転写因子やコアクチベーターなどの転写に関与する因子群（転写マシナリー）が局所的に集積している微小環境を介した協調的な転写活性化を受ける．

構造の形成がゲノムDNA全体にわたって緻密に制御されていることが明らかになっている．

一方で，ゲノム高次構造と転写活性化の間の関係についての議論は現在でも続いている．組織特異的な高次構造の形成を報告した β-グロビン遺伝子座の例[3]からは，ゲノム高次構造の変化が細胞分化に伴う遺伝子発現制御の根幹であることが考察される．しかしながら，ゲノム高次構造の形成と遺伝子の転写活性の間に相関がみられないケースについてもさまざまな実験系で報告されている．このことは，エンハンサーと標的遺伝子の相互作用を生み出すゲノム高次構造が形成されれば必ずしも転写が活性化されるわけではないことを示唆している．例えばショウジョウバエの胚発生において，筋原細胞または神経細胞への分化過程にあ

る細胞は互いに細胞系譜特異的な異なる転写活性化パターンを示すにもかかわらず，エンハンサーと遺伝子の相互作用様式はよく類似していた[4]．またヒト線維芽細胞（IMR90細胞）において，TNF-α処理によって活性化されるエンハンサーは，TNF-α処理以前から標的遺伝子と相互作用していた[5]．他にも示唆的な報告は枚挙にいとまがないが，統合して考えると，一般に転写活性はゲノム高次構造によって一義的に定められるわけではないと推察される．すなわち，ゲノム高次構造の形成に相関して遺伝子の転写活性化が生じるケースも存在するものの，その役割は多くの場合において「転写を活性化しやすい状態」をつくり出すという補助的な役割に留まっていると考えられる．実際に転写活性化が生じるか否かを決定づける主要な要因は，転写因子やメディエーターに依存したPol IIのよび込みであり，ゲノム高次構造そのものが転写反応を触媒するわけではない（**図1A**）．

なお，ゲノム高次構造により定められるエンハンサーと遺伝子の間の対応は一対一の関係にあるとは限らない．ゲノム高次構造を高精度に測定することが可能なRCMC（region capture Micro-C）法により，マウス胚性幹細胞（mESC）において複数の遺伝子と複数のエンハンサーが空間的に相互作用することが示されている[6]．またショウジョウバエ初期胚を用いて遺伝子の転写活性をライブイメージングにより経時的に測定した報告では，同一エンハンサーの制御下に置いた2つの遺伝子が同時に転写される様子が観察されている[7]．同様のライブイメージングシステムにおいて転写活性化を担う転写因子を可視化することで，2つの遺伝子に由来する転写の協調的な活性化に際して転写因子が一過的に集積する様子が捉えられた[8]．このようなエンハンサーの性質に関する最新の知見を踏まえると，ゲノム高次構造に依存してエンハンサーの周囲に集まった複数の遺伝子は，転写因子やコアクチベーターなどの転写に関与する因子群（転写マシナリー）が局所的に集積している微小環境を介した協調的な転写活性化を受けると考えることができる（**図1B**）．重要な知見として，クロマチン修飾や転写因子の結合などの多様なゲノミクスデータを指標にしたENCODEプロジェクトによる解析から，ヒトゲノム上には遺伝子の数よりはるかに多い約93万個のエンハンサーが存在すると見積もられている[9]．また，一部のエンハンサーはそれらの局所的な集合を介して「スーパーエンハンサー」と呼ばれる巨大エンハンサーを形成することが報告されている[10]．スーパーエンハンサーにはBRD4やメディエーターといったコアクティベーターが高濃度に集積しており，標的遺伝子の転写を高効率に活性化する特殊な性質を有すると考えられている．ゲノムDNAの高次構造は，ゲノム上に数多く存在するエンハンサーと遺伝子を適切に組合わせるための制御ネットワークの基盤として働くと考えられる．

2 ゲノム高次構造の階層

ゲノムDNAの高次構造にはいくつかの階層があり，各階層の構造は特有の機構により形成されると考えられている．**1**で述べたように，エンハンサーと遺伝子の相互作用は一般に数十〜数百kbのスケールで生じる．これより上位の高次構造として，数百kb〜数Mbスケールで形成されるTAD（topologically associating domain）がある．TADはドメイン内の相互作用が活発に生じている領域であり，エンハンサーと標的遺伝子の組合わせを定める構造的基盤として機能すると考えられている．さらに，複数のTADが集まってコンパートメントとよばれる領域が形成される．コンパートメントは転写が活発なAコンパートメントと転写が抑制されたBコンパートメントに区別される．

3 哺乳類におけるTADの形成機構

1）TAD形成に関与するタンパク質

哺乳類において，TADの形成にはリング状のタンパク質複合体であるコヒーシンが中心的な役割を担う．コヒーシンはATPを加水分解することでリング内部にDNAを繰り出す（loop extrusion）活性を発揮する[11]．このloop extrusion活性により繰り出されたDNA領域が他の領域から隔離されることでTADが形成されると考えられている．

TADの境界は，主にCTCFとよばれるジンクフィンガー型のDNA結合タンパク質によって定められる[12]．CTCFはコヒーシンによるloop extrusionの物理的障壁となることで，TADの境界を規定している（**図2**）．

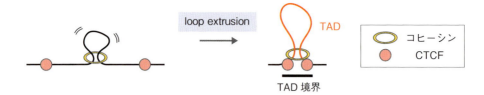

図2　CTCFとコヒーシンによるTADの形成
コヒーシンのloop extrusion活性により繰り出されたDNA領域が他の領域から隔離されることでTADが形成される．TADの境界は，loop extrusionの物理的障壁となるCTCFにより規定される．

またCTCFと協調して働く因子として，同じくジンクフィンガー型のDNA結合タンパク質であるMAZが同定されている[13]．mESCにおいてMAZを欠損すると，一部のTAD境界に結合するCTCFの量が減少することが報告されており，MAZはCTCFのDNAへの結合を安定化すると考えられている．

2）ncRNA転写の役割

TAD形成における中心的なタンパク質であるCTCFは，その内部にRNAと直接結合するドメインを有することが知られている．RNA結合ドメインの一部を変異させた場合，試験管内での解析においてCTCFが結合するRNAの量は約1/3にまで減少し，またmESCにおいて一部のTADの形成が損なわれることが報告された[14]．また個別のncRNAとCTCFの機能の関連に着目した解析では，例えば急性骨髄性白血病の一種において高発現する長鎖ncRNAである*HOTTIP*はDNAに結合してCTCFをリクルートし，TADの形成を介して*β-カテニン*などのがん遺伝子の発現を向上させ，白血病の発症を促進することが示唆されている[15]．これらの報告は，CTCFがncRNAとの直接の相互作用に依存して機能するという考え方を支持する．

しかしながらごく最近，CTCFは細胞内の環境ではRNAに直接結合しないとの報告がなされた[16]．タンパク質に結合するRNAを同定するために従来広く用いられてきたCLIP（crosslinking and immunoprecipitation）法は，一部のタンパク質について細胞内では生じない非特異的なRNAとの結合を検出してしまうことが明らかになった．この課題を解決するため，タンパク質-RNA複合体の回収の方法に改良を加えた新規の手法（CLAP法：covalent linkage and affinity purification）が開発された．標的タンパク質の濃縮に免疫沈降を用いるCLIP法に対し，CLAP法ではHaloタグなどの共有結合タグによってレジンに標的タンパク質を吸着させる方法を採用した．そのため，CLAP法では免疫沈降を用いるCLIP法では達成できないような変性条件でレジンの洗浄を行うことが可能であり，非特異的なタンパク質-RNA結合を誤って検出する可能性を低く抑えることができる利点がある．実際に，HEK293T細胞にCLAP法を適用した解析ではCTCFとRNAの結合は認められず，過去の報告において検出されたCTCFとRNAの結合は実験上のアーティファクトによるものである可能性が示唆された（図3A）．したがって，ncRNAとの直接の相互作用がCTCFの機能に関与するという見方には再考の余地があると考えられる．

一方で，ncRNAがCTCFに依存することなくTADの形成に寄与する可能性も推察される．実際に試験管内での解析により，DNA二本鎖にRNAが相互作用することで形成されるR-loopがコヒーシンによるloop extrusionを妨げることが示されている[17]．

また，転写産物としてのncRNAではなく，非コード領域で生じる転写反応そのものがCTCFに依存して形成されるゲノム高次構造を制御する例も報告されている．ここではT細胞分化における例を紹介する[18]．T細胞系列に特異的な遺伝子発現プログラムを誘導する転写因子である*Bcl11b*のエンハンサー領域から，ThymoDと名付けられたncRNAが転写されることが見出された．ThymoDの役割を解析したところ，ゲノム高次構造を変化させることでエンハンサーによる*Bcl11b*の転写活性化を駆動する機能をもつことが示された．こうした現象のメカニズムとして，種々のゲノミクス解析の結果から，ThymoDの転写に依存してその領域のCTCF結合領域が脱メチル化され，CTCFの結合が増加することでゲノム高次構造が変化する，というモデルが提唱された．興味深いことに，各アレルのエンハ

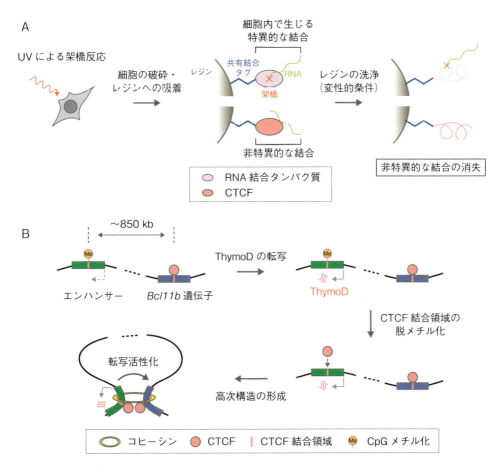

図3　哺乳類のTAD形成におけるncRNA転写の役割
A) 変性条件でレジンの洗浄を行うCLAP法では，CTCFとRNAの結合は観察されない．したがって，細胞内の環境ではCTCFとRNAの直接の結合は生じないと考えられる[16]．B) *Bcl11b*遺伝子の転写制御モデル．ThymoDの転写により，エンハンサー領域のCTCFサイトが脱メチル化され，CTCFの結合量が増加する．これに起因してゲノム高次構造が変化し，エンハンサーと遺伝子の相互作用が可能になることが示唆されている[18]．

ンサー領域を蛍光標識して核内の配置を観察したFISH（fluorescence *in situ* hybridization）解析の結果から，ThymoDが転写されないアレルにおいてはエンハンサーと遺伝子の相互作用の基盤となるゲノム高次構造が形成されないとの仮説が支持された．よって，ゲノム高次構造の変化はThymoDの転写産物ではなく，転写反応そのものに起因することが示唆された（**図3B**）．

4　他の生物種におけるTADの形成機構

1）ショウジョウバエにおけるTAD

ここまでは，TADの制御機構について哺乳類における報告をもとに説明した．哺乳類以外の脊椎動物でも，高次構造の制御機構は哺乳類とおおむね同一であると考えられている．また無脊椎動物に関しても，代表的なモデル生物であるショウジョウバエを筆頭にTADの制御機構に関する知見が多く蓄積している．

こうしたなかで，ゲノム高次構造の制御機構に関してショウジョウバエと脊椎動物の間で差異がみられることが明らかになりつつある．顕著な違いとして，ショウジョウバエではTAD形成におけるCTCFの役割が限定的であることが示唆されている．ショウジョウバエではCTCFの他にもBEAF-32，CP190，Su（Hw）などといった多様なDNA結合タンパク質がゲノム高次構造の形成に寄与することが知られている．これらの因子は，インシュレータータンパク質[※1]とよばれる．

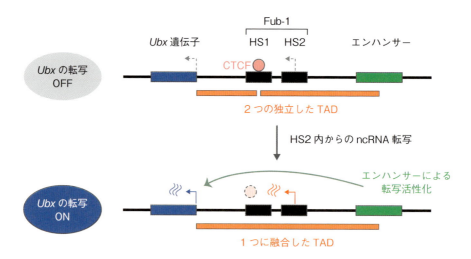

図4　ショウジョウバエにおけるncRNA転写に依存したTAD制御
HS2に由来するncRNA転写によってHS1へのCTCFの結合が阻害される．CTCF結合量の減少に伴ってTAD構造が変化し，遠位エンハンサーによるUbx遺伝子の転写活性化が駆動されると考えられる[20]．

インシュレータータンパク質の初期胚におけるゲノム結合領域を同定すると，TADの境界となる領域の多くには複数の因子の協調的な結合がみられるが，CTCFの結合はTAD境界の一部にしかみられなかった[19]．

ncRNA転写のTAD形成における機能は，ショウジョウバエの体節形成機構に着目した解析からも報告されている[20]．Fub-1はホメオティック（Hox）遺伝子群の1つであるUbx遺伝子の近傍においてTADの境界となる配列である．Fub-1はHS1とHS2の2つのエレメントにより構成される．興味深いことに，ショウジョウバエゲノム中にFub-1由来のDNA断片を異所的に挿入した解析から，HS1のみからなるDNA断片はTADの境界を形成する活性を有するが，HS1とHS2をタンデムに連結した断片はTADの境界を形成する活性を喪失していることが示された．こうした現象のメカニズムとして，HS2からHS1に向けて生じるncRNAの転写が，TADの境界を形成するHS1の機能を減弱させる，というモデルが提唱された．HS2とタンデムに連結したHS1にCTCFの結合配列を人為的に付与したところ，ncRNAの転写は生じているにもかかわらずHS1の活性が回復した．したがって，ncRNAの転写はHS1へのCTCFの結合に対して拮抗的に作用することが示唆された．これらの結果を踏まえて，HS2に由来するncRNA転写によってHS1へのCTCFの結合が阻害され，TAD構造が変化することで，遠位エンハンサーによるUbx遺伝子の転写活性化が駆動される可能性が考えられた（**図4**）．なおショウジョウバエ初期胚を用いたわれわれのグループの解析から，エンハンサー上で起きるncRNA転写の機能として，エンハンサーへの転写因子の集積を妨害し遺伝子の転写を抑制することが明らかになっている[21]．ncRNA転写がタンパク質のDNA結合に対して拮抗的に作用するというメカニズムは，ゲノム高次構造とエンハンサー活性の双方の制御に寄与していると考えられる．

2）後生動物におけるTAD

後生動物全体に視野を広げ，ゲノム高次構造の役割や制御機構に関する進化的な保存性・多様性について考察しようとする取り組みも進んでいる．脊椎動物における代表的なTAD形成因子であるCTCFは左右相称動物に広く保存されているが，線虫（C. elegans）など一部の生物種では失われている[22]．CTCFをもたない線虫では，X染色体ではTADが観察されるものの，常染色体においては明瞭なTADの形成はみられない

※1　インシュレータータンパク質

インシュレーターと呼ばれる非コードDNA領域に結合するタンパク質の総称．ゲノムDNAの三次元的な折り畳み構造を制御することで，エンハンサーと遺伝子の相互作用を制御する役割を有すると考えられている．ショウジョウバエにおける代表的なインシュレータータンパク質として，CTCFのほか，BEAF-32，CP190，Su（Hw）などが知られる．

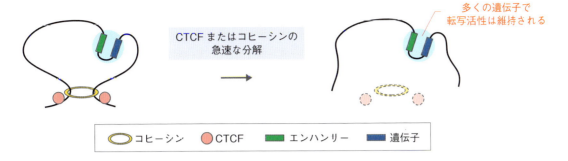

図5　TADに依存せず維持されるエンハンサーと遺伝子の相互作用
CTCFやコヒーシンをオーキシンデグロン法により急速に分解しても，エンハンサーと遺伝子の相互作用はおおむね維持されることが示されている[6)25)].

ことが報告されている[23)]．興味深いことに，TADが形成されるX染色体には，コヒーシンと同じSMC（structural maintenance of chromosomes）ファミリーに属するタンパク質複合体であるコンデンシンが遺伝子量補償のためにリクルートされる．また海綿動物や刺胞動物といったより原始的な後生動物についても，ゲノム配列の決定とともにゲノム高次構造に関する解析が始まっており，TADの形成の有無に関する議論がなされつつある[24)25)]．

5 エンハンサーと遺伝子の相互作用を生み出す機構は何か？

TAD内のゲノム領域は相互作用頻度が高く，エンハンサーによる遺伝子の転写活性化が生じやすくなっていることが考察される．一方で，mESCにおいてTADの主要な形成因子であるCTCFやコヒーシンをオーキシンデグロン法※2により急速に分解しても，遺伝子発現にはほとんど影響が出ず[26)]，エンハンサーと遺伝子の相互作用はおおむね維持される[6)26)]ことが示されている（図5）．したがって，エンハンサーによる遺伝子の転写活性化には，TADよりも微細なスケールで起こるゲノム間相互作用が本質的な役割を担うと考えられている．それでは，エンハンサーと遺伝子の相互作用はどのような分子基盤で生み出されるのだろうか．現時点ではさまざまなモデルが提唱されており統一的な見解は存在しないが，最近の研究結果をもとにそのメカニズムについて考察してみたい．region capture Micro-Cと呼ばれる最新手法を用いた解析の結果，エ

ンハンサーと遺伝子の相互作用は，triptolideと呼ばれる転写阻害剤の存在下においてもおおむね維持されることが報告されている[6)]．したがって，エンハンサーと遺伝子の相互作用は，転写開始よりも上流で作用する転写因子やコアクチベーターに依存する可能性が推察される．興味深いことに，われわれの研究グループによるライブイメージング解析から，転写開始に先立って，転写因子がエンハンサー上に濃縮体を形成する様子が観察された[8)]．さらに，転写因子にポリグルタミン配列を付加すると濃縮体の形成が促進されることから，濃縮体の形成効率は転写因子の持つ天然変性領域（IDR）によって緻密に制御されていることが示唆された．転写反応を担うPol IIや，メディエーターなどのコアクチベーターも同様にIDRを有していることを踏まえると，転写因子の濃縮体がIDR間の多価的相互作用を介して，転写反応を触媒する微小空間（転写ハブ）として働いているという新たなモデルが考えられる．本過程において，エンハンサー近傍で起こるncRNAの転写が，新生RNAの電荷依存的に転写ハブの形成を正にも負にも制御する可能性が報告されている[27)]．また上述のとおり，ncRNAを転写するPol IIがエンハンサー上を通過する際に，転写ハブの形成が物理的に阻害さ

> **※2 オーキシンデグロン法**
> 植物ホルモンであるオーキシンを用いて，標的とするタンパク質を急速に分解する手法である．細胞にあらかじめ植物由来のTIR1と呼ばれるF-boxタンパク質を発現させておく．また，標的とするタンパク質にAIDタグを付加しておく．培地にオーキシンを添加すると，標的タンパク質はSCF-TIR1複合体を介したポリユビキチン化を受け，プロテアソームによってすみやかに分解される．

れる新たな現象についても明らかになっている[21]．一方で，エンハンサーが局所的に集積したスーパーエンハンサー領域ではncRNAの転写が高レベルで起こっているが，その生理学的意義については，必ずしも十分に理解されていない．加えて，転写因子を含む濃縮体がncRNA依存的な液−液相分離により形成される例も報告されつつある．しかし現時点では，相分離活性が転写ハブによる転写の制御にどれだけ寄与するかといった機能的側面からの理解は十分ではなく，注意深い検証が求められる．ncRNAとエンハンサーの機能的な相互作用に着目した今後の更なる研究によって，遺伝子発現制御の基本原理についての理解がより一層深まることが期待される．

おわりに

ゲノム高次構造の概念は比較的新しく，その機能的意義に関してすら未だ革新的な発見が続いている．本稿ではエンハンサーと遺伝子の相互作用の形成という最も解析が進められている機能に焦点を当てたが，ごく最近には類似した機能を有する遺伝子の間で形成されるプロモーター・プロモーター間相互作用が，転写活性の制御に重要な役割を果たすことが明らかにされた[28]．こうした新規に見出された高次構造の形成にncRNA転写が寄与している可能性も十分に予想される．

ゲノム高次構造に関する理解が拡張されること，それに伴って新たなncRNA転写の役割が見出されることの両方において，今後の研究の進展が楽しみである．

文献

1) Sagai T, et al：Development, 132：797-803, doi:10.1242/dev.01613（2005）
2) Banerji J, et al：Cell, 33：729-740, doi:10.1016/0092-8674(83)90015-6（1983）
3) Tolhuis B, et al：Mol Cell, 10：1453-1465, doi:10.1016/s1097-2765(02)00781-5（2002）
4) Pollex T, et al：Nat Genet, 56：686-696, doi:10.1038/s41588-024-01678-x（2024）
5) Jin F, et al：Nature, 503：290-294, doi:10.1038/nature12644（2013）
6) Goel VY, et al：Nat Genet, 55：1048-1056, doi:10.1038/s41588-023-01391-1（2023）
7) Fukaya T, et al：Cell, 166：358-368, doi:10.1016/j.cell.2016.05.025（2016）

8) Kawasaki K & Fukaya T：Mol Cell, 83：1605-1622.e9, doi:10.1016/j.molcel.2023.04.018（2023）
9) ENCODE Project Consortium：Nature, 583：699-710, doi:10.1038/s41586-020-2493-4（2020）
10) Sabari BR, et al：Science, 361：eaar3958, doi:10.1126/science.aar3958（2018）
11) Davidson IF, et al：Science, 366：1338-1345, doi:10.1126/science.aaz3418（2019）
12) Nora EP, et al：Cell, 169：930-944.e22, doi:10.1016/j.cell.2017.05.004（2017）
13) Ortabozkoyun H, et al：Nat Genet, 54：202-212, doi:10.1038/s41588-021-01008-5（2022）
14) Hansen AS, et al：Mol Cell, 76：395-411.e13, doi:10.1016/j.molcel.2019.07.039（2019）
15) Luo H, et al：Mol Cell, 82：833-851.e11, doi:10.1016/j.molcel.2022.01.014（2022）
16) Guo JK, et al：Mol Cell, 84：1271-1289.e12, doi:10.1016/j.molcel.2024.01.026（2024）
17) Zhang H, et al：Mol Cell, 83：2856-2871.e8, doi:10.1016/j.molcel.2023.07.006（2023）
18) Isoda T, et al：Cell, 171：103-119.e18, doi:10.1016/j.cell.2017.09.001（2017）
19) Cavalheiro GR, et al：Sci Adv, 9：eade1085, doi:10.1126/sciadv.ade1085（2023）
20) Ibragimov A, et al：Elife, 12：e84711, doi:10.7554/eLife.84711（2023）
21) Hamamoto K, et al：Nat Commun, 14：826, doi:10.1038/s41467-023-36485-1（2023）
22) Heger P, et al：Proc Natl Acad Sci U S A, 109：17507-17512, doi:10.1073/pnas.1111941109（2012）
23) Crane E, et al：Nature, 523：240-244, doi:10.1038/nature14450（2015）
24) Kenny NJ, et al：Nat Commun, 11：3676, doi:10.1038/s41467-020-17397-w（2020）
25) Zimmermann B, et al：Nat Commun, 14：8270, doi:10.1038/s41467-023-44080-7（2023）
26) Hsieh TS, et al：Nat Genet, 54：1919-1932, doi:10.1038/s41588-022-01223-8（2022）
27) Henninger JE, et al：Cell, 184：207-225.e24, doi:10.1016/j.cell.2020.11.030（2021）
28) Pollex T, et al：Mol Cell, 84：822-838.e8, doi:10.1016/j.molcel.2023.12.023（2024）

＜著者プロフィール＞
梅村悠介：2022年東京大学理学部生物化学科卒業．'24年東京大学大学院総合文化研究科広域科学専攻修士課程修了．同年より同博士課程在籍．ショウジョウバエ初期胚を用いて，胚性ゲノムにおける転写の活性化を駆動するゲノム高次構造の形成機構について研究している．

深谷雄志：2014年，東京大学大学院新領域創成科学研究科博士課程修了．'14〜'15年，UC Berkleyにて博士研究員．'15〜'17年，Princeton Universityにて博士研究員．東京大学定量生命科学研究所講師を経て，'21年より同准教授．

> 第2章　ncRNAを"知る"―見出される新たな機能・意義

8. *Xist* RNA によるエピゲノム制御

佐渡　敬

> 哺乳類のメスにおけるX染色体不活性化は *Xist* RNA によって制御される．*Xist* RNA は自身を発現するX染色体全域にわたって集積し，エピゲノム制御にかかわるさまざまなタンパク質をよび込む足場として，それらと相互作用する．近年そうしたタンパク質が次々と明らかになり，遺伝子発現がどのように抑制され，安定なヘテロクロマチンが構築されていくのかを具体的に議論できるようになってきた．本稿では，どのような因子が *Xist* RNA と相互作用し，どのような効果を発揮しているのかについて，最近の報告に基づいて概説する．

はじめに

　哺乳類のメスは2本あるX染色体のうち一方の転写活性をほぼ完全に抑制することでオスとの間にあるX連鎖遺伝子量の差を補償する．このX染色体不活性化の開始に中心的な役割を果たすノンコーディングRNA（ncRNA）である *Xist* は，X染色体不活性化に先立って，一方のX染色体からのみ発現すると，そのX染色体全域にわたって集積する．これを足場としてさまざまなエピジェネティック制御因子がよび込まれ，X染色体は不活性化を開始し，細胞分裂を経ても安定に維持されるヘテロクロマチン状態を確立する（**図1**）．

[略語]
HDAC：histone deacetylase
hnRNPU：heterogeneous nuclear ribonucleo
　　protein U
IAP：intracisternal A-type
SPEN：split ends
Xist：X-inactive specific transcript

1 *Xist* RNA のX染色体への集積

　間期の核において，不活性X染色体は核膜周辺や核小体近傍に位置する頻度が高いことに加え，不活性X染色体に集積する *Xist* RNA が塩によるクロマチンの抽出後も核膜周辺にとどまることから，*Xist* RNA は核マトリクスに係留されているとする見方が古くからあった．その *Xist* RNA の局在を担うタンパク質として初めて見出されたのがRNA結合タンパク質の1つであるhnRNPUだった．リボヌクレオタンパク質であるhnRNPUは，mRNAの選択的スプライシングや輸送にかかわる一方，核マトリクスの主要構成成分としても知られ，遺伝子発現やクロマチンの高次構造の制御に重要な役割を果たすと考えられる，多岐にわたる機能を有するこのhnRNPUのノックダウンは，メスのマウスの培養細胞における *Xist* RNA の不活性X染色体への集積を消失させるとともに，メスのマウスES細胞では分化誘導によって引き起こされる *Xist* RNA の集積を損ね，X染色体不活性化の開始を妨げることが示

Epigenetic regulation of the mammalian X chromosome by *Xist* RNA
Takashi Sado：Department of Advanced Bioscience, Graduate School of Agriculture, Agricultural Technology and Innovation Research Institute, Kindai University（近畿大学農学部生物機能科学科，アグリ技術革新研究所）

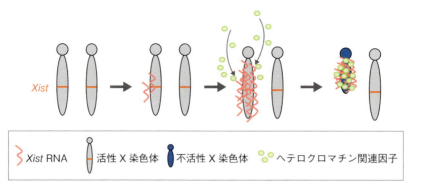

図1 X染色体不活性化はモノアレル性のXist RNAの発現とXist RNAによってよび込まれる因子により引き起こされる

された[1]．すなわち，X染色体不活性化に際し一方のX染色体で発現が亢進するXist RNAのそのX染色体への集積にはhnRNPUが不可欠であると考えられた．hnRNPUはN末端側にDNA結合ドメインであるSAFドメイン，C末端側にRNA結合ドメインであるRGGドメインを有するが，そのいずれもがXist RNAのX染色体への集積に必要であった．このことから，hnRNPUは発現したXist RNAをRGGドメインで保定する一方，SAFドメインでクロマチンDNAをとらえ，不活性X染色体を核マトリクス上に配置させていると推察される．

Xist RNAの局在制御にかかわるタンパク質としては，hnRNPUの他にCIZ1（CDKN1A-interacting zinc finger protein 1）が知られる[2,3]．CIZ1はp21[※1]と結合しDNA複製の進行の制御に関与する因子で，核マトリクスとの強固な相互作用を介して複製ファクトリーを核マトリクス上に保持する．メスの培養細胞においてCIZ1は不活性X染色体にひときわ強く濃縮し，その機能を阻害すると不活性X染色体に集積するXist RNAが拡散することから，CIZ1はXist RNAを不活性X染色体上に適切に集積させるために必要と考えられた．Xist RNAに存在する種間で保存されたA〜Fの6つのリピート配列のうち，Eリピートとよばれる領域は，不活性X染色体へのXist RNAの局在に寄与することが示されているが[4]，CIZ1はこの領域を介してXist RNAと相互作用することが示されている（**図2**）．CIZ1はXist RNAが集積するとすぐにそのX染色体に局在するようになるが，CIZ1をノックアウトしたホモ接合体のマウスは雌雄ともにメンデル比に従って生まれ，子孫もつくることができた．このことから，胚発生過程でX染色体不活性化を開始する際，CIZ1は一方のX染色体から発現したXist RNAをそのX染色体に集積させるために必須ではないと考えられる．しかしながら，CIZ1欠損ホモ接合体のメスの胚線維芽細胞では，Xist RNAが集積せず核内で広く拡散している様子が観察された．また，成体のホモ接合体のメスのリンパ球系細胞でも活性化したB細胞およびT細胞でXist RNAの集積は認められず，不活性X染色体上の遺伝子の発現にも影響が見られ，少なくとも特定の細胞では，CTZ1がXist RNAの集積の制御に重要な役割を果たしていると考えられる．hnRNPUをノックアウトした細胞においてCIZ1は不活性X染色体への集積を失い核質に拡散するXist RNAと依然共局在し，CIZ1をノックアウトした細胞におけるhnRNPUもまた，依然Xist RNAとの相互作用を維持することから，hnRNPUとCIZ1はそれぞれ独立に相互作用することでXist RNAの局在を制御していると考えられる．

EリピートにはCIZ1とは独立に4つのRNA結合タンパク質，PTBP1（polypyrimidine tract binding protein 1），MATR3（matrin 3），TDP-43（TAR DNA

※1　p21
CDKN1A遺伝子にコードされるサイクリン依存性キナーゼの阻害因子で，サイクリン-CDK複合体に結合し，G1期およびS期の進行を制御する．また，S期には複製装置の構成因子の1つであるPCNAとも相互作用し，DNA複製の制御にもかかわる．

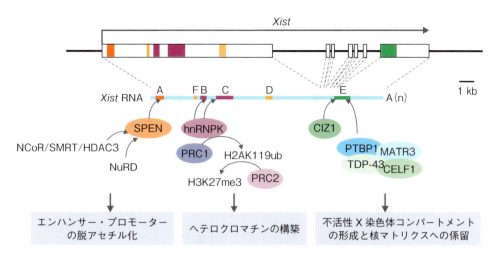

図2 *Xist*遺伝子の構造と*Xist* RNA相互作用因子が果たす役割

binding protein of 43 kDa)，CELF1（CUGBP Elav-like family member 1）が結合することが示されている[5]（図2）．これらのタンパク質はRNAのプロセシングにおける役割が知られているが，その機能とは別にそれぞれ自己会合するとともに相互にも作用し合うことで，液－液相分離によるコンデンセートを形成し，不活性X染色体のコンパートメントの構築に寄与することが示唆されている．これらのタンパク質が結合できない，Eリピートを欠く*Xist* RNAの発現をES細胞で誘導すると，当初は*Xist* RNAが集積し遺伝子発現も抑制されるが，3日目になると*Xist* RNAが拡散し，抑制されていた遺伝子も再活性化されてくる．一方，これらのタンパク質が結合可能な*Xist* RNAの発現誘導後，3日目以降にその発現を止めても，これらのタンパク質がつくるコンデンセートは保持される．遺伝子発現は*Xist* RNAの集積直後から2日ほどの間は*Xist*依存的に抑制されるが，3日目以降は*Xist*非依存的に抑制状態を維持できるようになることが示されている[6]．Eリピートを介して会合するこれら4つのタンパク質は，*Xist*非依存的な発現抑制へ移行した後に*Xist* RNAによって形成された不活性X染色体コンパートメントを安定化し，遺伝子の発現を抑制し続けるために不可欠と考えられる．

2 *Xist* RNAによる染色体サイレンシング

20年以上前になるが，さまざまな領域の欠失を有する*Xist*のトランスジーンをES細胞で発現させ，*Xist* RNAの集積や染色体サイレンシングを担う領域を探索したエレガントな研究により，種間で保存されるリピートのうち最も5′末端側に位置するAリピートが*Xist* RNAによる染色体サイレンシングに不可欠であることが示された[7]．その後スクリーニングやRNAのプルダウン，質量分析などの技術の進展の結果，*Xist* RNAと相互作用するタンパク質やX染色体不活性化に影響をおよぼすRNA結合タンパク質の網羅的解析が可能になり，このAリピートとの結合が示唆されるタンパク質がいくつか見出されている．その中の1つであるSPEN（SHARP/MINT）はN末端側に4つのRNA認識モチーフ（RRM）ドメインとC末端側にヒストン脱アセチル化酵素（HDAC）複合体の構成因子であるNCoR/SMRTのリン酸化セリンと結合するSPOC（SPEN paralog ortholog C-terminal）ドメインをもつRNA結合タンパク質で，Aリピートを介したサイレンシングに中心的な役割を果たすことが明らかにされている[8]．*Xist* RNAの集積後，SPENは直ちにそのX染色体に局在するようになるが，*Xist*の集積に先立ってSPENを条件的に阻害したES細胞や胚盤胞期の胚では，X染色体に*Xist* RNAが集積しているにもかかわ

らず，そのX染色体上の遺伝子の不活性化は著しく損なわれた．一方，分化した後の細胞でSPENを阻害しても，*Xist*の集積によって不活性化されたX染色体において遺伝子の再活性化は認められなかった．*Xist*の条件的ノックアウトやAリピートを欠く*Xist* RNAを発現する細胞や胚と酷似するこのようなSPENの機能阻害がもたらす表現型は，*Xist*の集積に続いて起こるX連鎖遺伝子のサイレンシングが，もっぱらAリピートによってよび込まれるSPENによって引き起こされることを示唆している（**図2**）．SPENと*Xist* RNAの相互作用には，4つのRMMドメインのうち最もN末端側のRRM1を除く3つが必要であることから，RMM2～4のドメインがAリピートを認識すると考えられる．C末端側にあるSPOCドメインはHDAC3との相互作用が知られるNCoR/SMRTのほか，NuRD複合体やRNAのメチル化修飾（N6-メチルアデノシン）関連因子も結合することが示されている．*Xist* RNAで覆われるX染色体上でSPENはエンハンサーやプロモーター領域に集積するが，SPENがHDAC3とともに見出されるのはエンハンサーで，プロモーターのSPENとともに見出されるのはNuRDであることから，エンハンサーとプロモーターではSPENの作業機序が異なる可能性がある．いずれにしても，SPENは*Xist* RNAと転写抑制タンパク質複合体の橋渡しをする因子として，RRMドメインとSPOCドメインを介して，*Xist* RNAの集積後直ちに転写を抑制していると考えられる．

　Aリピートを始め*Xist* RNA内に見出される6つのリピート配列にはトランスポゾン配列との類似性があることが指摘されていた[9]．一方，より最近の研究ではマウスES細胞において，SPENのRRM2~4が内在性レトロウイルス（ERV：endogenous retrovirus）由来のRNAに結合し，その発現抑制に寄与していることが示唆され，さらにAリピートを欠く*Xist* RNAにRRM2～4が結合するERVの配列を挿入すると*Xist* RNAによるサイレンシングが補完されることが示された[10]．これは，現在の*Xist*遺伝子のもとになった配列にERVが挿入されたことで，*Xist* RNAがSPENによるERVの発現抑制機構を獲得し，X染色体不活性化のしくみを進化させた可能性を示唆しており，大変興味深い．

　不活性X染色体には，条件的ヘテロクロマチンを特徴づけるヒストン修飾として知られるN末端から119番目のアミノ酸であるリジン残基がモノユビキチン化されたH2A（H2AK119ub）と，27番目のアミノ酸であるリジンがトリメチル化されたH3（H3K27me3）が濃縮する．*Xist*遺伝子座からAリピートを欠く*Xist* RNAを強制的に発現させると，前述の通りその変異型*Xist* RNAはX染色体には集積するものの不活性化を引き起こせないが，興味深いことにそのX染色体においてもH2AK119ubとH3K27me3の濃縮は観察される[11] [12]．したがって，不活性X染色体におけるこれらH2AK119ub，H3K27me3の濃縮には*Xist* RNAのAリピート以外の領域が関与すると考えられ，さらにこれらのヒストン修飾がX染色体に濃縮するだけでは不活性化を引き起こすのに十分ではないことが示唆される．H2AK119のモノユビキチン化はE3リガーゼであるRING1AもしくはRING1Bを構成因子として含むポリコーム群（PcG）タンパク質複合体の1つであるPRC1によって，H3K27のトリメチル化はヒストンメチル化酵素の1つであるEZH2を構成因子として含む別のPcGタンパク質複合体PRC2によって触媒され，クロマチンにデポジットされる．不活性X染色体のみならずさまざまな領域でH2AK119ubとH3K27me3は共局在を示し，そのしくみとして当初広く受け入れられていたのは，PRC2をよび込んだ領域にH3K27me3が導入されると，これを目印としてその領域にPRC1がよび込まれ，H2AK119ubが導入されるというものだった．しかし，PRC1およびPRC2には触媒活性を担うタンパク質を含むいくつかのコアタンパク質を除いて，構成因子の異なるサブタイプが複数存在し，それらの使い分けによる制御の違いも予想されていた．*Xist*トランスジーンの発現誘導により常染色体上に集積させた*Xist* RNAによってデポジットされるH2AK119ubについて，PRC1のサブタイプが果たす役割を詳細に解析した結果，特定のサブタイプの機能を阻害すると*Xist* RNAの集積により染色体の不活性化を誘導しても，その染色体にはH2AK119ubのみならずH3K27me3もデポジットされなくなることが示された[13]．一方，そのサブタイプが存在すれば，PRC2の機能を阻害しH3K27me3がデポジットされなくなる状況にしても，*Xist* RNAが集積する染色体ではH2AK119ubの濃縮が観察された．このことから，X染色体不活性化の開始に伴い*Xist* RNA

が集積したX染色体には，特定のPRC1サブタイプにより H2AK119ub が導入され，これを目印としてよび込まれるPRC2によってH3K27me3が導入されるという，従来とは逆のシナリオもあるうることが示唆された（**図2**）．

　Xist RNA が集積するX染色体には，これらPRC1およびPRC2をよび込まなければならないが，これには *Xist* RNA のBリピートとCリピートが重要な役割を果たすことが示唆されている[14]．*Xist* RNA のB/Cリピート領域と相互作用するタンパク質を探索したRNAプルダウンと質量分析の結果，見出されたのはRNA結合タンパク質である hnRNPK だった．そして，この hnRNPK は不活性X染色体に H2AK119ub をデポジットする先述のPRC1サブタイプとは相互作用するのに対し，ほかのPRC1サブタイプやPRC2とは相互作用しないことが示された．さらにトランスジーンを用いた解析ではあるが，B/Cリピートを欠く *Xist* RNA を集積させた常染色体には H2AK119ub および H3K27me3 がデポジットされないのに対し，そのB/Cリピートを欠く *Xist* RNA に hnRNPK をテザリングするといずれのヒストン修飾もデポジットされその染色体上に濃縮されることから，hnRNPK はB/Cリピートに結合することで，PRC1をよび込み，その結果導入される H2AK119ub を目印として PRC2 がよび込まれ，H3K27me3 が導入されるというシナリオが描かれる．

　これらの解析はいずれも常染色体に *Xist* トランスジーンが挿入されたES細胞を用いた解析ではあるが，*Xist* RNA が集積し H2AK119ub および H3K27me3 が濃縮される染色体では，全長にわたってサイレンシングが引き起こされるのに対し，いずれの修飾も濃縮されないPRC1サブタイプの機能を阻害した場合や集積する *Xist* RNA がB/Cリピートを欠く場合には，染色体ワイドのサイレンシングが損なわれる．すなわち，PRC1，PRC2によってもたらされる H2AK119ub および H3K27me3 それぞれの修飾は，前述の通り不活性化を引き起こすのに十分ではないと考えられるものの，*Xist* RNA の集積に続くX染色体上の遺伝子の発現抑制にはやはり必要であることが示唆される．

　内在性 *Xist* 遺伝子の発現誘導が可能なES細胞を用いて，*Xist* RNA 誘導後24時間のX染色体のエピジェネティック修飾の動態についての経時的な解析が行わ

れている．その結果では，最初に活性なエンハンサー領域やプロモーター領域の脱アセチル化が認められ，続いて遺伝子間領域で H2AK119ub，遅れて H3K27me3 の濃縮が観察され，その後脱アセチル化により発現が抑制された遺伝子のプロモーターや遺伝子領域にこれらのヒストン修飾が広がっていくという[15]．

　こうした一連の解析から *Xist* RNA によるサイレンシング機構のモデルが描ける．モノアレル性に発現した *Xist* RNA は hnRNPU の橋渡しによってX染色体のクロマチンに集積するとともにEリピートを介して CIZ1 とも相互作用する．hnRNPU および CIZ1 は核マトリクスの構成成分でもあるため，*Xist* RNA が集積するX染色体は核マトリクス上に固定される．このX染色体では，*Xist* RNA のAリピートによってよび込まれる SPEN およびその相互作用因子である NCoR/SMRT-HDAC3 や NURD 複合体の作用により，最初に活性なエンハンサー領域，続いてプロモーター領域が脱アセチル化され，それまで転写されていた遺伝子の発現が抑制され始める．さらにB/Cリピートと結合する hnRNPK が PRC1 をX染色体によび込むと遺伝子間領域に H2AK119ub が導入される．やや遅れてこの H2AK119ub を認識する PRC2 がよび込まれ，その領域に H3K27me3 が導入される．その後，H2AK119ub と H3K27me3 は脱アセチル化され発現が抑制された遺伝子領域にその分布を広げ，不活性状態を確立するという流れになるかと思われる．

3 *Xist* RNA の m⁶A 修飾

　RNAはさまざまな修飾を受けるが，そのなかで最も頻繁に見出される修飾として，アデノシンの6位の窒素がメチル化される N6-メチルアデノシン（m⁶A）がある．m⁶A はさまざまなRNAに見出されるが，mRNAでは終止コドンの近傍や3′非翻訳領域（3′UTR）に多くみられ，メチル化酵素と脱メチル化酵素による可逆的な制御を受け，選択的スプライシングや核外輸送，翻訳，RNAの分解などに重要な役割を果たすと考えられている．mRNA同様の構造をもつlncRNAにもしばしば見出され，*Xist* RNA にも第1エキソンと第7エキソンに m⁶A 修飾が多く見出される領域がある．これらの m⁶A 修飾は，SPEN のパラログで *Xist* RNA との相

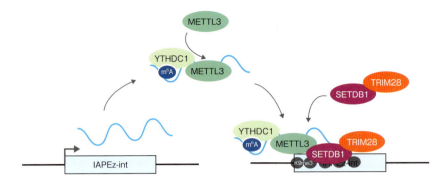

図3 m^{6}A修飾が寄与するレトロウイルス（IAPEz-int）のサイレンシングモデル

互作用が知られていたRMB15およびRMB15Bによってよび込まれる，METTL3-WTAPを含むメチル化酵素複合体が担い，Xist遺伝子座からの発現誘導が可能なES細胞において，RMB15，RMB15B，METTL3，WTAPの機能を阻害すると，Xist RNAのm^{6}A修飾が低下し，Xist RNAによるサイレンシングが損なわれることが示された[16]．さらに，METLL3あるいはRMB15/15Bの機能を阻害した細胞で，m^{6}Aレベルが低下し，正常にサイレンシングできなくなったXist RNAにm^{6}Aを認識するリーダータンパク質のうち唯一核内に存在するYTHDC1をテザリングすると，Xist RNAによるサイレンシングがレスキューされることも示された．これらの解析から，Xist RNAによるサイレンシングにはm^{6}A修飾とこれを認識してよび込まれるYTHDC1を介した経路が関与していることが示唆される．

マウスES細胞において，内在性レトロウイルスの1つであるIAP※2のサブタイプ（IAPEz-int）の配列からなるm^{6}A修飾されたRNAが，ヘテロクロマチン化されたIAPEz領域に集積していることが示されている[17]．その報告によると，IAPEzから転写されるRNAがm^{6}A修飾を受けると，これを認識してよび込まれるYTHDC1がMETTL3と相互作用する．METTL3はmRNAのm^{6}A修飾を担うメチル化酵素であるが，以前よりクロマチンとも相互作用することが知られており，この報告でIAPEz領域にそのヘテロクロマチン化を担うH3K9me3を触媒するSETDB1-TRIM28複合体とともに局在することが示された．これらのことから，IAPEz領域に集積するm^{6}A修飾を受けたIAPEz由来のRNAがm^{6}A修飾のリーダータンパク質であるYTHDC1をよび込むと，これと結合するMETTL3がH3K9me3修飾因子との相互作用を介してIAPEz領域のヘテロクロマチン化に寄与していることが示唆される（図3）．このモデルは，m^{6}A修飾を認識してXist RNAによび込まれるYTHDC1がサイレンシングに寄与するというのと共通点が多く大変興味深い．

おわりに

近年，Xist RNAの集積に始まるX染色体不活性化の分子機構の理解は大きく進展した．Aリピート，B/Cリピート，そしてEリピートの重要性が見出され，これらと相互作用する因子が遺伝子のサイレンシングや染色体のヘテロクロマチン化に果たす具体的な役割についても明らかになってきたように思われる．しかしながら，これらのプロセスがどのように関連し，不活性状態を確立，維持しているのかについては，依然不明な点が多く，まだまだXist RNAによるエピゲノム制御機構の究明は続く．

文献

1）Hasegawa Y, et al：Dev Cell, 19：469-476, doi:10.1016/j.devcel.2010.08.006（2010）

> ※2 IAP（IAPEz-int）
> IAPはマウスに見出される内在性LTR型レトロトランスポゾンの1つで，細胞内でウイルス様粒子をつくる．IAPEはIAPのうちエンベロープタンパク質をコードする配列を有するもので，IAPEz-intはそのサブファミリーの1つ．

2） Ridings-Figueroa R, et al：Genes Dev, 31：876-888, doi:10.1101/gad.295907.117（2017）

3） Sunwoo H, et al：Proc Natl Acad Sci U S A, 114：10654-10659, doi.10.1073/pnas.1711206114（2017）

4） Yamada N, et al：PLoS Genet, 11：e1005430, doi:10.1371/journal.pgen.1005430（2015）

5） Pandya-Jones A, et al：Nature, 587：145-151, doi:10.1038/s41586-020-2703-0（2020）

6） Wutz A & Jaenisch R：Mol Cell, 5：695-705, doi:10.1016/s1097-2765(00)80248-8（2000）

7） Wutz A, et al：Nat Genet, 30：167-174, doi:10.1038/ng820（2002）

8） Dossin F, et al：Nature, 578：455-460, doi:10.1038/s41586-020-1974-9（2020）

9） Elisaphenko EA, et al：PLoS One, 3：e2521, doi:10.1371/journal.pone.0002521（2008）

10） Carter AC, et al：Elife, 9：e54508, doi:10.7554/eLife.54508（2020）

11） Kohlmaier A, et al：PLoS Biol, 2：E171, doi:10.1371/journal.pbio.0020171（2004）

12） Sakata Y, et al：Development, 144：2784-2797, doi:10.1242/dev.149138（2017）

13） Almeida M, et al：Science, 356：1081-1084, doi:10.1126/science.aal2512（2017）

14） Pintacuda G, et al：Mol Cell, 68：955-969.e10, doi:10.1016/j.molcel.2017.11.013（2017）

15） Żylicz JJ, et al：Cell, 176：182-197.e23, doi:10.1016/j.cell.2018.11.041（2019）

16） Patil DP, et al：Nature, 537：369-373, doi:10.1038/nature19342（2016）

17） Xu W, et al：Nature, 591：317-321, doi:10.1038/s41586-021-03210-1（2021）

＜著者プロフィール＞

佐渡 敬：北海道大で師事した高木信夫先生の下でX染色体不活性化に出会い，その不思議な魅力に取り憑かれ，気づけば30余年．当初は全く不明であったその分子レベルの制御機構が，Xistの発見を端緒に明らかにされてくるのを現場で見てきた一人．とは言え，依然不明な点も多く，個人的には特に不活性化されたX染色体がいかにしてその抑制状態を安定に維持できるクロマチンをつくり上げるのかを明らかにしたいと，地味に研究を続けています．

| 第2章 | ncRNAを"知る"―見出される新たな機能・意義 |

9. がんと非コード領域

谷上賢瑞

lncRNAは，タンパク質をコードしない200塩基以上の転写産物の総称であり，さまざまな生物学的機能に関与するRNA分子である．大半のlncRNAにおいて，その分子機構がいまだ解明されていないが，DNA，タンパク質，RNAを含む他の生体高分子との相互作用を通して，多くの重要な表現型に寄与している．また，多数のlncRNAががんなどの疾患と関連していることが明らかとなってきた．本稿ではまず，がんにおけるlncRNAの機能を解明するために使用される方法論について議論する．続いて，腫瘍形成およびがん抑制機能をもつ多様なlncRNAの役割に関する現在の知見の概要を紹介する．

はじめに

DNAがRNAをつくり，RNAがタンパク質をつくるというセントラルドグマは，遺伝情報はタンパク質コード遺伝子に格納されることを提唱しており，がん生物学は過去数十年にわたり，がん発生におけるタンパク質コード遺伝子の機能解析に焦点を当ててきた．さまざまな研究によって，タンパク質をコードする遺伝子の体細胞変異が，がんの発生・進化の原動力であることが明らかになっている．一方，DNAの発見から数十年，ヒトゲノムの非コード領域のほとんどはジャンクDNAとみなされてきた．しかし，近年のシークエンス技術の飛躍的に進歩によって，ヒトゲノムの大部分が非コードRNA（ncRNA）を転写していることが明らかになり，このなかにlncRNA（long ncRNA）も含まれる．近年の数多くの研究から，がんの発生を制御する複雑なプロセスは，タンパク質コードRNAによって制御されているだけでなく，ゲノムの非コード領域

によっても制御されていることが示唆されるようになってきた．lncRNAは，200塩基以上の長さで，タンパク質をコードしないRNAと定義されている．またlncRNAは種類もきわめて多様であり，それぞれ多様な特性をもっていると考えられている．現在では，増殖・発生・分化・幹細胞性の維持といったさまざまな生物学的プロセスにおいて重要な役割を果たしていることが明らかになっている．さらに，lncRNAはDNAやRNA，タンパク質などと相互作用することで，クロマチンやゲノム構造のリモデリング，転写やスプライシング，翻訳などさまざまな機能を伴って，がんの多様な表現型に寄与していることが明らかになってきた[1]．本稿では，がんの発生や腫瘍形成におけるlncRNAの機能を同定するための方法論の概要，およびがんにおける各lncRNAの役割に関する現在の知見について述べる．

Non-coding regions in cancer biology
Kenzui Taniue：Isotope Science Center, The University of Tokyo/Division of Gastroenterology, Department of Medicine, Asahikawa Medical University（東京大学アイソトープ総合センター／旭川医科大学内科学講座消化器内科学分野）

1 がんにおける lncRNA 研究手法 (図1)

1) がん組織で異常発現する lncRNA の同定

がん組織で異常発現することが発見された最初の lncRNA は, *PCA3*（prostate cancer antigen 3）と *PCGEM1*（prostate-specific transcript 1）であり, 前立腺腫瘍組織と正常組織のディファレンシャルディスプレイ解析で同定された. 当時は, 技術的にゲノムの非コード領域を調べることができず, また信頼できる lncRNA アノテーションデータベースがなかったため, 機能的 lncRNA の同定は非常に困難であった. しかし, マイクロアレイ技術の改良により, lncRNA に対応するプローブの数が大幅に増加し, さまざまなタイプのがんにおける異常発現を検出できる lncRNA の数が増加した. さらに, マイクロアレイ技術に比べて低コストで正確, かつ高感度な RNA-seq 技術の出現により, ますます多くの腫瘍サンプルを評価し, 異常に発現している lncRNA を同定することが可能になった[2]. また, lncRNA アノテーション情報も年々アップデートされており, 執筆時に version 45 である GENCODE データベース[3] には, 59,719種類の lncRNA が登録されている. また, ncRNA に特化した NONCODE データベースには tRNA や rRNA の情報も含まれており, version 6 には170,000種類を超える lncRNA が登録されている. 他にも, LNCipedia[4] や RNAcentral[5] などさまざまなデータベースが構築されており, ヒトだけでなくさまざまな生物種における lncRNA の配列情報が取得されている. まずは GENCODE のデータを用いて解析を進め, 必要に応じて他のデータベースに登録されている lncRNA 情報を参照していくのがよいだろう.

2) lncRNA とタンパク質の相互作用

タンパク質の機能解析とは異なり, lncRNA の機能は全長配列から直接推測することが困難であり, ほとんどの lncRNA が, タンパク質や DNA, RNA 分子など他の生体高分子との特異的な相互作用を通じて機能している. しかし, 特異的な lncRNA-生体高分子複合体の同定は総じて困難である.

lncRNA 相互作用因子を同定するための最も一般的な戦略は, RNA pull-down 解析である. *in vitro* 合成したセンス鎖 lncRNA へのアフィニティー精製に基づくこの手法は, lncRNA に結合したすべてのタンパク質を効率的に捕捉し, 質量分析またはウエスタンブロットによってタンパク質を同定できる. しかし, RNA pull-down 解析は, 特定の lncRNA と結合するタンパク質を同定することもできるが, ミスフォールドした RNA との非特異的な相互作用に起因する多くのアーチ

[略語]

ANRIL：antisense non-coding RNA in the INK4 locus
ASBEL：antisense ncRNA in the ANA/BTG3 locus
ASO：antisense oligonucleotides
CCAT1：colon cancer-associated transcripts 1
CHART：capture hybridization analysis of RNA targets
ChIRP：chromatin isolation by RNA purification
GAS5：growth arrest-specific transcript 5
HOTAIR：HOX antisense intergenic RNA
LED：lncRNA activator of enhancer domains
lncRNA：long non-coding RNA
MALAT1：metastasis associated in lung adeno-carcinoma transcript 1
MEG3：maternally expressed 3
MILIP：c-MYC inducible lncRNA inactivating p53
ncRNA：non-coding RNA
NORAD：noncoding RNA activated by DNA damage

p15AS：p15 antisense
PANDA：p21 associated ncRNA DNA damage activated
PCA3：prostate cancer antigen 3
PCAT1：prostate cancer associated transcript 1
PCGEM1：prostate-specific transcript 1
Pol Ⅱ：RNA polymerase Ⅱ
PTENP1：PTEN pseudogene
PURPL：p53 upregulated regulator of p53 levels
PVT1：plasmacytoma variant translocation 1
RAP：RNA antisense purification
RIP：RNA immunoprecipitation
RNAi：RNA interference
SAMMSON：survival associated mitochondrial melanoma specific oncogenic non-coding RNA
TARID：TCF21 antisense RNA inducing demethylation
UPAT：UHRF1 protein associated transcript
ZFNs：zinc finger nucleases

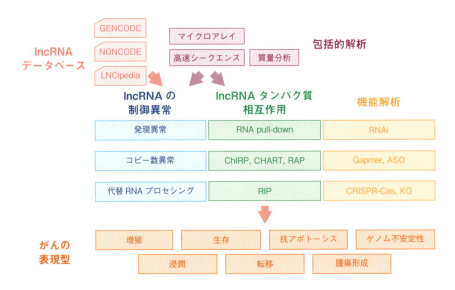

図1　がんにおけるlncRNAの同定および機能解析フロー
腫瘍組織における発現異常やゲノムコピー数の変化を捉えることにより，がんの発生に関連するlncRNA群がリスト化される．その後，ノックダウン・ノックアウト実験を行い，in vitroおよびin vivoレベルでlncRNAのがん細胞における表現型を明らかにし，候補lncRNAを同定する．さらに，分子生物学的手法と質量分析を組合わせて当該lncRNAの結合タンパク質や結合核酸を同定することで，lncRNAのがん発生・維持における機能を明らかにする．
文献1をもとに作成．

ファクトが生じる可能性がある．さらに，RNAは非特異的にさまざまなタンパク質と結合する可能性があり，結果の解釈が難しくなるケースがあり，適切なコントロールを準備する必要がある．

RNA pull-down解析に加え，標的lncRNAに相補的な短いビオチン化オリゴヌクレオチドを用いて細胞内の標的lncRNAを捕捉することが可能なChIRP（chromatin isolation by RNA purification）法[6]，CHART（capture hybridization analysis of RNA targets）法[7]，RAP（RNA antisense purification）法[8]といった他の技術も開発が進んでいる．これらの方法は，結合タンパク質の同定だけでなく，lncRNAが局在するゲノム領域の同定にも適用可能である．

逆に，タンパク質側からlncRNAとの相互作用を確認する手法として，RIP（RNA immunoprecipitation）解析やUVクロスリンク技術と組合わせたCLIP（crosslinking and immunoprecipitation）法などが主に使用されており，qPCR解析やシークエンス技術と組合わせることで，タンパク質と相互作用するlncRNAを網羅的に同定することが可能である[9]．

3）lncRNAの機能解析

多くの研究において，RNAi技術を用いたノックダウン実験がlncRNAの機能を調べるために用いられている．しかし，RNAi技術は一時的な機能低下しかもたらさないため，マウスを用いた腫瘍形成アッセイなど，1週間以上の期間を必要とするがんの表現型解析には適用しにくい．そのため，レンチウイルスなどのウイルスを用いた恒常的なノックダウン技術により，lncRNAの発現が安定的に抑制された細胞株を準備する必要がある．また，がん細胞におけるlncRNAの発現を抑制するための代替技術として，Gapmer※1などのアンチセンスオリゴベースのRNAノックダウン技術も用いられている．また，ゲノム編集技術を用いたノックアウト技術も，機能阻害実験に有効である．lncRNA

※1　Gapmer
両端にLNAなどの人工化学修飾核酸を有し，中央部分はDNAからなり，全塩基がホスホロチオエート化されたアンチセンス核酸〔ASO（antisense oligonucleotides）〕のことで，標的RNAの分解に使用される．分解機序としては，まず中央のDNA部位が標的RNAとDNA/RNA heteroduplex構造を形成する．続いてRNase HがこのDNA/RNA構造を認識し，標的RNAを切断する．核酸医薬としても活用が広がっている．

の全長もしくは部分的な欠失，プロモーターとlncRNAの間にポリアデール化シグナルを挿入することによるlncRNAの発現停止，などにCRISPR-CasシステムやZFNを用いたゲノム編集を使用することができる．

一方，機能獲得実験のために最も広く応用されている戦略は，lncRNA配列を組込んだ発現ベクターの一過性の細胞導入，またはin vitroで合成したlncRNAを直接細胞に導入する過剰発現実験である．また，上述のCRISPR-Casシステムは，遺伝子の上流に強力なプロモーターを挿入することで，lncRNAを発現させることにも応用可能である．

4）マウス実験とノックアウトマウス

軟寒天培地を用いたコロニー形成アッセイ，トランスウェルを用いたinvasionアッセイなど，in vitroの細胞を用いた実験により，さまざまなlncRNAが細胞のがん化プロセスに関連していることが示されている．また，これらのlncRNAがin vivoで同様の機能を発揮するかを明らかにするために，マウス実験が行われてきた．ヒトのがん細胞には腫瘍形成能があり，これはがん細胞がヌードマウスやNOD/SCIDマウスなどの免疫不全動物に腫瘍を発生させる能力である．ウイルスを用いた恒常的な発現抑制やゲノム編集を用いたノックアウト技術を用い，特定のlncRNAの発現を調節したがん細胞を注射することで，腫瘍形成に寄与するlncRNAを同定することが可能である．また，マウスの尾部からがん細胞を静脈内に注射する経脈管転移モデルや，脾臓等の特定の臓器に注射する自然転移モデルなどを用いることでlncRNAが有する転移能を確認することも可能である．

一方現在まで，Fendrr，Linc-Pint，Pantr2など一部のlncRNAを除き，重大な発育不全表現型をもつlncRNAノックアウトマウスはわずかである[10]．特定のlncRNAの機能を調べるためのノックアウトマウスモデルの限界の1つは，対象となるlncRNAがヒトとマウス，あるいは他の脊椎動物において必ずしも高度に保存されているとは限らないことである．とはいえ，ヒトのlncRNAのなかには，マウスや下等脊椎動物など他の哺乳類と部分的に保存されているものもあり，lncRNAの機能が保存されている可能性や，lncRNAの機能に重要な配列や構造要素が保存されている可能性がある．

2 がんにおけるlncRNAの役割

1）がん促進に寄与するlncRNA

HOTAIR（HOX antisense intergenic RNA）は，最もよく研究されているlncRNAの1つで，HOXC遺伝子座に位置する2.2 kbのアンチセンスlncRNAである．HOTAIRの5′末端領域にはヒストンH3K27メチル化酵素PRC2複合体構成因子EZH2およびSUZ12が相互作用し[11]，3′末端領域にはH3K4me2の脱メチル化酵素LSD1が相互作用する[12]．HOTAIRの発現は，原発性乳がん，大腸がん，肺がんの予後不良と相関しており，HOTAIRは診断や予後のマーカーとして機能し，さまざまながん種における潜在的な治療標的と考えられている[13]．NORAD（noncoding RNA activated by DNA damage）は，DNA損傷応答によって誘導され，その発現が抑制されると，それまで核型が安定していた細胞株で劇的な異数性を引き起こす[14]．NORADは，mRNAの安定性と翻訳を制御するRNA結合タンパク質PUMILIOと結合して隔離することによって，ゲノムの安定性を維持している．NORADはがんの発生に寄与しており，大腸がん，膵臓がん，乳がん，食道扁平上皮がん，膀胱がんなどさまざまながんにおいて発現が上昇し，予後不良と関連している．SAMMSONはMITF遺伝子の30 kb下流に位置し，SNPアレイによってメラノーマで増幅しているlncRNAとして同定された．SAMMSONはメラノーマ特異的転写因子SOX10によって転写制御を受けており，メラノーマ細胞の増殖能を制御する．また，SAMMSONはミトコンドリアの恒常性と代謝を制御するp32と相互作用し，ミトコンドリアの機能を阻害する[15]．

がん遺伝子MYCが位置する8q24遺伝子座では，多数のがんで頻繁に増幅が観察される．また8q24遺伝子座からは，さまざまなlncRNAが発現しており，MYCの機能を制御する．PVT1はバーキットリンパ腫，多発性骨髄腫，胃がんなどのDNA再配列に関与している．PVT1およびMYC遺伝子はさまざまなヒト腫瘍で共増幅されており，その共増幅はMYCの安定化とがん細胞の増殖をもたらす．また，PVT1の発現抑制は，がん細胞のアポトーシス細胞死を誘導する[16]．他の例として，MYC遺伝子の約710 kb上流にマップされるlncRNAであるPCAT1（prostate cancer-associated ncRNA transcript 1）は，その発現パターンによって前立腺がん患者を層別化することが可能である[17]．

大腸がんは，APC変異がもたらす転写因子β-cateninの大量蓄積によるWnt経路の恒常的活性化によって生じると考えられている．しかし，Wnt/β-catenin経路が大腸がんの発生・維持を行うしくみについてはいまだ明らかになっていない点が多く残されている．筆者らは，β-cateninの発現を抑制した大腸がん細胞を用いたRNA-seq解析およびβ-catenin抗体を用いたChIP-seq解析を組合わせ，*BTG3* mRNAのアンチセンスRNAである*ASBEL*（antisense transcript of the ANA/BTG3 gene）および転写制御因子である TCF3タンパク質がβ-cateninによって同時に発現を誘導されていることを発見した．さらに，*ASBEL*がTCF3と複合体を形成してATF3の発現を制御することが，大腸がんの腫瘍形成能に重要であることを明らかにした[18]（**図2A**）．

がんは異なった性質を有する細胞群の集合体であり，その多様性によってがん組織は不均一性を維持している．それぞれの細胞は抗がん剤等への反応性が異なるため，がんの不均一性を考慮した治療法開発が必要になってきている．筆者らは，同一検体由来で腫瘍形成能の異なる大腸がん細胞株を用いたRNA-seq解析およびRNAiスクリーニングにより，*UPAT*（UHRF1 protein associated transcript）が，大腸がん細胞の腫瘍形成を促進する役割を果たしていることを見出した．*UPAT*は核に局在し，大腸がん組織で発現が亢進している．また*UPAT*がエピゲノム制御因子であるUHRF1タンパク質と結合し，β-TrCPsが制御するユビキチン化[※2]によるタンパク質分解からUHRF1を守ることによってUHRF1を安定化していることを明らかにした．さらに，*UPAT*との結合によって安定化した

UHRF1は，ゲノム上でDNAハイドロキシメチル化[※3]を制御し，ターゲット遺伝子である*SPRY4*の転写を亢進することによって，大腸がんの腫瘍形成を制御することを明らかにした[19]．また大腸がん細胞において，Wntシグナルの下流で機能する転写因子c-MycによってUHRF1の発現が亢進していることを明らかにした．さらに，UHRF1はヒストンアセチル化酵素KAT7と結合しており，ヒストンH3K14のアセチル化-メチル化スイッチングを介してがん抑制因子TUSC3の発現を制御し，大腸がん細胞が腫瘍形成能を獲得することを見出した[20]．本研究結果によって，ユビキチン化およびタンパク質分解を制御するlncRNAが存在することが明らかになった（**図2B**）．

2）がん抑制に寄与するlncRNA

がん促進に働くlncRNAと同様に，複数のlncRNAががん抑制において重要な役割を果たしている．多くのがん抑制遺伝子の近傍から，アンチセンスRNAが発現している．なかでも白血病に関与するサイクリン依存性キナーゼ因子$p15^{INK4b}$をコードする*CDKN2A/CDKN2B*遺伝子座から，アンチセンス型ノンコーディングRNAである*p15AS*（p15 antisense）が発現していることが明らかになった．白血病における*p15AS*と$p15^{INK4b}$の発現には逆相関があり，*p15AS*へテロクロマチン形成を調節することにより$p15^{INK4b}$の発現を抑制する[21]．*ANRIL*（antisense non-coding RNA in the INK4 locus）も*CDKN2A/CDKN2B*遺伝子座の逆方向から発現しており，その発現はRASシグナルによって抑制されていることが明らかになった．また，*ANRIL*はPRC2に結合して，$p15^{INK4B}$遺伝子座にPRC2をリクルートし，$p15^{INK4B}$の発現を抑制する[22]．腫瘍抑制因子であるTCF21のアンチセンスRNAである*TARID*（TCF21 antisense RNA inducing demethylation）は，非小細胞肺がん，頭頸部扁平上皮がん，卵巣がんなど複数のがんにおいて，TCF21のプロモー

※2　ユビキチン化・脱ユビキチン化

ユビキチン化は，ユビキチン修飾系によってエネルギー依存的に特定のタンパク質にユビキチンが結合する反応のこと．ユビキチン化されたタンパク質は，プロテアソームによって分解を受ける．一方，ユビキチンとその基質タンパク質間，またはユビキチン鎖中のユビキチン間のイソペプチド結合を切断する加水分解反応を脱ユビキチン化という．ユビキチン-プロテアソーム系によるタンパク質分解は細胞周期制御，シグナル伝達，免疫応答といった多くの生物学的プロセスの制御にかかわっていることが報告されている．

※3　DNAハイドロキシメチル化

DNAを構成する塩基（アデニン，チミン，グアニン，シトシン）の1つであるシトシンは，DNAメチル化酵素によってメチル化を受ける．メチル化されたシトシンは，TETファミリー酵素によってさらに酸化されてハイドロキシメチル化シトシンを生じる．ハイドロキシメチル化シトシンは，メチル化シトシンが脱メチル化される際の中間体として機能し，遺伝子の発現制御に重要な役割を果たす．

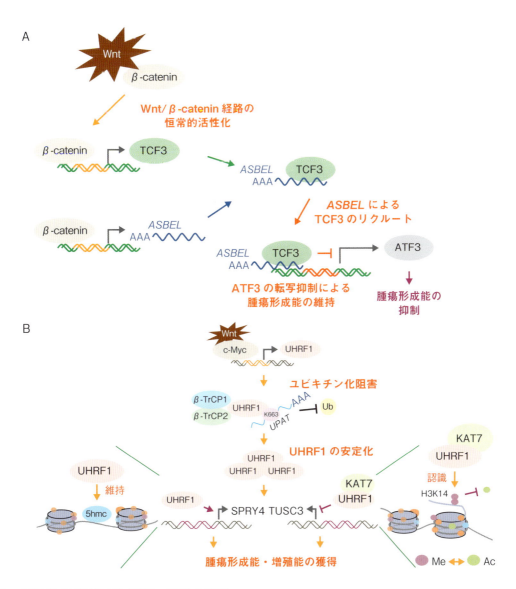

図2　大腸がんにおけるがん促進 lncRNA の機能

A）大腸がんでは Wnt/β-catenin 経路が活性化しており，lncRNA *ASBEL* および転写因子 TCF3 タンパク質の発現を同時に誘導している．さらに，*ASBEL* が TCF3 と複合体を形成して ATF3 の発現を抑制することが，大腸がんの増殖や腫瘍形成に重要である．文献18をもとに作成．B）lncRNA *UPAT* は，エピゲノム因子 UHRF1 と結合して β-TrCPs によるユビキチン化を阻害することで UHRF1 を安定化し，大腸がんの腫瘍形成能を維持している．また UHRF1 は転写因子 c-Myc によって転写が亢進しており，DNA ハイドロキシメチル化制御による SPRY4 の転写促進や，KAT7 との結合を介した H3K14 メチル化‐アセチル化スイッチング制御による TUSC3 の発現抑制によって，腫瘍形成を促進している．文献19, 20をもとに作成．

ター上に GADD45A および TDG をリクルートし，TET タンパク質依存性の DNA 脱メチル化を誘導することによって *TCF21* の転写を活性化する[23]．*GAS5*（growth arrest-specific transcript 5）は胚発生で機能する lncRNA であり，アポトーシスを促進し，増殖を抑制する[24]．*GAS5* の発現は，膵臓がん，大腸がん，乳がん，膀胱がんなどさまざまながんで発現が抑制されており，腫瘍の大きさ，病期分類，転移等と逆相関している．

がん抑制遺伝子 *PTEN* は PI3K や AKT のような下流

因子を制御することが知られており，その発現レベルは厳密に制御されている．Poliseno らは，*PTEN*の偽遺伝子である*PTENP1*（PTEN pseudogene）の3′UTRの一部が，*PTEN* mRNAの3′UTRの一部と相同であり，*PTEN* mRNAと*PTENP1*の間で高度に保存されていることを発見した．*PTENP1*は*PTEN*を標的とするmiR-19bとmiR-20aのデコイとして機能することで*PTEN* mRNA量を制御する．また，*PTENP1*は増殖抑制の機能を有しており，*PTENP1*遺伝子座はヒトのがん組織で選択的に欠損することも明らかになった[25]．

3 転移およびがん微小環境に寄与するlncRNA

MALAT1（metastasis associated in lung adeno-carcinoma transcript 1）は，非小細胞肺がんの予後因子として同定され，転移能の高い腫瘍で高発現が認められる[26]．現在までに，肝がん，乳がん，大腸がんなどさまざまながん種において，発現亢進および転移や予後不良への関連が報告されている[27]．*MALAT1*は核スペックルやクロマチンに局在し，選択的スプライシングやエピジェネティックプロセスを制御している[28]～[30]．*MALAT1*の特徴として，脊椎動物において50％を超える高い種間保存性，特に3′末端で80％を超える保存性を示す[31]．また，*MALAT1*の定常の発現レベルは非常に高く，β-アクチンなどのハウスキーピング遺伝子に匹敵する[32]が，*MALAT1*のノックアウトマウスモデルでは異常な表現型を示さず，*MALAT1*が発生過程における正常な組織の恒常性維持に必須ではないことが明らかとなった[33]～[35]．一方，肺がん細胞では*MALAT1*のノックダウン／ノックアウトともに，細胞の運動性を著しく低下させる[36]．同様に，大腸がん，胃がん，卵巣がんなどさまざまながんにおいて，*MALAT1*はEMTを調節することでがんの進行と転移を誘導する[37][38]．しかしながら，がん転移における*MALAT1*の役割はまだ完全には解明されていない．また近年，*MALAT1*が多様な免疫細胞集団を制御することで，がん免疫分野でも重要な役割を果たしていることが明らかとなってきた[37]～[39]．腫瘍関連マクロファージやLPS活性化マクロファージにおいて，*MALAT1*は炎症性サイトカインの産生や放出を抑制する[40][41]．また，*MALAT1*がPD-L1とB7-H4の発現を亢進することが示され，*MALAT1*が自然免疫および獲得免疫抑制プロセスにおいて機能していることが実証された[42]．さらに*MALAT1*は，肺がん患者では骨髄由来免疫抑制細胞を負に制御しており[43]，p53nullのトリプルネガティブ乳がんマウスモデルにおいて*MALAT1*ノックダウンが骨髄由来免疫抑制細胞や免疫抑制性腫瘍関連マクロファージの減少と細胞傷害性CD8$^+$ T細胞の増加を誘導する[44]．この他にも，*MALAT1*は，がんの化学療法や放射線治療に抵抗性を示すことも報告されており[38][39]，今後*MALAT1*を標的にした治療法の開発が期待される．

4 eRNAとがん

エンハンサーは，標的遺伝子の発現を促進する遠位制御型DNAエレメントである．エンハンサー領域はDNA配列が開いており，Pol Ⅱの結合が可能であることから，エンハンサーにおけるRNAの生成につながると予測されてきた．現在までに，神経細胞やがん細胞において，活性エンハンサーから多様な転写が起こっていることが明らかになっている．また，エンハンサーから生成されるRNAはeRNA（enhancer RNA）とよばれ，エンハンサー活性に重要な役割を果たすと考えられている[45]．MYCが位置する8q24遺伝子座のエンハンサー領域からeRNAが転写されており，8q24のeRNAとMYCの間には物理的な結合も観察されている．*CCAT1*（colon cancer-associated transcript 1）は8q24遺伝子座から転写され，2,628ヌクレオチドの長さをもつよく研究されたeRNAであり，大腸がんで発現が亢進していることが報告された[46]．*CCAT1*は，大腸がんの他に，前立腺がん，扁平上皮がん，乳がん，食道がんなど，多くのがんにおいてMYCとの相互作用を介して活性化される[47]．*CCAT1*はDDX5（DEAD box helicase 5）に直接結合し，DDX5とAR複合体との足場として機能し，AR標的遺伝子の発現と腫瘍の発生に関与する．また，*CCAT1*の長いアイソフォームである*CCAT1-L*は，MYCのSEに向かって515 kb上流の遺伝子座から転写され，MYCの発現と腫瘍形成を促進する．*CCAT1-L*は，CTCFと相互作用することでクロマチンループ形成を促進してMYC発現を制

御する[48].

5 p53とlncRNA

がん抑制因子p53[※4]は「ゲノムの守護神」とよばれ，がん研究分野で最も研究されているタンパク質の1つである．現在まで，さまざまなp53関連lncRNAが報告されており，「p53によって調節されるlncRNA」と「p53を調節するlncRNA」に分類される．

lincRNA-p21は，がん抑制遺伝子p21をコードする遺伝子CDKN1Aのアンチセンス転写産物であり，p53依存的にDNA損傷によって誘導される[49]．lincRNA-p21は，hnRNPKと相互作用してCDKN1Aの発現を制御することにより，p21依存的にG1/S細胞周期チェックポイントや増殖を制御する[50]．また他の機能としてlincRNA-p21がHeLa細胞においてHuRとの相互作用によりβ-cateninをコードとするCTNNB1とJUNBの翻訳を著しく低下させることが報告された[51]．さらに，lincRNA-p21の発現は大腸がんにおける腫瘍のステージと相関しており，Wnt/β-cateninシグナル伝達経路を介して放射線感受性を高める[52]．また，PANDA（p21 associated ncRNA DNA damage activated）はCDKN1Aプロモーター領域から発現するアンチセンスRNAとして知られており，p53依存的にDNA損傷によって誘導される．さらにPANDAは転写因子NF-YAと相互作用して，アポトーシス促進遺伝子の発現を抑制し，DNA損傷によるアポトーシスを阻害する[53]．GUARDINもまたp53応答性lncRNAであり，定常状態および外因性遺伝的ストレス時のゲノム安定性維持に重要である．GUARDINは，p53標的遺伝子であるmiR-34aのプロモーター領域から転写され，BRCA1とBARD1のヘテロ二量体化のためのRNA足場として働き，結果としてBRCA1の安定化をもたらす[54]．LED（lncRNA activator of enhancer domains）はeRNAの一種であり，CDKN1A遺伝子内のエンハンサー領域を含むさまざまなアクティブエンハンサーと相互作用して活性化することで，p53の活性化に伴う細胞周期の停止を制御する．またLEDの発現は，p53野生型ヒト急性リンパ性白血病において，DNAメチル化によって抑制されている[55]．

p53を調節するlncRNAとして最初に報告されたのは，14q32.3にマッピングされたインプリンティング遺伝子の1つであるMEG3（maternally expressed 3）であり，Mdm2によるp53分解を阻害するか，p53 DNA結合ドメインに直接結合してその標的遺伝子を調節する[56]．またMEG3の発現は腫瘍で抑制されており，さまざまながん細胞株でp53とその標的遺伝子を活性化することにより，腫瘍抑制活性を示す．lncRNA PURPL（p53 upregulated regulator of p53 levels）はp53タンパク質によって転写され，MYBBP1Aと結合し，MYBBP1A-p53複合体の形成を阻害することで，p53タンパク質を不安定化する[57]．また，lncRNA MILIP（c-MYC inducible lncRNA inactivating p53）は，TRIML2によるp53のSUMO化を制御して，p53を不安定化している[58]．筆者らは，lncRNAであるZNNT1が，p53野生型大腸がんの腫瘍形成能を促進する役割を果たしていることを見出した（**図3A**）．また，ZNNT1はRNA制御因子であるSART3タンパク質と複合体を形成し，脱ユビキチン化酵素USP15による脱ユビキチン化[※2]を阻害することでp53タンパク質を不安定化することを見出した（**図3B**）．本研究結果によって，脱ユビキチン化を制御するlncRNAが存在することが明らかになった[59]．

おわりに

lncRNAは現在，生物学における遺伝子の新しい主要なクラスとして認識されており，多くの研究によって，lncRNAが腫瘍の発生，腫瘍の進行，腫瘍細胞の生存，腫瘍形成において重要な役割を果たしていることを立証している．lncRNAはまた，診断やテーラーメイド治療の有望な標的でもある．トランスクリプトーム解析技術の進歩により，NONCODEやGENCODE

※4　p53

がん抑制遺伝子であるp53は，転写因子としての役割がよく知られている．p53は，DNA損傷，がん遺伝子発現，低酸素などのシグナルに応答し，細胞周期停止，老化，アポトーシスを引き起こす細胞ストレスセンサーとしての機能を有している．また，p53は不安定なタンパク質であり，生体内における半減期は20分未満である．p53タンパク質の安定性は，ユビキチン-プロテアソーム機構によって制御されていることが知られており，Mdm2がp53の分解／機能停止を促進する最も重要なユビキチン化酵素である．

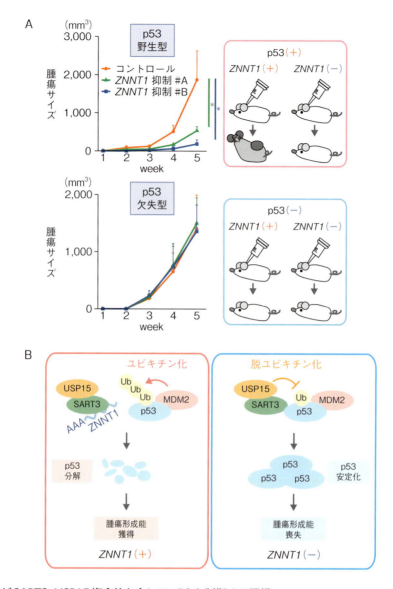

図3　ZNNT1がSART3-USP15複合体を介してp53を制御する機構
A）ZNNT1は，野生型p53を有する大腸がん細胞の腫瘍形成能に重要である．B）ZNNT1はSART3と相互作用し，SART3とp53との会合を阻害している．さらに，SART3はUSP15と結合しており，ZNNT1はUSP15によるp53の脱ユビキチン化を阻害することで，p53を不安定化している．その結果，ZNNT1はp53野生型大腸がんの腫瘍形成を促進する．文献59をもとに作成．

　データベースに登録されているlncRNAの数は急速に増加しているにもかかわらず，正常およびがん細胞におけるlncRNAの機能はいまだ完全には解明されていない．さらに近年のロングリードシークエンス技術の発展により，従来のショートリードシークエンス技術だけでは捉えることができなかったスプライシングの状態を正確に把握することが可能になった[2]．また，ロングリードシークエンス技術の活用によって，細胞には今まで考えていたよりもはるかに多様なRNAが存在し，なかには本来想定していなかった異常タンパク質を生成しうる異常RNAが発現していることも明らかになってきた[60]．今後は，がんの発生・進化を制御する新たな機能性lncRNAを探索するために，ショートリードシークエンサーだけでなく，ロングリードシー

クエンサーを併用することが必要になると考えられる.

文献

1) Taniue K & Akimitsu N：Int J Mol Sci, 22：632, doi:10.3390/ijms22020632（2021）

2) Onoguchi-Mizutani R, et al：Techniques for Analyzing Genome-wide Expression of Non-coding RNA.「Handbook of Epigenetics：The New Molecular and Medical Genetics, 3rd edition」（Tollefsbol TO, ed）, pp163-184, Academic Press（2022）

3) Frankish A, et al：Nucleic Acids Res, 49：D916-D923, doi:10.1093/nar/gkaa1087（2021）

4) Volders PJ, et al：Nucleic Acids Res, 47：D135-D139, doi:10.1093/nar/gky1031（2019）

5) Sweeney BA, et al：Nucleic Acids Res, 49：D212-D220, doi:10.1093/nar/gkaa921（2021）

6) Chu C, et al：Mol Cell, 44：667-678, doi:10.1016/j.molcel.2011.08.027（2011）

7) Simon MD, et al：Nature, 504：465-469, doi:10.1038/nature12719（2013）

8) Engreitz JM, et al：Science, 341：1237973, doi:10.1126/science.1237973（2013）

9) Hafner M, et al：Nat Rev Methods Primers, 1：20, doi:10.1038/s43586-021-00018-1（2021）

10) Grote P, et al：Dev Cell, 24：206-214, doi:10.1016/j.devcel.2012.12.012（2013）

11) Rinn JL, et al：Cell, 129：1311-1323, doi:10.1016/j.cell.2007.05.022（2007）

12) Tsai MC, et al：Science, 329：689-693, doi:10.1126/science.1192002（2010）

13) Gupta RA, et al：Nature, 464：1071-1076, doi:10.1038/nature08975（2010）

14) Lee S, et al：Cell, 164：69-80, doi:10.1016/j.cell.2015.12.017（2016）

15) Leucci E, et al：Nature, 531：518-522, doi:10.1038/nature17161（2016）

16) Tseng YY, et al：Nature, 512：82-86, doi:10.1038/nature13311（2014）

17) Prensner JR, et al：Nat Biotechnol, 29：742-749, doi:10.1038/nbt.1914（2011）

18) Taniue K, et al：Proc Natl Acad Sci U S A, 113：12739-12744, doi:10.1073/pnas.1605938113（2016）

19) Taniue K, et al：Proc Natl Acad Sci U S A, 113：1273-1278, doi:10.1073/pnas.1500992113（2016）

20) Taniue K, et al：Oncogene, 39：1018-1030, doi:10.1038/s41388-019-1032-y（2020）

21) Yu W, et al：Nature, 451：202-206, doi:10.1038/nature06468（2008）

22) Kotake Y, et al：Oncogene, 30：1956-1962, doi:10.1038/onc.2010.568（2011）

23) Arab K, et al：Mol Cell, 55：604-614, doi:10.1016/j.molcel.2014.06.031（2014）

24) Mourtada-Maarabouni M, et al：Oncogene, 28：195-208, doi:10.1038/onc.2008.373（2009）

25) Poliseno L, et al：Nature, 465：1033-1038, doi:10.1038/nature09144（2010）

26) Ji P, et al：Oncogene, 22：8031-8041, doi:10.1038/sj.onc.1206928（2003）

27) Gutschner T, et al：J Mol Med (Berl), 91：791-801, doi:10.1007/s00109-013-1028-y（2013）

28) Tripathi V, et al：Mol Cell, 39：925-938, doi:10.1016/j.molcel.2010.08.011（2010）

29) Yang L, et al：Cell, 147：773-788, doi:10.1016/j.cell.2011.08.054（2011）

30) West JA, et al：Mol Cell, 55：791-802, doi:10.1016/j.molcel.2014.07.012（2014）

31) Arun G, et al：Noncoding RNA, 6：22, doi:10.3390/ncrna6020022（2020）

32) Djebali S, et al：Nature, 489：101-108, doi:10.1038/nature11233（2012）

33) Nakagawa S, et al：RNA, 18：1487-1499, doi:10.1261/rna.033217.112（2012）

34) Zhang B, et al：Cell Rep, 2：111-123, doi:10.1016/j.celrep.2012.06.003（2012）

35) Eißmann M, et al：RNA Biol, 9：1076-1087, doi:10.4161/rna.21089（2012）

36) Gutschner T, et al：Cancer Res, 73：1180-1189, doi:10.1158/0008-5472.CAN-12-2850（2013）

37) Hussein MA, et al：Cancers (Basel), 16：234, doi:10.3390/cancers16010234（2024）

38) Xu D, et al：Noncoding RNA Res, 9：388-406, doi:10.1016/j.ncrna.2024.01.015（2024）

39) Li ZX, et al：Cancer Manag Res, 10：6757-6768, doi:10.2147/CMAR.S169406（2018）

40) Zhao G, et al：FEBS Lett, 590：2884-2895, doi:10.1002/1873-3468.12315（2016）

41) Huang JK, et al：J Cell Biochem, 118：4821-4830, doi:10.1002/jcb.26153（2017）

42) Mekky RY, et al：Transl Oncol, 31：101653, doi:10.1016/j.tranon.2023.101653（2023）

43) Zhou Q, et al：J Cancer, 9：2436-2442, doi:10.7150/jca.24796（2018）

44) Adewunmi O, et al：Cancer Immunol Res, 11：1462-1479, doi:10.1158/2326-6066.CIR-23-0045（2023）

45) Taniue K & Akimitsu N：The Hidden Layer of RNA Variants.「RNA Structure and Function」（Barciszewski J, ed）, pp343-369, Springer, Cham（2023）

46) Nissan A, et al：Int J Cancer, 130：1598-1606, doi:10.1002/ijc.26170（2012）

47) Pomerantz MM, et al：Nat Genet, 41：882-884, doi:10.1038/ng.403（2009）

48) Xiang JF, et al：Cell Res, 24：513-531, doi:10.1038/cr.2014.35（2014）

49) Huarte M, et al：Cell, 142：409-419, doi:10.1016/j.cell.2010.06.040（2010）

50) Dimitrova N, et al：Mol Cell, 54：777-790, doi:10.1016/j.molcel.2014.04.025（2014）

51) Yoon JH, et al：Mol Cell, 47：648-655, doi:10.1016/j.molcel.2012.06.027（2012）

52) Wang G, et al：Oncol Rep, 31：1839-1845, doi:10.3892/or.2014.3047（2014）

53) Hung T, et al：Nat Genet, 43：621-629, doi:10.1038/ng.848（2011）

54) Hu WL, et al：Nat Cell Biol, 20：492-502, doi:10.1038/
s41556-018-0066-7 （2018）

55) Léveillé N, et al：Nat Commun, 6：6520, doi:10.1038/
ncomms7520 （2015）

56) Zhou Y, et al：J Biol Chem, 282：24731-24742, doi:10.1074/
jbc.M702029200 （2007）

57) Li XL, et al：Cell Rep, 20：2408-2423, doi:10.1016/j.celrep.
2017.08.041 （2017）

58) Feng YC, et al：Nat Commun, 11：4980, doi:10.1038/
s41467-020-18735-8 （2020）

59) Taniue K, et al：PNAS Nexus, 2：pgad220, doi:10.1093/
pnasnexus/pgad220 （2023）

60) Taniue K, et al：Nat Commun, in press （2024）

＜著者プロフィール＞

谷上賢瑞：2010年3月，東京大学大学院理学系研究科生物
化学専攻修了．博士（理学）．同年から東京大学分子細胞生
物学研究所博士研究員，同助教，ベンチャー企業取締役な
どを経て，'20年より現職．lncRNAだけでなく，RNAプロ
セシングの破綻によって生じる異常RNAの機能解析を通じ
て，がんの発生・進化過程の解明をめざす．また，リキッ
ドバイオプシーなどを用いたがんの早期診断やがん種分類
技術の開発にも力を入れている．

第2章　ncRNAを"知る" ―見出される新たな機能・意義

10. 細胞質局在長鎖ノンコーディングRNAの機能
―circRNA，Cyrano，そしてNORAD

中川真一

> lncRNA研究は主として核内に局在するものに注目して行われてきたが，高等真核生物においては細胞質で働くlncRNAも存在しており，実際に重要な生理機能を果たしている．その代表的なものとして，miRNAの分子スポンジとして働く環状RNA（circular RNA），miRNA分解にかかわるCyrano，そして，RNA結合タンパク質Pumilio専用の分子スポンジとして働くNORADが挙げられる．本稿ではここ数年で急速に明らかとなったこれらの細胞質lncRNAの分子動作機構をまとめるとともに，技術応用に向けての最近の試みについても紹介したい．

はじめに

　ポストゲノム時代になって高等真核生物ゲノムからは多種多様な長鎖ノンコーディングRNA（lncRNA）が転写されていることが明らかとなったが，それらの機能解析は主として核内に局在するものを中心に進められてきた．その大きな要因の1つは，ノンコーディングRNA（ncRNA）研究の黎明期に遺伝学的な解析によって生理機能が確かめられたXistやroXが，いずれも核内でエピジェネティックな遺伝子発現を制御するlncRNAであったことであろう．また，そもそも細胞質に局在するlncRNAはリボソームに捕まれば翻訳されてしまうので，細胞質lncRNAとmRNAを配列か

ら厳密に区別することは原理的にできない．実際，松本らの項（第1章-6）にあるように，細胞質に存在するlncRNAと思われたRNAのかなりの部分は実際にペプチドへと翻訳されているということが，最新のリボソームプロファイリングや質量分析の結果から明らかとなっている．さらに，文献上最も早くに記載されたlncRNAの1つであるH19や，マウスの遺伝子工学でセーフハーバーとして有名なRosa26遺伝子座から転写されているlncRNAも，きわめて発現量は多いものの，その分子機能に関してはいまだ明確でなく，細胞質lncRNAの研究が大きな研究の潮流を生み出すことは長らくなかった．その状況を大きく変えたのが，2012年から2013年にかけて報告された，大量の環状RNA（circRNA：circular RNA）の発見であった．また，NORAD，Cyrano※など，個別の細胞質lncRNAの解析も進み，それぞれの分子機能の詳細もここ最近になって急速に理解が進んできた．本稿では，circRNAとNORADという，マウスの変異体解析によってもその

[略語]
circRNA：circular RNA
NORAD：noncoding RNA activated by DNA damage
TDMD：target-directed microRNA degradation

Functions of cytoplasmic lncRNAs – circRNA, Cyrano, and NORAD
Shinichi Nakagawa：Hokkaido University, Faculty of Pharmaceutical Sciences（北海道大学薬学研究院）

生理機能が裏付けされている代表的な細胞質lncRNAに焦点を当て，その機能と将来展望について議論していきたい．

1 circRNAの発見とmiRスポンジの機能

ウイルスのRNAや一部の遺伝子の転写産物から生み出される環状のRNAなど，細胞のなかでRNAが環状構造を取ること自体は非常に古くから知られていたが，それらはあくまでも例外的なものであると長らく考えられてきた．しかし，2012年から2013年にかけて，大量のcircRNAがゲノムから生み出されていること，それらは細胞のなかで安定に存在していることが4つの独立したグループから報告され[1)～4)]，circRNAという一大細胞質lncRNAカテゴリーが確立された．また，これらの内在circRNAの生合成経路についても詳細な解析が行われ，リピート配列で挟まれた下流のエキソンの5′スプライス部位と上流のエキソンの3′スプライス部位が反応する，バックスプライシングによってつくられていることがわかっている[5) 6)]．

circRNAのなかでもciRS-7/CDR1asと名付けられたcircRNAに関しては詳細な分子機能解析が行われており，神経系で強く発現していること，同じく神経系で高発現しているmiRNAであるmiR-7の結合サイトを70カ所以上有すること，レポーターを用いたモデル実験ではciRS-7/CDR1asを発現させることでmiR-7の効果が抑制されること，などが明らかにされた[3) 4)]．これらの観察結果から，circRNAはmiRNAを吸着する「分子スポンジ」のような働きをもっており，競合的にmiRNAに結合することで，その標的mRNAの発現を間接的に正に制御している，というモデルが提唱された．

しかしながら，生体内におけるciRS-7/CDR1asの機能は，それほど単純なものではないらしい．2017年にciRS-7/CDR1asのノックアウト（KO）マウスが作製

> ※ Cyrano
> ゼブラフィッシュを用いたノックダウン実験によって機能性lncRNAを探索する研究で同定された細胞質lncRNA．ノックダウン胚の頭部形成が著しく異常になることから，醜男ながら友人のために恋文を書き続けたエドモン・ロスタンの戯曲の主人公 Cyrano de Bergerac に因んで Cyrano と名付けられた．

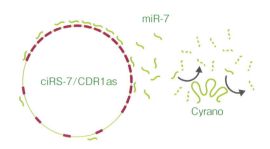

図1　circRNA，miRNA，Cyranoの細胞質ノンコーディングRNAによる相互制御
ciRS-7/CDR1asは多数のmiR-7結合部位を有し，miRNAを吸着する分子スポンジとして働くが，それはmiR-7の機能を抑制するというよりは，miRNAを積極的に分解する細胞質lncRNAであるCyranoから保護し，細胞内で一定の量を確保する方向に働いていると考えられている．

されて詳細なトランスクリプトーム解析が行われたが，miR-7の標的の遺伝子の発現は上昇するどころか，むしろ減少していたのである[7)]．この一見矛盾する結果に関して明確な答えを与えたのが，2018年に発表された細胞質lncRNA，CyranoのKOマウスを用いた研究である．Cyranoは，ゼブラフィッシュを用いて種間で保存されたlncRNAの機能解析を進めていたグループが2011年に報告した細胞質lncRNAで，モルフォリノ核酸を用いてノックダウンすると，頭部形成，特に神経系の発生に異常がみられることから，Cyrano de Bergeracに因んでCyranoと名付けられたものである[8)]．Cyranoは分子内にmiR-7の標的となる配列を有しているが，Cyrano KOマウスの脳で低分子RNAのRNAシークエンシング解析を行うと，miR-7の発現が著しく上昇していることがわかった[9)]．また，通常のRNAシークエンシング解析を行うと，たった1つの遺伝子，ciRS-7/CDR1asの発現が，飛び抜けて上昇していることがわかった[9)]．程らの項（第2章-1）にある通り，TDMD（target-directed microRNA degradation）という機構によって，miRNAは標的のRNA依存的に分解されることが，近年急速に明らかとなっている．

これらの観察事実を統合し，神経系においてはmiR-7，Cyrano，ciRS-7/CDR1asの3者間で以下のような制御ループがつくられていると考えられている（図1）．まず，CyranoはTDMDによってmiR-7を積極的に分解している．一方，ciRS-7/CDR1asはTDMDを

引き起こさず，ciRS-7/CDR1asに結合したmiR-7はCyranoの攻撃から逃れて安定化する．ciRS-7/CDR1asのKOマウスではこの保護機構がなくなるためにmiR-7はCyranoの餌食となり，その発現が低下する．一方，CyranoのKOマウスではTDMDから逃れたmiR-7の発現が急上昇し，（せっかく自分を守ってくれていた）ciRS-7/CDR1asを標的として分解するために，ciRS-7/CDR1asの発現が低下する．CyranoのKOマウス，ciRS-7/CDR1asのKOマウス，ともに正常なメンデル比で生まれてきて顕著な外見上の異常は示さないが，ciRS-7/CDR1asのKOマウスにおいては神経細胞の活動に異常がみられることが電気生理的な解析で明らかとなっており，これら3つのncRNA間の絶妙な相互作用によって維持されるmiR-7の量が，適切な神経活動の制御に必要であると考えられる．

2 circRNAの応用

ゲノムから大量につくられているcircRNAの存在が明らかになった際に想定されていたのは，主としてタンパク質をコードしない，ncRNAとしての機能であった．ところが，その後さかんに行われたリボソームプロファイリングのデータの解析により，circRNAの一部はタンパク質へと翻訳されていることがわかってきた[10]．circRNAはmRNAの翻訳において重要な役割を果たす5′のキャップ構造をもたないが，キャップ非依存的な翻訳を誘導するIRES（internal ribosome entry site）活性をもつ配列が存在しており，通常のmRNAとは異なった経路で翻訳されている[10]．circRNAが翻訳されていることが初めて示された2017年の段階では「こういうこともある」といった認識であったと思われるが，circRNAはエクソヌクレアーゼの攻撃を受けないため，通常のmRNAと比べて半減期が長いという大きな特徴がある．また，活発に翻訳されているmRNAはキャップ構造とpoly-A配列がループをつくる，いわゆるローリングサークルの構造を取ると考えられているが，circRNAの形状はまさにその形状を模したものであり，原理的には通常のmRNAを上回る翻訳効率をもつRNAを作出することが可能であると考えられる．

そのようなアイデアの元，人工的なcircRNAを作製

図2　人工circRNAの応用例
circRNAは細胞内における半減期が長く，高効率なタンパク質の合成や，不安定なアプタマーの安定化などに応用することができる．＊は翻訳の終結点を表す．

し，効率のよい翻訳を起こすことができないかという試みがなされている[11]（図2）．人工circRNAのつくり方には複数のやり方があるが，内在のcircRNAと同様にバックスプライシングのしくみを使う方法，RNAリガーゼを利用する方法，group Iやgroup IIなどのセルフスプライシングイントロンを使う方法，リボザイムを使う方法などが広く使われている（図3）．最近ではウイルス応答を抑制するためのm^6Aの取り込みや配列の最適化によって，通常のmRNAと比較して数百倍の翻訳効率をもつ人工circRNAの開発も報告されており[12]，現状のmRNAワクチンと比較して劇的に投与RNAの量を減らせる新規核酸医薬としての期待が高まっている．また，細胞内での半減期が短いために活性の低いRNAアプタマーを安定化させ高機能化させる試みも行われており，実際，蛍光タグRNAであるBroccoliやRNA編集を誘導するアンチセンスRNAの活性が著しく上昇した，という報告もある[13][14]（図2）．ベクターベースの発現で簡便に合成可能な人工circRNAの応用範囲は広く，今後の技術進展が楽しみなところである．

3 NORADの発見と分子スポンジ機能

NORAD（noncoding RNA activated by DNA damage）はDNA損傷刺激に応答して発現するlncRNAとして，2つの研究グループによって2016年にほぼ同時に報告された，全長約5 kbの哺乳類特異的なlncRNAである[15][16]．NORADの転写産物はくり返し構造をもっており，RNA結合タンパク質Pumilioの結合サイトを少なくとも15カ所有しているが，実際

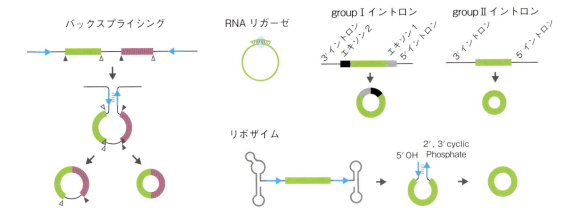

図3　人工circRNAの作製方法
内在のcircRNAと同様に，逆位に挿入されたリピート配列（水色矢印）で誘導されるバックスプライシングによって作製する方法，RNAリガーゼを利用する方法，group Ⅰ，group Ⅱイントロンなどのセルフスプライシングイントロンを分割し5′側と3′側を入れ替えた配列で挟む方法，tRNAイントロンの結合反応の基質となるような末端をつくり出すリボザイムを利用する方法などがある．

Pumilioに対する抗体を用いてクロスリンク免疫沈降（CLIP：cross linked immunoprecipitation）を行うと，PumilioタンパクのかなりNの割合がNORADに結合することが示されている．

NORADはlncRNAのなかでは非常に発現量の多い遺伝子であり，その転写産物は1細胞あたり500〜1,000コピー存在すると見積もられているが，1コピー当たり15個のPumilio結合サイトをもつことを考えると，10,000個以上のPumilio結合サイトがあることになる．ヒトやマウスではPUM1とPUM2のPumilioタンパク質が存在するが，定量的なウエスタンブロットを用いた解析によると，PUM1が細胞あたり7,500〜15,000分子，PUM2が2,000分子存在すると見積もられており，Pumilioタンパク質の数とNORAD上のPumilio結合サイトの数は，ほぼ同じレベルであると考えてよかろう．Pumilioはもともとはショウジョウバエの胚発生において胴体が短くなる変異体として記載されたものであるが，その後の研究で，「Pumilio依存的RNA分解」という機構によって標的mRNAの分解にかかわっていることが明らかとなっている．

これらの事実を総合すると，NORADはPumilioタンパク質を吸着する分子スポンジとして働くことでその機能を負に制御しており，Pumilioの標的mRNAを間接的に安定化させていると考えることができる（**図4**）．実際，NORADをノックダウン，あるいはノック

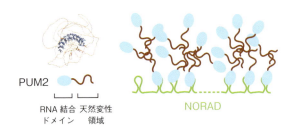

図4　PumilioとNORADの構造
Pumilioは半ドーナツ型の構造をもつRNA結合ドメインと，長い天然変性領域をもつ．NORADは多数のPumilio結合サイトをもつが，結合したPumilioの天然変性領域は多価の相互作用によって多数のPumilioをよび込むため，NORADは結合サイトの数以上のPumilioを吸着する分子スポンジとして働くことができる．

アウトした細胞においては，Pumilio結合配列をもつmRNA群の発現が軒並み低下していることが示されている[15)][16)]．

4　NORADの生理機能

NORADにPumilio依存的なRNA分解を負に制御する調節機能があるのはよいとして，それが具体的にどのような生理機能につながっているのであろうか．NORADの変異細胞では染色体の分配に異常がみられ，4倍体細胞が高頻度で観察されるようになる[15)]．CLIP

データから予測したPumilioの標的RNAのGene Ontology解析を行うと，細胞周期や有糸分裂，DNAの複製や修復といったカテゴリーが上位に並んでいることから，そもそもPumilioの役割として細胞の分裂や染色体分配にかかわるmRNAの発現を低下させる機能があり，その機能を分子スポンジであるNORADが抑えることで，機能的なPumilioを適切な量に調整しているのだろう．実際，細胞を用いてPumilioの過剰発現を行うと，NORADの機能阻害でみられたのと同じような染色体の分配異常がみられる[15]．また，NORADのKOマウスも作製されており，脱毛，体毛の脱色，皮下脂肪の減少，といった現象が通常よりも早い時期にみられる早老の表現型を示すほか，正常マウスでは頻度の低い椎骨の湾曲化が高頻度でみられるようになる[17]．これらの表現型に関してはミトコンドリアの機能低下もかかわっているが，ミトコンドリア関連タンパク質のmRNAのなかにはPumilioの結合サイトをもつものが数多くあり，NORADのKOマウスの組織ではそれらのmRNAレベルの低下がみられる．

なお，この個体レベルでの表現型に関してもPumilioの強制発現によって再現することが可能であり，どうやらNORADはPumilio専用の分子スポンジとして働いているらしい．NORADは哺乳類特異的なlncRNAであるが，哺乳類の共通祖先がなぜ進化の過程で特定のRNA結合タンパク質専用の分子スポンジを獲得したのか，非常に興味深いところである．また，NORADの機能に関しては，DNA損傷に応じて転写産物が核内に蓄積し，トポイソメラーゼとの相互作用を介して核内で直接ゲノムDNAの制御にかかわっているのではないか，というアイデアも提唱されているが[18]，NORADの転写産物はDNA損傷の有無にかかわらずその大部分が細胞質に局在していることが複数の研究グループによって確認されており[19]，現在では広く受け入れられている考え方ではないことに注意されたい．

5 多価の相互作用によるNORADのNPボディの形成はスポンジ機能を飛躍的に高める

2021年になって，NORADのスポンジ機能を可能にする分子機構の理解に関して大きな進展があった[20]．

NORADは細胞質全体に均一に存在しているわけではなく，明確なドットや大きめの顆粒を形成している．また，Pumilioのタンパク質の多くもそこに共局在しており，これらの顆粒はNPボディとよばれている．興味深いことに，NORADタンパク質は*in vitro*の条件下でPumilioタンパク質の相分離を誘導して液滴形成を促進する働きがあり，そのような活性はPumilio結合サイトの価数に応じて上昇する[20]．Pumilioタンパク質は半ドーナツ型のRNA結合ドメインに加え非常に長い天然変性領域をもっており，その双方がNPボディの形成に誘導される液滴の新規形成には必要である．一方，どちらかの領域を欠くPumilio変異分子もすでに形成された液滴に取り込まれる活性は維持しており，NORADによってリクルートされてきたPumilioはRNA結合ドメインと天然変性領域を介した多価の相互作用を介して雪だるま式に集積し，NPボディを形成していると考えられる（**図4**）．

ここで重要なことに，液滴中のPumilioの分子数は液滴中のNORADがもつPumilio結合サイトの数をはるかに上回っており，単独で結合するときと比べて実に40倍以上の効率で液滴にトラップされることがわかった．つまり，NORADとPumilioの多価の相互作用による分子凝集体，すなわちNPボディの形成が分子スポンジとしてのNORADの機能を飛躍的に高め，その効果があるからこそ，他のmRNAの非翻訳領域中に存在するPumilio結合サイトからPumilioを奪うことができるのだろう．

おわりに

ゲノムから大量に転写されているlncRNAが報告された当初，その生理機能に関して懐疑的な見方をする研究者が少なからずいたのは事実で，その批判の多くは化学量論的な視点の欠如に向けられていた．細胞質lncRNAであるCyrano，ciRS-7/CDR1as，NORADについては綿密な化学量論的解析が行われており，CyranoについてはTDMDという酵素的な機構によって，ciRS-7/CDR1asとNORADは多価の結合サイトという機構によって，分子数から予測される以上の機能を獲得していることが示された．また，いずれの細胞質lncRNAについてもKOマウスが作製されて詳細な

表現型解析が行われ，分子機能と生理機能の紐づけがしっかり行われているという点でlncRNA研究の進展に果たした役割は大きい．KOマウスの表現型はfertile and viableで劇的なものではないが，そのことはこれらの遺伝子の研究が「役に立たない」ことを意味しているわけではない．キャップ構造の研究と修飾核酸の研究がmRNAワクチンという画期的な核酸医薬の開発に結びついたように，分子レベルで非常に明快な作用機序がわかっているこれら細胞質lncRNAが，画期的な人工核酸として社会問題を解決するような日が来ることを期待したい．

文献

1) Salzman J, et al：PLoS One, 7：e30733, doi:10.1371/journal.pone.0030733（2012）
2) Jeck WR, et al：RNA, 19：141-157, doi:10.1261/rna.035667.112（2013）
3) Hansen TB, et al：Nature, 495：384-388, doi:10.1038/nature11993（2013）
4) Memczak S, et al：Nature, 495：333-338, doi:10.1038/nature11928（2013）
5) Zhang XO, et al：Cell, 159：134-147, doi:10.1016/j.cell.2014.09.001（2014）
6) Liang D & Wilusz JE：Genes Dev, 28：2233-2247, doi:10.1101/gad.251926.114（2014）
7) Piwecka M, et al：Science, 357：eaam8526, doi:10.1126/science.aam8526（2017）
8) Ulitsky I, et al：Cell, 147：1537-1550, doi:10.1016/j.cell.2011.11.055（2011）
9) Kleaveland B, et al：Cell, 174：350-362.e17, doi:10.1016/j.cell.2018.05.022（2018）
10) Pamudurti NR, et al：Mol Cell, 66：9-21.e7, doi:10.1016/j.molcel.2017.02.021（2017）
11) Wesselhoeft RA, et al：Nat Commun, 9：2629, doi:10.1038/s41467-018-05096-6（2018）
12) Chen R, et al：Nat Biotechnol, 41：262-272, doi:10.1038/s41587-022-01393-0（2023）
13) Litke JL & Jaffrey SR：Nat Biotechnol, 37：667-675, doi:10.1038/s41587-019-0090-6（2019）
14) Katrekar D, et al：Nat Biotechnol, 40：938-945, doi:10.1038/s41587-021-01171-4（2022）
15) Lee S, et al：Cell, 164：69-80, doi:10.1016/j.cell.2015.12.017（2016）
16) Tichon A, et al：Nat Commun, 7：12209, doi:10.1038/ncomms12209（2016）
17) Kopp F, et al：Elife, 8：e42650, doi:10.7554/eLife.42650（2019）
18) Munschauer M, et al：Nature, 561：132-136, doi:10.1038/s41586-018-0453-z（2018）
19) Elguindy MM, et al：Elife, 8：e48625, doi:10.7554/eLife.48625（2019）
20) Elguindy MM & Mendell JT：Nature, 595：303-308, doi:10.1038/s41586-021-03633-w（2021）

＜著者プロフィール＞
中川真一：1998年京都大学理学研究科生物物理学教室で学位取得．英国ケンブリッジ大学解剖学教室でポスドク後，京都大学生命科学研究科助手，理化学研究所発生再生科学総合研究センター研究員，理化学研究所独立主幹研究員，理化学研究所准主任研究員を経て2016年より北海道大学薬学研究院教授．配列から機能が予測できないノンコーディングRNAや天然変性タンパク質のマウス変異体を作り表現型を日々探しています．趣味は顕微鏡観察．

第2章 ncRNAを"知る"─見出される新たな機能・意義

11. リボソームRNA遺伝子座から転写されるncRNA群と核小体の機能

井手　聖

> タンパク質翻訳装置リボソームのパーツであるリボソームRNA（rRNA）は最初に見つかった
> 機能性非コードRNA（ncRNA）である．rRNAをコードしている遺伝子座rDNAは，その遺伝
> 子間領域からrRNA以外のncRNA群も生産する．これらのncRNAは「ジャンク」ではなく，
> エピジェネティックな転写制御，熱ショック等のストレス応答，核内構造体の構築と，さまざ
> まな役割を果たす．リボソームの生合成の起点となる核小体が"液−液相分離"によって形成
> される液滴（コンデンセート）であることが明らかになり，ncRNA群の働きにも新しい側面
> が浮かび上がってきた．今回，rDNA由来のncRNAと核小体を介した機能について紹介する．

はじめに

　タンパク質翻訳装置であるリボソーム合成の研究は機能性非コードRNA（ncRNA）の分野の発展に大きく貢献してきた．リボソームの合成は核小体で行われ（**図1**，上段左），RNAポリメラーゼIがリボソームRNA遺伝子を転写することによって始まる．転写産物のリボソームRNA（rRNA）がプロセシングや修飾を

受け，リボソームタンパク質などが取りつけられる．テトラヒメナのリボソーム合成の研究の過程で，rRNA前駆体のなかにある小さなインサートRNAが自己を切り出すスプライシング活性を有することが見出された[1]．いわゆるリボザイムの発見である．これにより，遺伝情報をコードしているだけの存在であると考えられていたRNAが化学反応を触媒する酵素としての機能をもっていることがはじめて示された．また，リボ

［略語］

A-body：amyloid body（アミロイド様集合体）
CDS：coding sequence（遺伝子コーディング領域）
E-pro：expansion of rDNA repeats（EXP）promoter（rDNAリピート増幅プロモーター）
IGS：intergenic spacer（遺伝子間領域）
mES細胞：mouse embryonic stem cells
NOR：nucleolar organizer region（核小体形成域）

NoRC：nucleolar remodeling complex
NuRD：nucleosome remodeling and deacetylase
PTB：polypyrimidine tract-binding protein（ポリピリミジン配列結合タンパク質）
SUV4-20h2：suppressor of variegation 4-20 homolog 2
VHL：von Hippel-Landau tumor suppressor

Regulatory roles of ribosomal gene loci-derived non-coding RNAs
Satoru Ide：Research Center for Genome & Medical Sciences, Tokyo Metropolitan Institute of Medical Science（東京都医学総合研究所ゲノム医学研究センター）

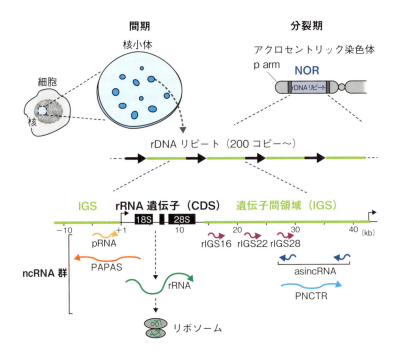

図1 ヒトなど哺乳類におけるrDNAの構造とncRNA群
上段：rDNAは細胞周期の間期では核小体に局在し，分裂期では短腕（p arm）をもつアクロセントリック染色体にある．中段：rDNAは200コピー以上のリピートがくり返して存在する．下段：各リピートは13 kbのrRNA遺伝子領域（CDS）と30 kbの遺伝子間領域（IGS）からなる．IGSを中心にセンス鎖とアンチセンス鎖のさまざまな部位から転写が起こり，機能性ncRNA群が合成される．「＋1」はrRNA遺伝子の転写開始点（TSS）を示す．

ソームのタンパク質翻訳活性もリボソームタンパク質ではなく，rRNA自身が担っていることも忘れてはならない．さらに，こうした触媒活性のみならず，rRNAは結合するさまざまなタンパク質とともに溶液が均一に混じり合わず油と水のように分離する現象である液-液相分離※1を誘導する[2]．それにより，特定の分子を区画化・濃縮し，膜のない構造体である核小体の形成とその機能にも寄与していることがわかってきている[3)4]．

本稿では，機能性ncRNAの代表格であるrRNAと同様に，rRNA遺伝子座（rDNA）にコードされているrRNA以外のncRNA群に焦点を当てる．これらの多くは，リボソームの合成工程や核小体を介するストレス応答にかかわっていることが示されている．今後rRNAと同様に機能性ncRNAの研究を牽引していくことが期待される．

1 rDNAの構造とncRNA群

真核細胞のrDNAは200コピー以上がくり返してゲノム上に存在する（**図1**中段）．ヒトではY染色体以外の5つのアクロセントリック染色体※2の短腕内（p arm）にあり，核小体形成の核となることからNOR（nucleolar organizer region）とよばれてきた（**図1**上段右）．各rDNAリピートは，rRNA遺伝子をコードする転写領域（coding sequence：CDS）と，遺伝子間領域（intergenic spacer：IGS）からなる（**図1**下段）．

※1 液-液相分離
溶液が均一に混じり合わず，水と油のように2相に分離する現象で，相分離して球状になった集合体は液滴（コンデンセートまたはドロプレット）とよばれる．液滴は，内部の分子の相互作用が変化すると，相転移を起こしゲルやアミロイドなどの固体状態になる．

※2 アクロセントリック染色体
ヒトの染色体は動原体（セントロメア領域）を境にして短腕（p arm）と長腕（q arm）に分けられ，短腕が極端に短い6本の染色体（13, 14, 15, 21, 22番，Y染色体）をアクロセントリック染色体とよぶ．常染色体上の極短サイズの短腕にrDNAリピートがコードされている．

ヒトのIGSには，単純リピート，マイクロサテライト，レトロトランスポゾン由来の配列など，さまざまな種類のリピートが含まれている[5]．興味深いことに，IGSはCDSに比べて，配列の保存性が低く，種間でその長さは大きく異なる．酵母ではIGSが2kbほどで短いが，爬虫類や哺乳類になるとその長さが30kb以上になり，～13kbのCDSの約2.5倍にもなる．進化におけるこのIGSの極端な伸長の理由はわかっていないが，この特徴的な構造が判明した当初から高等真核生物においては何らかの機能があり，それに関与するncRNAが潜伏していることが期待されていた．

これまでに同定されているrDNA上の機能性ncRNAは，転写される向きから2つに分類される．1つはCDSと同様に，RNAポリメラーゼⅠによって転写されるセンス鎖のncRNA（pRNA，rIGS16，rIGS22，rIGS28，PNCTR），もう1つはRNAポリメラーゼⅡによって転写されるアンチセンス鎖のncRNA（PAPAS，asincRNA）である（**図1**下段，波線矢印）．それらの機能は，大まかに①エピジェネティックな転写制御[※3]，②核小体の再編を伴うストレス応答，③核小体の周りにできる顆粒構造体の構築に分けられる．この3つの機能に基づいて，各ncRNAの役割についての詳細を記載する．

2 エピジェネティックな転写制御にかかわるpRNAとPAPAS

pRNA（promoter-associated RNA）は，最初にその機能が見出されたrDNA由来のncRNAである．マウス，カエル，ハエなどではCDSのプロモーターの上流にもう1つ別のスペーサープロモーターがあり，これがきっかけで同定された（**図2A**）．マウスの場合，CDSの転写開始点（TSS）の上流2kbに位置し，RNAポリメラーゼⅠによってncRNAが転写される[6]．この

※3 エピジェネティックな転写制御
DNAの塩基配列の変化を伴わずに遺伝子の働きを制御する機構．DNAのメチル化やヌクレオソームを形成するヒストンのメチル化やアセチル化などの化学修飾が例として挙げられる．

※4 ヘテロクロマチン
クロマチンが密に凝集し，転写が抑制されたゲノム領域．

RNAは不安定でありその発現レベルは低いが，その一部がプロセシングを受け成熟した150～250塩基のpRNAができる（**図1**上段，橙色矢印）．ヒトには明確なスペーサープロモーター配列は見つからないが，マウスと機能的に類似しpRNAに相当するncRNAは発現している[7] [8]．pRNAはクロマチンリモデリング複合体NoRC（TIP5-SNF2H）の調節因子として働く（**図2B**）．NoRCはCDSの転写を抑制し，200コピー以上あるリピートの約半数をサイレントな状態にする[9]．その仕組みは，NoRCがpRNAのステムループ部分と直接結合すると，構造変化しCDSのプロモーター付近に集まる．そこで，ヌクレオソームをスライドさせ，ヒストン修飾酵素やDNAメチルトランスフェラーゼをリクルートし，ヘテロクロマチン[※4]形成を促進する[9] [10]（**図2B**）．このヘテロクロマチン構造の確立は，mES細胞が分化する際にみられ，形成されたDNAのメチル化パターンが安定に継承されサイレントな状態が維持される[11]．pRNAの5′配列にはCDSのプロモーター周辺の配列が含まれており，このRNAの配列がDNA：RNA三重鎖（トリプレックス）をとることでNoRCをプロモーターにリクルートするモデルが提案されている[12]（**図2B**）（＊参照）．

細胞がストレスを受けrRNAの転写を抑制する際，別のncRNAであるPAPASが発現される．PAPASはrDNAのアンチセンス鎖からRNAポリメラーゼⅡによって転写される12～16kbの長い転写産物である（**図1**下段，赤色矢印）．特定のプロモーターから合成されるのではなく，CDS内の複数の開始部位から転写される[14]．興味深いことに，ストレスの種類に応じてPAPASは異なる機構でrRNAの転写を抑制する（**図2C**）．血清飢餓時，PAPASを介してSURV4-20h2が

＊：pRNAとPAPASはCDSのプロモーター周辺の配列を含むRNAである．この部分が二本鎖DNAとHoogsteen型塩基対をとり，三重鎖（トリプレックス）を形成する．この発見は驚きをもって受け入れられた．なぜなら，多くのRNAと同様に，新生されたRNAがそのまま鋳型鎖（DNA）と塩基対を形成した状態でR-loopとして残った方が自然のように思えるからである．根拠となったのはRNA：DNAハイブリッドを分解するRNase HによりR-loopを消化してもRNAとDNAの相互作用がなくならないことであった．一方，最近になってR-loopを解消するヘリカーゼをノックダウンすると，より多く蓄積することから，これらのncRNAがR-loopとしてrDNAに残るモデルが別のグループから提案されている[13]．

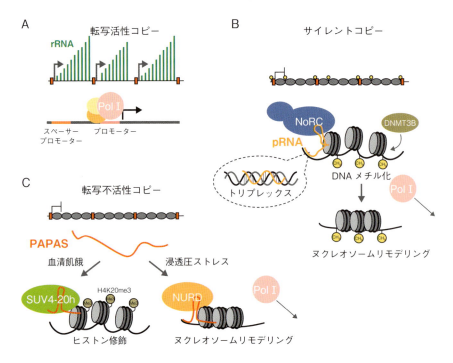

図2 pRNAとPAPASによるクロマチン構造変化を介したrRNAの転写制御
A）RNAポリメラーゼI（Pol I）によりrRNAが転写されるrDNAリピート．CDSのプロモーター（ピンク色）の上流にもう1つ別のスペーサープロモーターがコードされている（赤色）．B）pRNAはクロマチンリモデリング因子NoRCと結合し，プロモーター付近のヌクレオソームの位置を変え，かつDNAメチル化酵素DNMT3Bをよび込みDNAをメチル化する．pRNAの5′末端はトリプレックス構造を形成する（吹き出し図）．C）ストレスに応じて合成されるPAPASは2つの異なるメカニズムでrRNAの転写を抑制する．血清飢餓の場合，PAPASはSUV4-20hと結合し，抑制マーカーであるヒストン修飾を亢進する．一方，浸透圧ストレスの場合，PAPASはクロマチンリモデリング複合体NURDと結合し，ヌクレオソームを再配置し凝集させる．

プロモーターにリクルートされ，ヒストンH4のリジン残基のメチル化（H4K20me3）を増加する[15]．一方，浸透圧ストレス下ではPAPASはクロマチンリモデリング複合体NuRDと結合し，プロモーター周辺のヌクレオソームを再配置しヒストンを脱アセチル化する[16]．PAPASもpRNAと同じようにプロモーター付近の配列とDNA：RNAのトリプレックス構造を形成し，それがNuRDをよび込む足場となることが示唆されている．

3 核小体の再編を伴うストレス応答を誘導するrIGS16，rIGS22，rIGS28

rDNAのIGS内には単純リピートがリッチな領域が3つあり，細胞が特定のストレスに晒されるとRNAポリメラーゼIによって転写される．転写産物ncRNAは300塩基ほどで，CDSの転写開始部位から約16 kb，約22 kb，および約28 kb離れた位置にあることから，それぞれrIGS16，rIGS22，rIGS28と名付けられた[17]（図1下段，紫色矢印）．これらのncRNA群が発現すると核小体の再編が誘導される．具体的には液滴である核小体がアミロイド※5線維に似た状態に相転移を起こし，凝集体（A-body）を形成する[17]（図3）．この凝集体は可逆的で，ストレスを取り除くと元の液滴状の核小体に戻ることから，異常な凝集体というよりストレスに対処するための構造体であると考えられている．興味深いことは，ストレスの種類に応じて異なるrIGSが転写される．rIGS28は細胞内のpHが下がったとき（酸

※5 アミロイド
タンパク質が線維状に凝集し溶けにくくなった沈殿物．筋萎縮性側索硬化症（ALS）などさまざまな神経変性疾患の原因と考えられている．

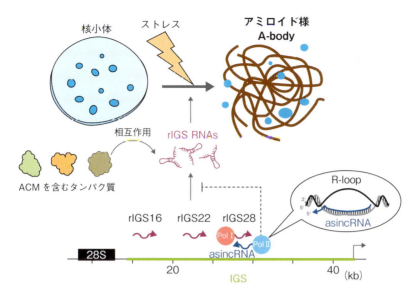

図3　ストレス条件下で転写されるrIGS RNA群と核小体のアミロイド様化
細胞がストレスを受けると，IGSからncRNA群（rIGS16，rIGS22またはrIGS28 RNA）が転写される．それらにACM（アミロイド変換モチーフ）をもつタンパク質が結合し核小体に濃縮される．その結果，核小体が凝集しアミロイドに似た状態（アミロイド様）になる（A-body）．これらのタンパク質が核小体に封じ込められることで，核内での働きを負に制御される．ストレスのない通常条件では，RNAポリメラーゼⅠ（PolⅠ，ピンク色）によるrIGS RNAの転写を抑制するため，RNAポリメラーゼⅡ（PolⅡ，水色）によって合成されたアンチセンス鎖のasincRNAがR-loopを形成する（吹き出し図）．

性条件下）に誘導されるが，rIGS16とrIGS22は熱ショックによって誘導される．これらのncRNAは，アルギニン/ヒスチジンクラスターを含むアミロイド変換モチーフ（ACM）とよばれる類似のモチーフをもったタンパク質（VHL，HSP70など）に結合し，それらを核小体に濃縮する[18]（図3）．酸性条件下の場合，低酸素応答の負に制御するユビキチンリガーゼVHLが核小体に集まることで，核内での転写因子HIF1-αの分解が抑制されて，低酸素状態へ順応するための遺伝子が誘導される．一方，熱ショックの場合，分子シャペロンであるHSP70とともに立体構造に異常が起きたタンパク質を核小体に封じ込め，核内への拡散を防ぎつつ，立体構造の再形成を促進する．以上のように，rIGS群は各制御の鍵となるタンパク質を核小体に係留する機能を有する．

さらに最近，rIGS群の発現がストレスのない通常時は積極的に抑制されていることが報告された[19]．これにはRNAポリメラーゼⅡによって転写されるIGSのアンチセンス鎖のasincRNA（antisense intergenic ncRNA）が重要な役割を果たす（図1下段，青色矢印）．asincRNAは転写後，鋳型となるDNAから離れずそのままハイブリダイズしたまま残る．つまり，IGS上にDNA-RNAハイブリッドのR-loopが形成される（図3）．実際，RNAポリメラーゼⅡの転写阻害剤を処理することでasincRNAの合成を止めたり，あるいはIGS周辺にRNase Hを人為的に導入することによってasincRNAを分解すると，酸性条件時と同様にrIGS群が誘導され核小体が凝集する．このことは，ストレスがないとき，asincRNAがR-loopとしてIGS上に残ることで，RNAポリメラーゼⅠによる余計なrIGSの転写を抑制していることを示している．

4　核小体周辺に顆粒体を形成するPNCTR

核小体の周りには複数の顆粒体がある．相分離モデルの台頭により，これらの多くが核小体と同様に相分離現象に基づいて形成されるコンデンセートであると考えられはじめている[20]．その1つ顆粒構造体PNC（perinucleolar compartment）の形成にrDNAのIGS

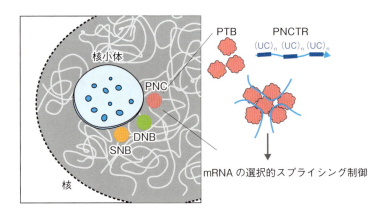

図4 PNCTRがスプライシング制御因子PTBと結合することで形成される顆粒構造体
PNCTRはピリミジンが多い領域［UC］$_n$を含んでいる．そこにPTBが結合し核小体周辺に局所的に濃縮され，相分離を起こし顆粒構造体PNCができる．その結果，選択的スプライシング制御にかかわるPTBの核内濃度が減少する．核小体の近くには他にもDBC1核内構造体（DNB）とSAM68核内構造体（SNB）等が存在する．

から転写されるPNCTR（pyrimidine-rich non-coding transcript）がかかわる[21]（図4）．PNCTRはRNAポリメラーゼⅠによってIGS28からIGS38まで転写される10 kbの長いncRNAである（図1下段，水色矢印）．名前の由来通り，シトシンとチミジンの豊富なRNAで，ピリミジン結合タンパク質PTBが結合し顆粒構造体がつくられる（図4）．興味深いことに，PNCは，正常細胞や不死化した細胞株ではほとんど観察されないが（細胞集団の5％以下），がん細胞で高頻度（細胞集団の15％〜100％）に観察される[22]．また，PNCの有無は悪性腫瘍との強い相関があり，正常な乳房組織では0％であるが，原発腫瘍（47.9％）や浸潤したリンパ節（76.3％）では増加し，遠隔転移ではほぼ100％に達する[23]．さらに，PNC有病率は，病気の再発との正の相関があることから，基礎研究のみならず臨床研究の観点から注目されている．PNCTRは，選択的スプライシングの制御因子PNBを顆粒構造体PNCに係留し，核内でのPNBの働きを負に制御することが示されている[24]（図4）．それによりアポトーシス誘導因子の発現を抑制し，細胞のがん化を促進すると考えられているが，まだそのメカニズムについては不明な点が多い．

おわりに

今回，比較的研究が進んでいるヒトとマウスに共通の機能性ncRNAに絞って紹介してきた．最後に種特異的なncRNAにふれておく．出芽酵母のrDNAリピートはそのコピー数の変動が絶えず起きている[25][26]．そのコピー数は相同組換えによってコントロールされており，この制御にIGSを起点とし双方向から転写されるncRNA（E-pro）が寄与する[27]．興味深いことに転写産物ncRNAそのものが機能を有するのではなく，プロモーター活性があることが重要で，転写が起こると姉妹染色分体の接着に必要なコヒーシンの量が変わり，酵母特有の変動性の高いリピートになる．また，霊長類では熱ショック時にIGSから合成されるPAPASにORFがコードされており，翻訳されることが最近明らかとなっている[28]．翻訳産物RIEP（Ribosomal IGS Encoded Protein）は細胞集団の一部で発現し，核小体とミトコンドリアに局在する．RIEPが発現している細胞は，RIEPが発現していない細胞に比べてDNA損傷が少ないことから，RIEPはゲノムを保護していることが示唆される．ncRNAが霊長類でのみ翻訳されるようになった経緯や，なぜ特有の熱ストレス応答機構を獲得する必要があったのかについてはわかっていない．

今後，rDNA由来のncRNAの研究のさらなる進展のためには，1細胞レベルでのRNAの網羅的解析技術が重要になる．ncRNAはこれまで細胞集団レベルのバルク解析が主に行われてきた．しかしながら，多くの場合ncRNAは細胞集団の全体に均一に発現しているのでなく，ヘテロな発現パターンを示す．今後1細胞レ

ベルでRNAシークエンスを行い，細胞ごとの遺伝子発現の特徴とrDNA由来のncRNA群との関係を調べることで，ヘテロな発現パターンの意味とその働きが明らかになることが期待される．さらに，Telomere-to-Telomere（T2T）コンソーシアムにより最近解明されたヒト完全ゲノムを用いた研究にも注目したい[29]．ヒトではrDNAリピートが隣接する領域もしDSやIGSと同様に5つのアクロセントリック染色体の間で，その配列が高度に保存されている[30]（**図1**右上，アクロセントリック染色体の暗灰色部分）．そのためrDNAや核小体の機能に何らかの形で寄与していることが予想される．これらの領域はリピート配列から構成されており，これまでその詳細な解析が困難であった．現在ロングリードシークエンサーを用いて解読されたヒト完全ゲノムをリファレンス配列として利用することが可能となっている．近いうちに，こうしたrDNA beyondな領域からの機能性ncRNAも続々と発見されるであろう．

文献

1）Kruger K, et al：Cell, 31：147-157, doi:10.1016/0092-8674(82)90414-7（1982）
2）Feric M, et al：Cell, 165：1686-1697, doi:10.1016/j.cell.2016.04.047（2016）
3）Lafontaine DLJ, et al：Nat Rev Mol Cell Biol, 22：165-182, doi:10.1038/s41580-020-0272-6（2021）
4）Ide S, et al：Sci Adv, 6：eabb5953, doi:10.1126/sciadv.abb5953（2020）
5）Gonzalez IL & Sylvester JE：Genomics, 27：320-328, doi:10.1006/geno.1995.1049（1995）
6）Mayer C, et al：Mol Cell, 22：351-361, doi:10.1016/j.molcel.2006.03.028（2006）
7）Mayer C, et al：EMBO Rep, 9：774-780, doi:10.1038/embor.2008.109（2008）
8）Agrawal S & Ganley ARD：PLoS One, 13：e0207531, doi:10.1371/journal.pone.0207531（2018）
9）Santoro R, et al：Nat Genet, 32：393-396, doi:10.1038/ng1010（2002）
10）Grummt I & Längst G：Biochim Biophys Acta, 1829：393-404, doi:10.1016/j.bbagrm.2012.10.004（2013）
11）Savić N, et al：Cell Stem Cell, 15：720-734, doi:10.1016/j.stem.2014.10.005（2014）

12）Schmitz KM, et al：Genes Dev, 24：2264-2269, doi:10.1101/gad.590910（2010）
13）Feng S & Manley JL：Genes Dev, 35：1579-1594, doi:10.1101/gad.348858.121（2021）
14）Bierhoff H, et al：Cold Spring Harb Symp Quant Biol, 75：357-364, doi:10.1101/sqb.2010.75.060（2010）
15）Bierhoff H, et al：Mol Cell, 54：675-682, doi:10.1016/j.molcel.2014.03.032（2014）
16）Zhao Z, et al：Genes Dev, 33：836-848, doi:10.1101/gad.311688.118（2018）
17）Audas TE, et al：Mol Cell, 45：147-157, doi:10.1016/j.molcel.2011.12.012（2012）
18）Audas TE, et al：Dev Cell, 39：155-168, doi:10.1016/j.devcel.2016.09.002（2016）
19）Abraham KJ, et al：Nature, 585：298-302, doi:10.1038/s41586-020-2497-0（2020）
20）Yamazaki T, et al：Front Mol Biosci, 9：974772, doi:10.3389/fmolb.2022.974772（2022）
21）Yap K, et al：Mol Cell, 72：525-540.e13, doi:10.1016/j.molcel.2018.08.041（2018）
22）Kamath RV, et al：Cancer Res, 65：246-253, doi:undefined（2005）
23）Norton JT, et al：Cancer, 113：861-869, doi:10.1002/cncr.23632（2008）
24）Pollock C & Huang S：Cold Spring Harb Perspect Biol, 2：a000679, doi:10.1101/cshperspect.a000679（2010）
25）Kobayashi T, et al：Genes Dev, 12：3821-3830, doi:10.1101/gad.12.24.3821（1998）
26）Ide S, et al：Science, 327：693-696, doi:10.1126/science.1179044（2010）
27）Kobayashi T & Ganley AR：Science, 309：1581-1584, doi:10.1126/science.1116102（2005）
28）Feng S, et al：Proc Natl Acad Sci U S A, 120：e2221109120, doi:10.1073/pnas.2221109120（2023）
29）Nurk S, et al：Science, 376：44-53, doi:10.1126/science.abj6987（2022）
30）Floutsakou I, et al：Genome Res, 23：2003-2012, doi:10.1101/gr.157941.113（2013）

＜著者プロフィール＞

井手 聖：東京都医学総合研究所ゲノム医学研究センター・研究員．博士（バイオサイエンス）．2006年奈良先端科学技術大学院大学バイオサイエンス研究科博士後期課程研究指導認定退学，フランス留学など諸々経て'24年から現職．rDNAのコピー数の研究を発端に，rDNAクロマチンプロテオミクス法の開発，コンデンセートとしての核小体の機能の研究を経て，現在rDNA由来の機能性ncRNAを探索中．

第2章 ncRNAを"知る"—見出される新たな機能・意義

12. 馴染みの少ない生物種で見出された lncRNA

川田健文，嵯峨幸夏

> RNAシークエンシングに代表される技術とバイオインフォマティック解析ツールの進歩により，多くの生物に存在するlncRNAが体系的にプロファイリングされてきている．しかしながら，実験的に機能について解析されたlncRNAのほとんどは哺乳類またはよく知られたモデル生物において得られたもので，それ以外のあまり馴染みのない生物では限られている．本稿では，そのようないわゆる「マイナーな研究材料」におけるlncRNAのうち，機能解析が進められているいくつかの代表例について紹介する．

はじめに

long non-coding RNA（lncRNA）に限っても単一生物種に多数存在する．lncRNA全体数は膨大であり，対して生物学的機能の調べられたものはごく一部である．特に，機能解析の進んだlncRNAのほとんどは，いわゆる典型的なモデル生物でなされたもので，それ以外の生物で解析された例はさらに限られる[1]．

本稿は，「非モデル生物」でという依頼であったが，

全ゲノム配列を容易に決定でき，CRISPR/Cas9等の技術でゲノム編集も容易にできる時代において，モデル生物という定義は曖昧である．ある特定の生命現象を解析している研究者には，その生物が最適な「モデル生物」であろう．本稿ではシロイヌナズナやショウジョウバエのような誰もが知るモデル生物ではない，あまり馴染みのない生物種に限定し，ある程度機能の推測されたlncRNAについていくつかの例をあげたい．最後に，われわれが解析している細胞性粘菌のlncRNA

［略語］

5′UTR：5′untranslated region（5′非翻訳領域）

dutA：development-specific but untranslatable A

FISH：fluorescence *in situ* hybridization（蛍光 *in situ* ハイブリダイゼーション）

miRNA：microRNA（マイクロRNA）

STAT：signal transducer and activator of transcription

RNA-seq：RNA sequencing（RNAシークエンシング）

WGCNA：weighted gene co-expression network analysis（加重遺伝子共発現ネットワーク解析）

LncRNAs found in less familiar species

Takefumi Kawata[1] /Yukika Saga[1] [2]：Department of Biology, Faculty of Science, Toho University[1] /Department of Pharmacology, Sapporo Medical University School of Medicine[2]（東邦大学理学部生物学科分子発生生物学研究室[1] /札幌医科大学医学部薬理学講座[2]）

についても述べたい．

1 無脊椎動物における lncRNA

1）セイヨウミツバチの lncRNA

セイヨウミツバチ*Apis mellifera*は社会性行動をとり，ダンス言語を生み出すなど複雑な脳機能を有し，その分子基盤を理解するモデルとなっている．氷冷麻酔から働き蜂を覚醒させると足や体を震わせる発作のような動きを見せるが，コントロール蜂と比較することで lncRNA *kakusei*（覚醒）が同定された[2]．*kakusei*は初期応答遺伝子で神経興奮マーカーとして用いられ，ダンス言語に不可欠な採餌飛行中の情報統合への関与が示唆されている．また，ミツバチにはコロニーにおける年齢依存的な分業があり，働き蜂の脳で発現が変化する lncRNA *Nb-1*（*Nurse bee brain-selective gene-1*）が同定されている[3]．*Nb-1*はオクトパミンや幼若ホルモンの合成と分泌の調節を通して働き蜂のタスク移行に関与するとされている．この他にも，脳神経系で働く lncRNA が複数報告されている（**表**）．

昆虫は種が多く，知られている lncRNA も多い．これらは他の詳しい総説を参照されたい[4]．

2）オオミジンコの雄化にかかわる lncRNA

オオミジンコ *Daphnia magna* は，良好な環境状態では雌のみを産む．しかし，環境悪化の情報を感知するとこれを内分泌シグナルに変換し，卵母細胞の性運命を雄にコミットし，雌と遺伝的に同一な雄になる運命の卵を産む．この過程で，DM ドメインを含む転写因子 *Doublesex1*（*Dsx1*）が雄形質の形成を制御する[5][6]．*Dsx1*をノックダウンすると雄が雌化することから，重要な性決定因子である[5]．*Dsx1*は4つのエキソンからなる長さ約20 kbの遺伝子で，*Dsx1α*と*Dsx1β*の2つの転写産物が別のプロモーターから産生される．*Dsx1α*はエキソン3と4，*Dsx1β*はエキソン1，2，4で構成される．ORFはエキソン4に含まれるため，同じポリペプチドが両転写産物から産生される．雄特異的な*Dsx1α*の転写活性化が生じた後*Dsx1β*の活性化が生じ，雄特異的な転写活性化は発生過程で維持される[5][6]（**図1A**）．*Dsx1*の活性化を可視化する*mCherry*を用いたトランスジェニック系統が，*Dsx1*レポーターとしてさまざまな解析に用いられている[5]〜[7]．

オオミジンコの雄化にかかわる lncRNA，*DAPALR*（*Dsx1* alpha promoter associated long RNA）は，*Dsx1* ORFを欠いた*Dsx1α*の5′UTRのみに対応するRNAが*Dsx1*を活性化できるという予想外の発見がきっかけで同定された[5]．*DAPALR*は*Dsx1α*の転写開始点の上流から*Dsx1α* 5′UTRを含んで転写される5′がキャップ化された非ポリアデニル化RNAである．*Dsx1*と同様に*DAPALR*の発現は雄特異的である．雄の*DAPALR*をノックダウンすると，体細胞組織と生殖細胞の両方で雌化し，子孫を残した．この雌化表現型は，*Dsx1*転写産物レベルの低下で引き起こされ，一方，雌での*DAPALR*過剰発現では*Dsx1*遺伝子の発現が上昇し，雄形質が発現した．すなわち，*DAPALR*はトランスで*Dsx1*を活性化し，*Dsx1α* 5′UTRは*DAPALR*の機能性エレメントとして働く[5]．

205 bpの*Dsx1α* 5′UTRと相互作用するタンパク質の1つがRNA結合タンパク質Alan shepard（Shep）で，*Shep*は両性で発現する．*Shep*を抑制すると胚でレポーター*mCherry*の発現が増加した．一方，*Shep*の過剰発現では*mCherry*の発現が低下した．しかし，機能欠失および機能獲得いずれも*Dsx1*の転写レベルは変化せず，Shepは転写後レベルで*Dsx1*の発現を抑制した（**図1B**）．*Dsx1α*の5′UTRには線虫のShepオルソログSup-26の結合部位「tra-2 and GLI element（TGE）」様の配列がある（**図1A**）．*Shep*は*in vitro*でTGEを介して*Dsx1α* mRNAの翻訳を抑制した[7]．*Dsx1α* 5′UTRを有するレポーターmRNAを含む*in vitro*翻訳系では，*DAPALR*を添加するとShep依存的翻訳抑制を阻害した[7]．*Dsx1α* 5′UTRは「*DAPALR*コア領域」で，Shepのデコイとして機能すると考えられる（**図1B**）．

以上の知見から，*DAPALR*とShepによる*Dsx1*遺伝子のスイッチのフェールセーフ機構が提唱されている．*Dsx1*は環境刺激によって生じるセスキテルペノイドシグナルによって活性化され，雄化を行う．雌では，雄化を防ぐために*Dsx1*の転写は抑制される必要があるが，転写の漏れが生じてもShepにより翻訳が抑制され，スイッチをオフに維持ができる．一方で，雄では*DAPALR*がShepのスポンジとして働き，*Dsx1*発現の閾値を下げスイッチをオンにする．*Dsx1α*の上流にはDsx結合部位のコンセンサス配列が存在し（**図1A**），

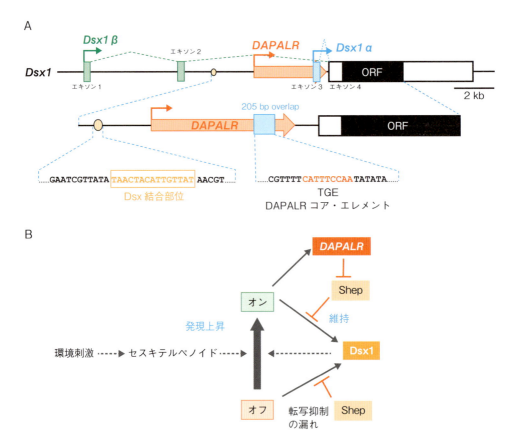

図1　Dsx1遺伝子のゲノム上の構造と発現の制御ネットワークの可能性
A）Dsx1のエキソンを水色または緑色のボックスで示す．赤い太矢印は DAPALR の領域と方向を示す．DAPALR コアエレメントのなかに存在する TRA-2/GLI エレメント（TGE）の類似配列を示す．B）Dsx1 発現の制御ネットワーク．実線と点線は，実験によって検証された関係と検証されていない関係を示す．文献5, 6, 7をもとに作成．

Dsx1が自身の発現を活性化することでDsx1の発現を増幅，維持していると推測される．このように，DAPALRはShepとともに性決定遺伝子の二値的な発現を決定する重要な因子として働いていると考えられている（**図1B**）．

3）その他の動物のlncRNA

シマミミズ Eisenia fetida は，切断除去された後節が再生する．再生で形成された組織は，未分化細胞のみを含むが，しだいにさまざまな細胞型に分化する．再生時に誘導されるlncRNAの1つがNeevと命名された．皮膚で新しく形成された剛毛の基部でのみ発現し，時間的発現パターンが剛毛形成に関与するキチン合成酵素遺伝子と酷似していた[8]．4種類のmiRNAの結合部位がNeevと chitin synthase 8 mRNAにも存在することから，Neevは，一過的に chitin synthase 8の抑制を

解除する miRNA スポンジとしてミミズの再生節の新規剛毛形成の際に働くとされている．

アコヤガイ Pinctada fucata martensii は，貝殻基質タンパク質が自然免疫関連分子を含み，「貝殻防御システム」とよばれる保護機能を示す．lncRNA LncMSEN1 は外套膜において真珠層基質タンパク質N-U8と共局在し，RNA干渉で外套膜のLncMSEN1の発現量を減少させると，真珠層内表面における結晶成長が乱れることから真珠層形成に関与し，自然免疫応答にも関連していると示唆されている[9]．

2 植物におけるlncRNA

植物はゲノムサイズの大きな種が多く，COOLAIR[10]に代表されるようなlncRNAの宝庫である．誌面の関

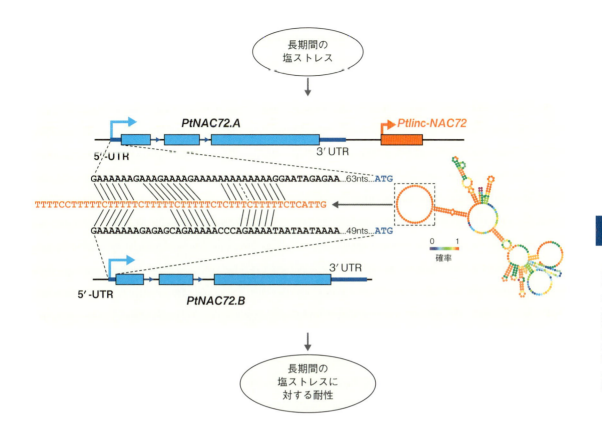

図2　長期塩ストレスからの回復における*Ptlinc-NAC72*の作業モデル
*PtNAC72.A*および*PtNAC72.B*の発現をシスおよびトランス制御し，ポプラの長期塩ストレスに対する回復力を調節する*Ptlinc-NAC72*の作業モデル．*Ptlinc-NAC72*と*PtNAC72.A*はシスの位置にある．文献12をもとに作成．

係上それらは別の総説を参照されたい[11]．

ポプラの一種*Populus trichocarpa*は樹木としてはゲノムサイズが小さく（450〜550 Mbp），樹木のモデル生物になりつつある．短期および長期の塩ストレス下で，葉，茎，根から得たRNA-seqデータセットに対してWGCNAを行い，6つの異なる塩応答モジュールが同定され，そこからlncRNA *Ptlinc-NAC72*が発見された．*Ptlinc-NAC72*は長期ストレス下で誘導され，5つのタンデム「CTTTTT」モチーフのステムループをもち，相同遺伝子である*PtNAC72.A/B*の5′UTRのタンデム「GAAAAA」モチーフに相補的でそれを認識することで*PtNAC72.A/B*の発現を促進し（図2），塩ストレスに対する植物の回復力に寄与する[12]．同様の方法でサイモンポプラ*Populus simonii*では浸透圧応答に関与する*PROMPT_1281*が同定されている[13]．モチーフ解析によりMYB転写因子の潜在的結合部位を含むことから，キャリアーとして機能するとされている．

マメ科を中心に多くの植物には*enod40*というlncRNAが保存されている[14]．いくつかの*enod40*転写産物はRNAを介する機能とポリペプチドをコードする能力を併せもつ．マメ科植物の*enod40*は，short ORF（sORF）をもつ2つの保存領域があり，*in vitro*での翻訳が証明されている[15]．タルウマゴヤシ*Medicago truncatula*では，*enod40* RNAはMtRBP1（*Medicago truncatula* RNA binding protein 1）というタンパク質と結合し，根粒という窒素固定に必要なコブ形成の過程で核スペックルから細胞質へと輸送される[16]．MtRBP1の最も近いホモログが核スペックルRNA結合タンパク質であることから，*enod40* RNAは器官形成時に特定mRNAの選択的スプライシング（alternative splicing）を制御することも示唆されている[17]．

3 細胞性粘菌におけるlncRNA

最後に，微生物のlncRNAとして，ここでは細胞性粘菌キイロタマホコリカビ*Dictyostelium discoideum*の例を紹介する．*D. discoideum*は真核生物で，単細胞アメーバが餌を食べて増殖するが，飢餓状態になるとおよそ10万個の細胞が集合して多細胞体を形成する．発生途中で多細胞体はナメクジ状の移動体を呈し，その先端は発生のオーガナイザーとして機能する．多細胞体は24時間で子実体を形成して生活環を完結する．

*EB4*遺伝子座からは2.2 kbの*psvA* mRNAが転写され，胞子外皮タンパク質をコードする．このmRNAは発生11時間目に蓄積し始めるが，run-onアッセイでは発生初期の転写活性には大きな違いがないことから，mRNAレベルの差は，転写後制御によるものである．実際に*psvA*の第3エキソンからは1.8 kbのアンチセンスRNAが転写され，アンチセンスRNAが存在すると*psvA* mRNAが不安定になる．対応するmRNAと部分的な二本鎖RNAを形成してmRNAの安定性を制御すると考えられている[18]．*pRNA*（DDB_G0295593）は最新の分類[1]ではlncRNAではないかもしれないが，RNase Pホロ酵素のRNAサブユニットを担う[19]など，細胞性粘菌には他の高等動物が有しているさまざまな低分子，中分子のnon-coding RNAはほぼ存在する[20]．この他，トランスクリプトーム解析で621個のlncRNAと162個のアンチセンスRNAが報告されているが，実際に検証すると検出されないものもあり，アセンブリーに問題があると思われる[21]．

*dutA*はmRNA様lncRNAとして報告されたが長い間機能不明のままであった[22]．われわれは細胞性粘菌のオーガナイザーで機能する転写因子STATaの解析をしており，STATa活性を調節する遺伝子を単離した（図3）．その1つが*dutA* RNA由来のcDNAの部分断片であった．親株はSTATa活性を部分的に破壊した株で寒天上ではほとんど子実体を形成しないが，*dutA* cDNA部分断片を過剰発現させると子実体を形成した（図3B）．このとき，STATa活性化の指標となる702番目のチロシン（Tyr702）のリン酸化が上昇し，*dutA* RNAと転写因子STATaの関係性が示唆された[23]．

RNA-FISHで*dutA* RNAの局在を調べたところ，移動体期まではオーガナイザー以外に存在し，子実体形

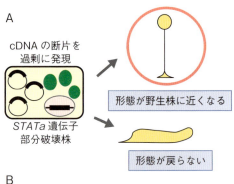

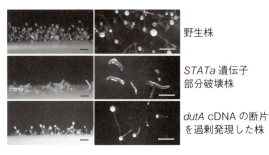

図3 転写因子STATa関連遺伝子のスクリーニング
A）STATa関連遺伝子の遺伝学的な単離．STATa遺伝子部分破壊株にcDNAライブラリーのプラスミドを過剰に発現した．ほとんどはSTATa遺伝子部分破壊株と同じく，薄い寒天の上で子実体を形成しないが，ごく稀に形成するクローンがあり，形態が野生型に近くなる．B）薄寒天上での表現型（36時間）．株名を右に示す．左列は子実体形成の様子を横から低倍率で撮影，右列は上から高倍率で撮影．横線は1 mm．文献23をもとに作成．

成開始時に一過的にオーガナイザー領域にみられてやがてみられなくなり，pstO細胞という細胞に限定された[24]（図4A）．細胞内局在を調べると*dutA* RNAは細胞質にあるが，散在していた（図4B）．この存在様式は*dutA* RNAが非膜性構造体を形成する可能性を想像させるが，詳細は不明である．移動体期に*dutA* RNAをオーガナイザー領域で異所的に強制発現させると（図4C），移動体期間が延長して子実体形成が遅延する表現型を呈し[24]（図4D），*dutA* RNAはオーガナイザーに存在し続けてはいけないことを示唆する．子実体形成開始期に一過的にオーガナイザーに存在する意味は未解明である．*dutA*遺伝子破壊株が正常に発生するのは，*dutA* RNAがオーガナイザーに存在すべきでない時期に存在していないことによると思われるが，詳細メカニズムは不明である．

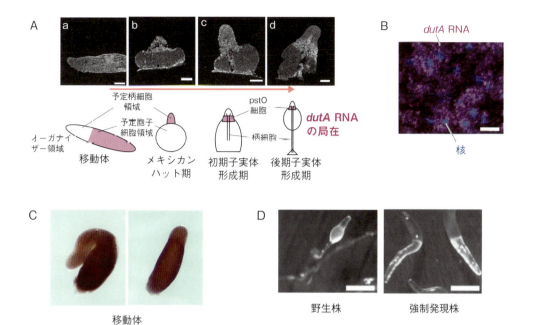

図4 dutA RNAの局在と表現型
A）細胞性粘菌の発生中の dutA RNA の局在．凍結薄切片を RNA-FISH で dutA RNA を検出した．下図は局在の模式化で，紫色が dutA RNA．一番下に発生時期を示す．B）移動体期の予定胞子細胞の領域の細胞内局在．C）dutA RNA を異所的に移動体オーガナイザー領域で強制発現させた株で，発現の様子を WISH で検出した．D）Cの株を寒天上で23時間発生させて野生株と比較した．スケールバーは A, D は 0.25 mm，B は 10 μm．文献24をもとに作成．

このように，dutA RNA は発生への抑制効果があるが，転写因子STATaとの関係性を詳細に調べるとSTATaのリン酸化と核移行の両過程に抑制的に作用した[24]．しかし，STATa活性抑制の詳細メカニズムはいまだ不明である．メカニズムのヒントとして，dutA 遺伝子変異株を用いた RNA-seq 解析で，dutA RNA 量の変動に伴って多種類のmRNA量の変動も観察された（未発表）．また，dutA RNA結合タンパク質を網羅的に検出したところ，mRNAの分解や安定化，代謝にかかわるタンパク質が多く検出された（未発表）．dutA RNAは細胞中でmRNA量の微調整をする役割を担っているのかもしれない．

おわりに

非モデル生物での機能の知られたlncRNAを整理するということで始めた本稿であるが，途方もない数の該当するlncRNAがあり，とても書ききれなかった．lncRNAのデータベースとしてEVLncRNAs v3.0も知られており[25]，そのなかに記載のあるいくつかについては**表**にリストとして示した．lncRNAの研究では日々新しい発見があり，思いもよらない生物から新しい働きをもったlncRNAが今後も発見され続けると容易に想像できる．dutA RNAに限ってもわれわれが今まで予想もしていなかった働きがあるであろう．存在するからにはきっと何らかの意味があって存在しているはずである．

文献

1) Mattick JS, et al：Nat Rev Mol Cell Biol, 24：430-447, doi:10.1038/s41580-022-00566-8（2023）
2) Kiya T, et al：PLoS One, 2：e371, doi:10.1371/journal.pone.0000371（2007）
3) Tadano H, et al：Insect Mol Biol, 18：715-726, doi:10.1111/j.1365-2583.2009.00911.x（2009）
4) Zafar J, et al：Int J Mol Sci, 24：2605, doi:10.3390/ijms24032605（2023）
5) Kato Y, et al：Curr Biol, 28：1811-1817.e4, doi:10.1016/j.cub.2018.04.029（2018）
6) Kato Y & Watanabe H：Front Cell Dev Biol, 10：881255, doi:10.3389/fcell.2022.881255（2022）

表　その他の lncRNA

生物群	生物種（和名）	学名	lncRNA	長さ（nt）	推測される機能
昆虫／動物	セイヨウミツバチ	Apis mellifera	Ks-1	～17,000	小型ケニオン細胞で優先的に発現，脳の神経活動など
			AncR-1	～6,800	脳の神経活動，カーストや性差に依存した器官分化など
	カイコ	Bombyx mori	Bmdsx-AS1	1,152	性決定遺伝子産物 Bmdsx の選択的スプライシングに関与
			iab-1	～1,000以上	生存に必須，近傍 Hox 遺伝子群の発現と関連
	イナゴ	Locusta migratoria	LNC1010057	4,104	単独行動期と集団行動期の相変化を制御
	コナガ	Plutella xylostella	lnc-GSTu1-AS	1,212	GSTu1 への miR-8525-5p の結合阻害，殺虫剤抵抗性付与
	バナナエビ	Fenneropenaeus merguiensis	lncPV13	937	卵黄形成制御に関与
植物	トウモロコシ	Zea mays	zm401	1,149	葯の発生，花粉成熟，雄性稔性
	ウンリュウグワ	Morus multicaulis	MuLnc1	419	二次 siRNA を産生，環境ストレスと関連
	ツクバネアサガオ	Petunia hybrida	Sho AS	639	Sho dsRNA の分解による局所的サイトカイニン合成調節
	リンゴ	Malus domestica	MLNC3.2	1,020	miRNA156a の標的，SPL2 様転写因子と SPL33 転写因子の発現促進によるアントシアニンの蓄積
			MLNC4.6	974	
	サイシン（白菜亜種）	Brassica campestris	BcMF11	828	花粉の発生，雄性稔性など
	アメリカスズメノヒエ	Paspalum notatum	PN_LNC_N13	532	アポミクシス関連，スプライシング制御に関与
	オオムギ	Hordeum vulgare	HvISP1	633	低親和性リン酸 PHT1 トランスポーターの発現と相関
微生物	クリプトコックス	Cryptococcus neoformans	RZE1	～1,200	酵母から菌糸への転換の制御，Znf2 の活性化
	カンジダ	Candida albicans SC5314	HSR1	604	熱ショック転写因子 1（HSF1）と結合，HSP 遺伝子群活性化
	アカパンカビ	Neurospora crassa	qrf	～5,000, 5,500	概日時計遺伝子 frequency（frq）の制御，frq AS
	ベニコウジカビ	Monascus purpureus	AOANCR	398	シトリニン産生に関与する mraox 遺伝子を抑制
	フザリウム菌	Fusarium fujikuroi	Ff-carP	～1,000	カロテノイド生合成に関与する carS 遺伝子を活性化
	ジャガイモ疫病菌	Phytophthora infestans	Pinci1-1	～850	宿主感染時に発現が上昇
	好アルカリ性細菌	Bacillus halodurans	OLE	～600	OapA と OapB と複合体形成，環境ストレス適応

7）Perez CAG, et al：PLoS Genet, 17：e1009683, doi:10.1371/journal.pgen.1009683（2021）

8）Singh Patel S, et al：J Exp Biol, 223：jeb216754, doi:10.1242/jeb. 216754（2020）

9）Zheng Z, et al：Fish Shellfish Immunol, 96：330-335, doi:10.1016/j.fsi.2019.12.015（2020）

10）Yang M, et al：Nature, 609：394-399, doi:10.1038/s41586-022-05135-9（2022）

11）Domínguez-Rosas E, et al：Front Plant Sci, 14：1275399, doi:10.3389/fpls.2023.1275399（2023）

12) Ye X, et al：Plant J, 110：978-993, doi:10.1111/tpj.15714（2022）

13) Song Y, et al：Plant Biotechnol J, 17：164-177, doi:10.1111/pbi.12955（2019）

14) Gultyaev AP, et al：NAR Genom Bioinform, 5：lqad091, doi:10.1093/nargab/lqad091（2023）

15) Röhrig H, et al：Proc Natl Acad Sci U S A, 99：1915-1920, doi:10.1073/pnas.022664799（2002）

16) Campalans A, et al：Plant Cell, 16：1047-1059, doi:10.1105/tpc.019406（2004）

17) Bardou F, et al：Dev Cell, 30：166-176, doi:10.1016/j.devcel.2014.06.017（2014）

18) Hildebrandt M & Nellen W：Cell, 69：197-204, doi:10.1016/0092-8674(92)90130-5（1992）

19) Stamatopoulou V, et al：Biochemistry, 49：10714-10727, doi:10.1021/bi101297z（2010）

20) Hinas A & Söderbom F：Curr Genet, 51：141-159, doi:10.1007/s00294-006-0112-z（2007）

21) Rosengarten RD, et al：G3（Bethesda）, 7：387-398, doi:10.1534/g3.116.037150（2017）

22) Yoshida H, et al：Nucleic Acids Res, 22：41-46, doi:10.1093/nar/22.1.41（1994）

23) Shimada N & Kawata T：Eukaryot Cell, 6：1030-1040, doi:10.1128/EC.00035-07（2007）

24) Saga Y, et al：Genes Cells, 28：111-128, doi:10.1111/gtc.12997（2023）

25) Zhou B, et al：Nucleic Acids Res, 52：D98-D106, doi:10.1093/nar/gkad1057（2024）

＜著者プロフィール＞

川田健文：1989年北海道大学大学院理学研究科博士後期課程修了（理学博士），基礎生物学研究所・助手，英国 Imperial Cancer Research Fond Clare Hall Laboratories, MRC Laboratory for Molecular Cell Biology・University College London の研究員を経て，2001年東邦大学理学部助教授，'11年より同教授．英国留学時から細胞性粘菌を研究材料に転写因子の研究をしている．

嵯峨幸夏：2020年東邦大学大学院理学研究科博士後期課程修了，博士（理学）．大学院時代は粘菌のSTAT活性化キナーゼや，本稿で紹介した dutA RNAの研究に従事した．'23年より，札幌医科大学医学部薬理学講座，助教．

| 第3章 | RNAを"使う"―RNAを使い細胞を操作する |

1. 翻訳を操作するアンチセンスlncRNA「SINEUP」

髙橋葉月，Piero Carninci

lncRNAの内部には機能をもつ配列が含まれていることが多く，それらの配列が特殊な立体構造を形成し，RNA結合タンパク質（RBP）と結合する機能ドメインとして働くことが報告されている．短いアンチセンスncRNAがセンスmRNAの発現を抑制することはよく知られているが，アンチセンスlncRNAに含まれる機能ドメインとして，レトロトランスポゾンSINEの配列がセンスmRNAの翻訳機構を向上することがわかってきており，それらのアンチセンスlncRNAはSINEUPと名付けられて研究が進められている．ここでは，SINEUPの発見から細胞内メカニズムおよび遺伝子治療への応用実験の例について概説する．

はじめに

　マウスやヒトの完全長cDNAから遺伝子の同定を行う研究が1990年代後半から2000年代前半にかけて国家プロジェクトの一環として行われた．その結果，マウスの全転写物のうち，約半数がノンコーディングRNA（ncRNA）であり，さらに70％がセンス・アンチセンス転写物[※1]であることが2005年に報告された[1)2)]．その後の研究発展により，アンチセンスncRNAはセ

ンスmRNAと結合することでその発現を主に阻害し，生理機能に重要なタンパク質や疾患原因タンパク質の発現を調節する鍵となっていることがわかってきている．さらに，長らくジャンク遺伝子だと考えられてきたレトロトランスポゾンに関しては，単独もしくはmRNAのノンコーディング領域やlncRNAに転写物の一部として大量に転写され，細胞特異的な機能を調節していることが報告されている[3)～5)]．レトロトランスポゾンは自身をRNAに転写し，それを逆転写酵素で

[略語]
FRAM：free right *Alu* monomer
GDNF：glial cell line-derived neurotrophic factor（グリア細胞株由来神経栄養因子）
icSHAPE：*in vivo* click selective 2´ hydroxyl acylation and profiling experiment
lncRNA：long non-coding RNA（長鎖ノンコーディングRNA）

PARIS-seq：psoralen analysis of RNA interactions and structures
rRNA：ribosomal RNA（リボソームRNA）
SINE：short interspersed nuclear element（短鎖散在反復配列）
SINEUP：SINE element-containing translation UP-regulator

Antisense long non-coding RNA "SINEUP" that manipulate translation
Hazuki Takahashi[1)] /Piero Carninci[1)2)]：Laboratory for Transcriptome Technology, RIKEN Center for Integrative Medical Sciences[1)] /Human Technopole[2)]（理化学研究所生命医科学研究センタートランスクリプトーム研究チーム[1)] /ヒューマン・テクノポール[2)]）

DNAに複写してゲノムに組込む可動性の転移遺伝子であり，近年少しずつその存在や機能が明らかにされているが，そのほとんどの機能はいまだにわかっていない．

本稿で紹介するアンチセンスlncRNAは，そのエキソンにレトロトランスポゾンSINEの配列を含んでおり，スプライシング後のアンチセンスlncRNAに安定的な転写物として存在する．興味深い点としては，今までの報告のようにmRNAと結合してmRNAを切断することで発現を制御するのではなく，mRNAの発現量には影響を及ぼさずに，翻訳機構に働きかけてタンパク質の合成を向上する機能を有する．その翻訳を操作する鍵となるのが，レトロトランスポゾンのSINE配列であり，ストレス存在下で局在を細胞核から細胞質に移動する役割を果たす[6]．さらに自身のRNA構造を変化させ，RNA結合タンパク質との複合体形成を細胞局在によって変化させる[7][8]．そのダイナミックなRNA構造変化および局在変化の結果として，結合するmRNAの翻訳を促進し，タンパク質合成を2～3倍向上する．本稿ではアンチセンスlncRNAに含まれるSINE配列が翻訳をUPするメカニズムの基礎研究の報告およびその特性を活かしたRNA治療に向けた応用研究の報告を解説したい．

1 ncRNAのアノテーションと機能解析

理化学研究所で行われたFunctional ANnoTation of the Mammalian Genome（FANTOM）国際プロジェクト（https://fantom.gsc.riken.jp/jp/）[※2]で収集されたマウス完全長cDNAのアノテーション解析の結果，

※1　センス・アンチセンス転写物

mRNAや（長鎖）ncRNAが相補鎖配列をもって別の方向に転写されること．細胞内で転写物同士の相補鎖配列が結合し，それぞれの転写物の機能を補ったり，うち消すことで生命活動を維持したり，病気を引き起こしたりすることが知られている．

※2　FANTOM

理研が主宰する国際研究コンソーシアム．理研のマウスゲノム百科事典プロジェクトで収集された完全長cDNA（complementary DNA：相補的DNA）の機能注釈（アノテーション）を行うことを目的に，2000年に結成された．現在のFANTOM6には20カ国，100以上の研究機関が参加し，ncRNAの網羅的な機能解析に取り組んでいる．

転写されているRNAの47％がタンパク質をコードするmRNAであり，53％がncRNAであることがわかった[1]．それらの報告を契機に，ncRNAの研究が促進し，それまであまり注目を浴びてこなかったncRNAの機能が徐々に解明され始めた．

1）レトロトランスポゾンはただのジャンク遺伝子ではなかった

FANTOMで同定されたRNAの詳細をさらに解析したところ，同定されたRNAの72％がセンス・アンチセンス構造をとっていることがわかり，アンチセンスncRNAがmRNAの発現を調節している可能性が示唆された[2]．アンチセンスncRNAのなかには，それまではジャンク遺伝子だと考えられていたレトロトランスポゾンを含むRNAやレトロトランスポゾン自体が単体で数多く存在していたが，それらの多くの機能はいまだ謎に満ちている．レトロトランスポゾンとは，自身をRNAに転写し，逆転写酵素によってcDNAに変換し，ゲノムに転移される因子であり，このプロセスがゲノム全体でくり返されるために，ゲノム上に20～30％の割合で存在する．解析が進んだ現在では，その発現は細胞種特異的であることがわかっており，進化の過程でレトロトランスポゾンがDNAに組込まれ，lncRNAと一緒にもしくはそれ自身がRNAとして発現することで，細胞特異的に働く進化的な機能を獲得したのではないかと考えられている．

2）SINEUPの発見

前述したように，細胞には多くのアンチセンスncRNAが発現しているが，そのなかでも遺伝子変異がパーキンソン病の発症に関与していると考えられているUCHL1（別名PARK7）のmRNAと相補鎖を形成するアンチセンスUchl-1に注目し，Uchl-1のmRNA発現に与える影響を調査した．研究の結果，アンチセンスUchl-1はセンスUchl-1 mRNAの発現に影響を及ぼさなかったが，予想に反してUCHL1タンパク質の発現を向上した．さらに詳細に調査を進めたところ，アンチセンスUchl-1にはレトロトランスポゾンSINE B2の配列が含まれており，その配列がUchl-1 mRNAの翻訳を促進していた．通常の細胞ではアンチセンスUchl-1は細胞核に局在しているが，ラパマイシンという薬剤でCap依存的な翻訳を阻害すると，Uchl-1が細胞質に移動し，翻訳の開始に寄与していた．さらに，アンチセ

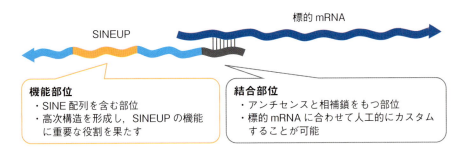

図1　SINEUPの基本的構造とその概要

ンスUchl-1はUchl-1 mRNAの安定性を維持しているのではなく，Uchl-1 mRNAが翻訳される確率を向上していた．アンチセンスUchl-1のSINE B2配列を別のmRNAのアンチセンス配列になるように人工的に組換えたところ，興味深いことに，ラパマイシンの添加なしにそのmRNAの翻訳を促進し，タンパク質の発現を向上した[6]．その現象や配列的な特徴から，われわれはその特異的な機能をもつアンチセンスRNAをSINEUPと名付けた（**図1**）．

3）SINEUPの細胞内機能メカニズム

SINEUPが細胞内でmRNAの翻訳を促進するためにはセンスmRNAに相補鎖なアンチセンスの配列とSINE B2配列を含むことが重要であるが，SINEUPの細胞局在を調べたところ，センスmRNAが発現していない細胞では，SINEUPを細胞に強制発現させてもSINEUPは細胞核に局在する傾向があった．そのため，SINEUPは標的となるmRNAが転写されている細胞において，何らかの分子メカニズムにより，細胞核から細胞質に移動し，mRNAの翻訳機構にかかわっていると考えられた．そこで，SINEUPとmRNAを細胞核から細胞質に運ぶ役割を果たすタンパク質が存在しうると推測し，LC-MS/MS法を用いてSINEUP結合タンパク質を検出したところ，主にRNAのスプライシングなどに携わり，細胞核に局在することが知られているリボヌクレオタンパク質HNRNPKおよびPTBP1が同定された．さらに，それらタンパク質との複合体は，細胞核のみならず，細胞質でも存在していた．また，HNRNPKとPTBP1タンパク質をノックダウンした細胞では，SINEUPの細胞核から細胞質へ移行する割合が減少し，細胞核での局在の割合が上昇したため，複合体の形成がSINEUPの翻訳促進機能に重要であることが示唆さ

れた．次に，その複合体が翻訳に影響を及ぼしているかを確認するためにポリゾーム分画を行ったところ，SINEUP，センスmRNAおよびそれらのタンパク質が主に翻訳開始から40Sリボソームサブユニット，60Sリボソームサブユニットの分画に共沈してきた[7]．SINEUPがrRNAと結合するかを調べるために，ソラレンおよびUVでRNA-RNAを結合し，細胞内で結合されたRNAを網羅的に調べることのできるPARIS-seq法を用いてSINEUPと結合するRNAを特定した．その結果，SINE B2の一部が18S rRNAおよび28S rRNAの一部に結合していた[8]．これらのことから，SINEUP複合体は翻訳初期段階に直接的に関与していると考えられている（**図2**）．

4）SINEUPの機能にはSINEのRNA構造が重要である

アンチセンスlncRNAにはアンチセンスUchl-1と同様にSINEの配列を含むものが多く存在し，それはマウスに限らずヒトでも同様である．そこで，ヒトSINEを含むアンチセンスRNAがSINEUPと同様の機能を示すか調査したところ，ヒトSINEの一種であるFRAMを含むアンチセンスR12A-AS1がPPP1R12A mRNAの翻訳を促進した[9]．しかしながら，SINE B2とFRAMの配列および長さには共通点が乏しく，SINEUPの機能を示す他のマウスアンチセンスlncRNAに含まれているSINEと配列を比較しても共通点が乏しく，機能の鍵となる部分が配列のみの比較では決定できなかった．SINEはRNA構造が重要な機能を担うtRNAや7SL RNAから進化の過程で分岐したとされている．そのことから，SINE RNAの構造がSINEUPの機能に重要だという仮説を立て，細胞内でのSINEUPのRNA構造をicSHAPE法[※3]で調べたところ，GCリッチな二

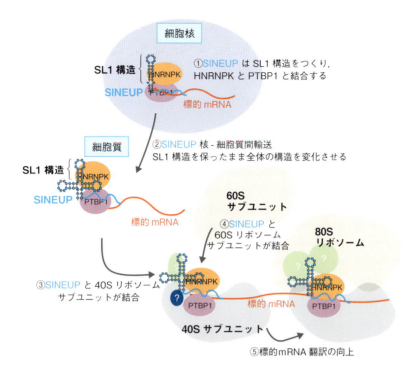

図2　SINEUPの細胞内機能および分子メカニズム
細胞核に存在するSINEUP（水色）はその機能ドメインレトロトランスポゾンSINEのSL1とよばれる構造にRNA結合タンパク質HNRNPKとPTBP1を結合し（①）、細胞質に輸送する（②）．細胞質内でSINEUPのSINEはSL1構造を保ったまま，40SリボソームサブユニットとSL1結合し（③），次に60Sリボソームサブユニットに結合する（④）ことで，標的mRNA翻訳を促進し，タンパク質合成を向上させる（⑤）．

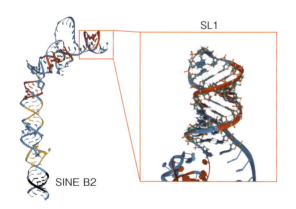

図3　SINEUPの機能ドメインSINEのSL1構造
翻訳機能を司るSINE B2およびそのステムループ構造（SL1）．icSHAPE法で決定したRNAの二次構造から予測した三次構造（文献8参照）．

本鎖を含むステムループSL1がSINEUP機能を示すすべてのSINEに存在していた（**図3**）．そこで，SL1構造をSINEから除いても，SINEUPの機能は保持されるか調べたところ，予想通り機能が失われ，SL1構造をもたないRNAにSL1構造を人工的に付加したところ，SINEUPの機能を新たに獲得した[8) 10)]．この発見は今後SINEUPを医薬品として発展させるための重要な知見になると考えられている．

2　SINEUPのRNA医薬品への応用

前項までにSINEUPのアンチセンス部分を標的mRNAに組換えて細胞に導入すると標的mRNAの翻訳を促進することを紹介した．しかし，その翻訳促進は2～3倍程度であり，mRNAそのものを導入する場

> **※3　icSHAPE法**
> 生細胞内に発現するRNAの二次構造を1塩基ごとにトランスクリプトームレベルで決定する技術．RNAの一本鎖領域をNAI-N3で修飾し，逆転写反応により修飾された部位をcDNAとして回収する．次世代シークエンサーとバイオインフォマティクスの技術を組合わせ，修飾部位を解読することで，標的RNAの二次構造を決定する．

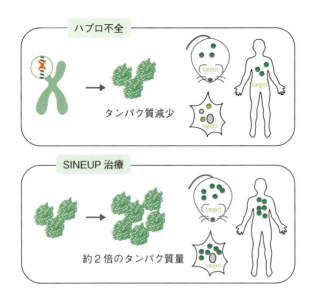

図4　SINEUPによるハプロ不全症の治療
ハプロ不全は染色体の片方のアレルに変異や欠損があり，mRNAから翻訳されるタンパク質の量が健常者の半分程度まで減少する．そのため，タンパク質が正常な機能を維持することができないことで発症する疾患がハプロ不全症とよばれている．ハプロ不全により発現が減少している疾患対象タンパク質のmRNAを標的としてSINEUPをデザインし，その翻訳効率を2倍程度向上することで治療をめざす．

合よりもタンパク質発現量は低い．そこで，その特性を活かし，染色体の片方に変異や欠失があり，タンパク質の量が半分しか生産されないことで発症するハプロ不全型の疾病治療にSINEUPが応用できるか取り組みが進められている（図4）．

まず，SINEUPが生体内の標的mRNAの翻訳を促進するかという概念実証として，ハプロ不全型の遺伝子疾患モデルをもつメダカを用いることにした．このメダカはX染色体に存在するミトコンドリアの呼吸鎖複合体に関与するCox7B遺伝子のエキソンをスキップさせ，COX7Bタンパク質の発現を半分まで低下させており，女性特有の遺伝病である線状皮膚欠損を伴う小眼球症（MLS）の病態モデルである（男性は胎生致死）．そこで，SINEUPのアンチセンス結合部位をCox7Bに組換え，in vitro RNAを作製し，MLSモデルのメダカ胚に導入したところ，約半数のメダカでMLSの表現型がレスキューされた[11]．

次に，SINEUPが哺乳類の細胞でも同じように働くかを確認するために，神経変性疾患や心臓調節不全を引き起こすフリードライヒ運動失調症（FRDA）の患者由来細胞を用いてSINEUPの概念実証を行った．

FRDAはFXN遺伝子の第1イントロンに過剰なGAA配列がくり返されることで異常なDNA構造が形成され，正常なmRNAの転写量の減少，およびそれに続くFrataxinタンパク質の生産量が減少して起こる遺伝病である．Frataxinタンパク質の量により，進行度や重症度が決定されるが，治療法が存在しない希少疾患である．そこで，正常に発現しているmRNAの翻訳効率を上げるために，SINEUPのアンチセンス結合部位をFXNに組換え，レンチウイルスを介してFRDA患者由来細胞から樹立した初代培養細胞に感染させたところ，Frataxinタンパク質の量が1.6〜2.1倍に増加し，疾病因子の1つであるミトコンドリアアコニターゼの酵素活性を回復した[12]．

さらに，パーキンソン病モデルマウスを用いて概念実証実験を行った．パーキンソン病は，黒質のドーパミンニューロンが喪失することによって進行すると考えられているが，そのドーパミンニューロンに栄養を与える機能を果たすグリア細胞株由来神経栄養因子（GDNF）の減少が引き金の一因になると考えられている．そのため，SINEUPのアンチセンス結合部位をGDNFに組換え，アデノ随伴ウイルスを介してパーキ

ンソン病モデルマウスの脳に感染させたところ，ドーパミン作動性ニューロンの運動障害と神経変性を改善することができた[13]．

これらの他にもハプロ不全を伴う希少疾患にSINEUPを応用する研究が進められており，今後の成果が期待されている．

おわりに

本稿では，アンチセンスlncRNAがmRNA翻訳に関与し，その翻訳を向上する機能，メカニズム，医療への応用の例としてSINEUPを取り上げた．ncRNAの機能は未知なものが多く，特にレトロトランスポゾンRNAなどはそのくり返し転移の多さなどから，研究の発展が他のRNAと比較して遅れている傾向がある．今後さらにさまざまなncRNAの存在が新しいシークエンサー技術等の発展により明らかになっていくと考えられるが，ncRNAの細胞内機能や動作メカニズムを基礎研究で十分に研究し，今まであまり注目をされてこなかったRNAについてもチャレンジ精神をもって取り組むことで，さらなるRNA医療の発展につながることを期待している．

文献

1) Carninci P, et al：Science, 309：1559-1563, doi:10.1126/science.1112014（2005）
2) Katayama S, et al：Science, 309：1564-1566, doi:10.1126/science.1112009（2005）
3) Faulkner GJ, et al：Nat Genet, 41：563-571, doi:10.1038/ng.368（2009）
4) Fort A, et al：Nat Genet, 46：558-566, doi:10.1038/ng.2965（2014）
5) Ohnuki M, et al：Proc Natl Acad Sci U S A, 111：12420-12431, doi:10.1073/pnas.1413299111（2014）
6) Carrieri C, et al：Nature, 491：454-457, doi:10.1038/nature11508（2012）
7) Toki N, et al：Nucleic Acids Res, 48：11626-11644, doi:10.1093/nar/gkaa814（2020）
8) Sharma H, et al：Nat Commun, 15：1400, doi:10.1038/s41467-024-45517-3（2024）
9) Schein A, et al：Sci Rep, 6：33605, doi:10.1038/srep33605（2016）
10) Podbevšek P, et al：Sci Rep, 8：3189, doi:10.1038/s41598-017-14908-6（2018）
11) Indrieri A, et al：Sci Rep, 6：27315, doi:10.1038/srep27315（2016）
12) Bon C, et al：Nucleic Acids Res, 47：10728-10743, doi:10.1093/nar/gkz798（2019）
13) Espinoza S, et al：Mol Ther, 28：642-652, doi:10.1016/j.ymthe.2019.08.005（2020）

＜著者プロフィール＞

髙橋葉月：2008年理化学研究所入所，'18年横浜市立大学博士（理学）取得，現在生命医科学研究センタートランスクリプトーム研究チーム研究員．'23年より横浜市立大学大学院生命医科学研究科，客員准教授を兼任．lncRNAの機能解析および細胞内複合体の解明に取り組む．

Piero Carninci：1989年トリエステ大学生物科学博士号取得，'95年理化学研究所に入所，現在生命医科学研究センタートランスクリプトーム研究チーム，チームリーダー．2020年より母国イタリアの研究所，ヒューマン・テクノポールにてゲノミクス研究センター センター長を兼任．lncRNAのアノテーションやそれらがクロマチンに及ぼす機能の解析に取り組む．

第3章 RNAを"使う"─RNAを使い細胞を操作する

2. サイボーグRNAアプタマー創薬を天然型DNAアプタマーでrebootする

吉本敬太郎，坂田飛鳥，稲見有希

> 分子認識能をもつ一本鎖核酸"核酸アプタマー"の創薬が遅れている．核酸アプタマー関連技術の特許制約（ライセンス料の支払い）に加え，製造が容易ではない化学修飾された非天然型RNA（サイボーグRNA）を主体とする開発戦略，つまり研究段階における開発コストが嵩むことが開発停滞の要因として挙げられる．特許の制約も解消され，アカデミアを中心に核酸アプタマーの関連技術が進化した現在，創薬モダリティとしてアプタマーの地位を回復・向上させることのできる潮目の時期にある．多くの核酸アプタマー薬を短期間で承認・上市させるために，サイボーグRNAではなく，天然型DNAアプタマーを軸とした開発戦略が効果的であると著者らは考える．

1 核酸アプタマー

核酸アプタマーは標的分子に対して結合親和性をもつ一本鎖核酸であり，Systematic Evolution of Ligands by EXponential enrichment（SELEX）という進化分子工学的手法で，動物や細胞などの利用なしに試験管内で獲得することができる．1980～1990年頃，遺伝子工学やタンパク質工学におけるバイオテクノロジーが急速に発展した．核酸アプタマーが登場したのもこの時期で，核酸機能の用途が"遺伝情報の設計図"から"分子認識素子"へと拡大した．SELEX法に組込まれている核酸の増幅反応Polymerase Chain Reaction（PCR）がKary Mullisによって発明されたのもこの頃であり，彼は1993年にノーベル化学賞を受賞している．

化学合成できる核酸アプタマーは，抗体と比較して製造面で大きなアドバンテージがある．例えば製造コストは圧倒的に核酸アプタマーの方が安く，保存安定性も高い．ロット差（品質のバラつき）が少ないため，品質差が少ないものを長期的に提供可能である．抗体は動物や細胞を使って製造するため，ロット差による性能のバラつきは避けられず，発現させる細胞が異なれば翻訳後修飾も変化する可能性がある．さらに，抗体製造には細胞培養や動物を飼育する設備や施設が必要であるため，コストを抑えるにも限界がある．一方，核酸は化学合成法で安価に製造でき，分解酵素などが混入しない適切な環境下であれば，常温で長期間の保管が可能である．PCRを行う際に短い核酸（プライマー）が必要であるため，PCRの普及とともに核酸受

Drug discovery and development of nucleic acid aptamer should be reboot with natural DNA aptamers instead of non-natural RNA

Keitaro Yoshimoto[1][2] /Asuka Sakata[3] /Yuuki Inami[2]：Department of Life Sciences, Graduate School of Arts and Sciences, The University of Tokyo[1] /Research and Development Division, LinkBIO Co., Ltd.[2] /Medicinal Biology of Thrombosis and Hemostasis, Nara Medical University[3]（東京大学大学院総合文化研究科広域科学専攻[1]／株式会社リンクバイオ[2]／奈良県立医科大学血栓止血医薬生物学[3]）

託合成会社の数が増大し，DNA合成のコストの低価格化につながった．10〜20塩基程度の短いDNAであれば，インターネットで注文した塩基配列が翌日に安価に手に入る時代になった（RNAの場合，DNAよりも高額で納期が長い）．核酸アプタマーは一本鎖の核酸であるため，配列が同定済であればプライマーを購入するのと同じ方法で受託合成会社から入手することができる．

2 RNAアプタマーの登場

1990年に2つの研究グループがほぼ同時にSELEX法を用いて核酸アプタマーを獲得し，論文誌上で報告した．Craig TuerkとLarry GoldらはDNAポリメラーゼに結合するRNAアプタマーの選抜を[1]，Andrew D. EllingtonとJack W. Szostakらはアデノシン三リン酸（ATP）に結合するRNAアプタマーの選抜を行った[2]．論文がpublishされた日はGoldらの方が1カ月ほど早いが，acceptになった日はSzostakらの方が1日早い．また，SELEX法の原理を確認するためのProof of Concept的な実験であったため，両者とも最初の標的分子として選んだ分子が核酸との相互作用が期待できる核酸関連分子であったこと，一方で，両者が選択した標的分子は酵素と低分子化合物という異なる大きさの分子であった点は興味深い．両論文の発表の後，核酸非関連分子も含めた低分子，タンパク質，細胞，菌などに結合するアプタマーが続々と報告されることになる．

3 RNAアプタマー薬

2024年5月の時点で承認済の核酸アプタマー薬は2品目あり，両薬剤ともに眼疾患に対する局所投与型の薬である[3]．2004年に米国で承認されたPegaptanib（商標名：Macugen）と，2023年に米国で承認されたAvacincaptad pegol（商標名：Izervay）は，両薬剤ともRNAアプタマーで，対象疾患は加齢黄斑変性症（age-related macular degeneration：AMD）という眼疾患である．AMDは，主に高齢者に発症する網膜の中心部である黄斑の退行性疾患で，視力の低下や視野の中心が見えにくくなる疾患である．AMDには，滲

出型（湿性AMD）と萎縮型（乾性AMD）の2種類があり，世界全体では滲出型が全体の10％を占めており，残りの90％が萎縮型である．興味深いことに，患者数が少ない滲出型AMDの市場は萎縮型AMDよりも大きく，2024年までに104億ドルに達する見込みであるが，同市場は競合薬が多い[4]．Macugenの標的分子はVEGF（血管内皮増殖因子）で，対象疾患は市場規模が大きいが対抗薬が多い滲出型AMDである．一方，Izervayの標的分子は補体系の分子で，対象疾患は萎縮型AMDである．萎縮型AMDの市場は，現時点では滲出型AMDに比べると小さいが治療薬は少なく，Izervayを含めて2品目程度しかない．両アプタマー薬の背景にある創薬開発戦略も非常に興味深いものがある．以下に，上記2つのRNAアプタマーの化学構造に関して解説する．

1）Macugen[5]

加齢黄斑変性症の治療薬として2004年に米国で承認されたPegaptanib（商標名：Macugen）は27塩基の一本鎖RNAからなるアプタマーである．Gold博士が共同創始者となったNeXstar Pharmaceuticals社（1999年にギリアド・サイエンシズ社と合併）が開発したRNAアプタマーが，滲出型AMDの治療薬Macugenとして上市され，世界初のアプタマー薬として大きなインパクトを与えた．標的分子は，新生血管の形成を促進するシグナル分子である血管内皮増殖因子（VEGF）165である．同アプタマーはVEGF165と受容体（VEGFR）との結合を阻害することで，滲出型AMDにおける病的血管新生の病態進行を抑制する．

図1に，FDAで開示されているMacugenの二次構造とヌクレオチド構造を示す[6]．Macugenはポリエチレングリコール（PEG）が5′末端に修飾されたRNAアプタマーであり，生体内における滞留時間（半減期）が延長するように工夫されている．また，エキソヌクレアーゼ耐性を向上させるため，3′末端はreverse dTを修飾して5′末端化している．末端以外も化学修飾が施されている．核酸塩基に糖とリン酸部位を加えた1ユニットをヌクレオチドとよぶが，Macugenがもつ27のヌクレオチドのうち天然型のヌクレオチドはわずか2つである（4番目と5番目のアデノシンヌクレオチド）．残りの25個のヌクレオチドでは，エンドヌクレアーゼ耐性を向上させるため，糖の2′位にヒドロキシ

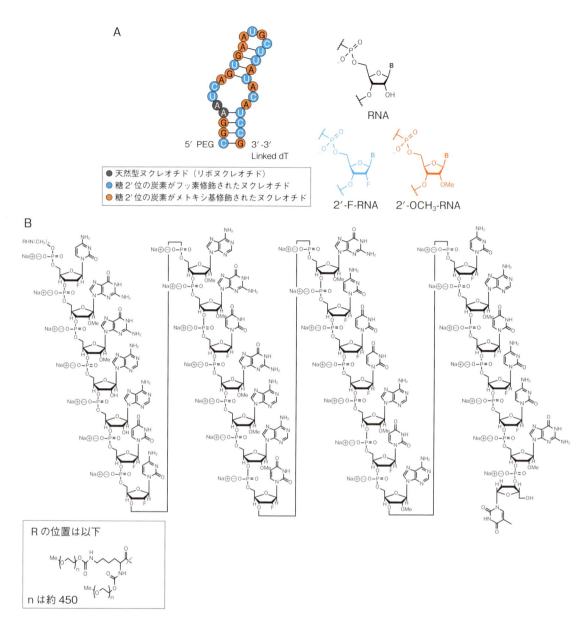

図1 Macugenの二次構造と構成ヌクレオチド
A) 文献5をもとに作成．B) 文献6より引用．

ル基（−OH基）の替わりにフッ素（F）やメトキシ基（MeO）が修飾されている．同修飾はアプタマーのVEGFに対する結合親和性を向上させる効果があることも確認されている．つまり，MacugenはRNAアプタマーであるが，両末端と糖の部分に多数の化学修飾が導入された"サイボーグRNAアプタマー"である．多数の化学修飾を施していることで，残念ながらタンパク質よりも大幅に製造コストが低いという核酸アプタマーのメリットが失われているが[7]，タンパク質のように低温で管理する必要はなく，Macugenは常温で18時間以上ヒト血漿中において安定であることが確認されている．薬物動態試験では，静脈内投与後の半減期が9.3時間，皮下投与後の半減期が12時間であることが確認され，硝子体内投与後少なくとも28日間眼の硝子体液で検出できることなども明らかとなった．販売当初の売上は好調だったものの，後発の抗体ベース

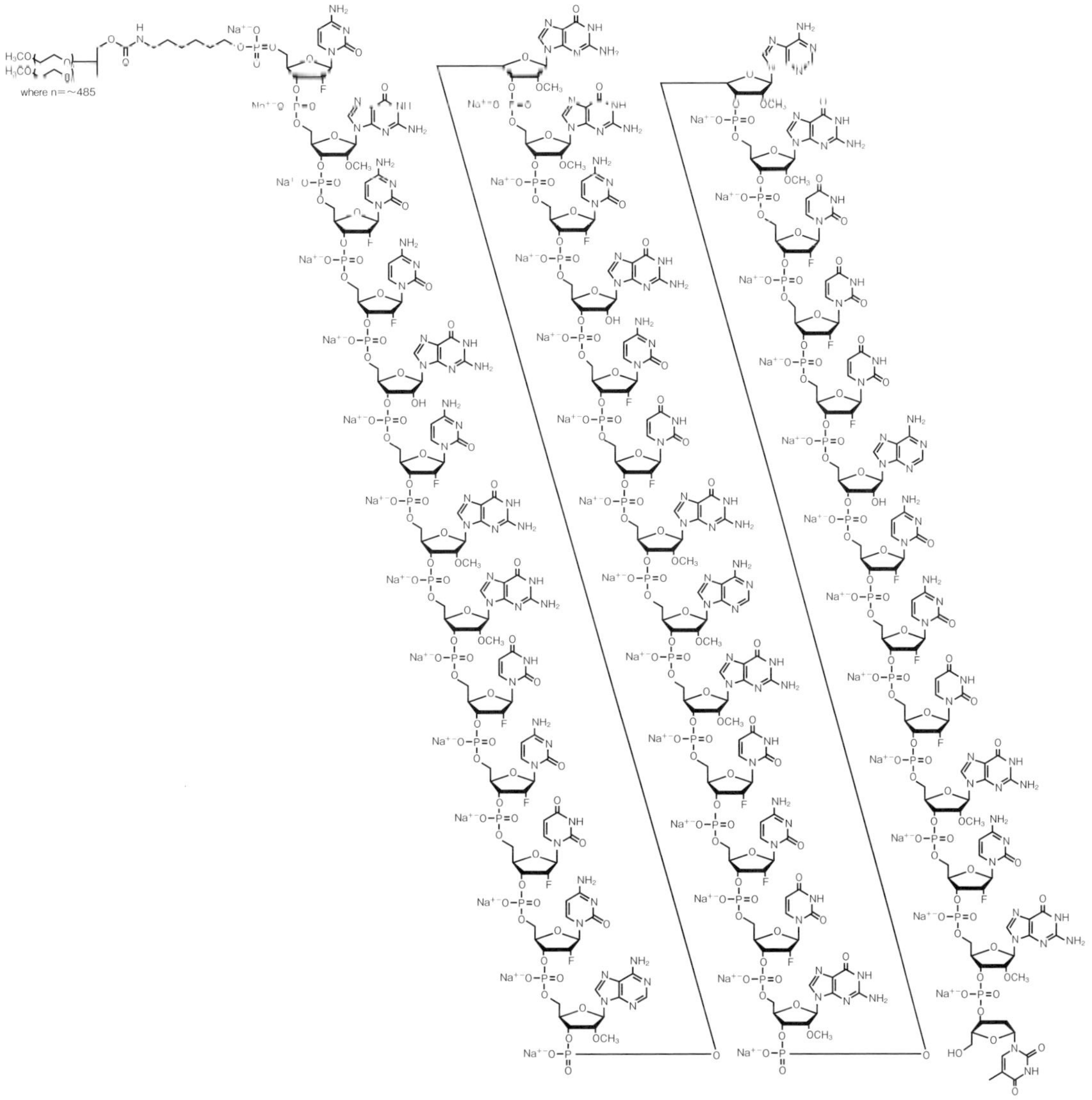

図2　Izervayのヌクレオチドの構造
文献10より引用.

の抗VEGF薬が市場に参入してきたため，2010年頃からMacugenの売り上げは大きく低下し，現在，抗VEGF薬で最も売り上げを上げているのは2011年に承認されたRegeneron/Bayer社の抗体医薬アフリベルセプトとなっている[8].

2）Izervay[9]

2023年に米国で承認されたAvacincaptad pegol（商標名：Izervay）は39塩基の一本鎖RNAからなるアプタマーである．AMDは，黄斑部における慢性的な炎

症と細胞傷害が特徴の疾患で，同薬剤は地理的萎縮（GA）を伴う萎縮型AMDの治療薬として市場投入された．同アプタマーは，補体システムの一部であるC5成分に結合することによって作用する．同薬剤が結合することでC5の分解を防ぎ，炎症性サイトカインの放出と補体系の過剰活性化を抑制する結果，黄斑部での慢性的な炎症と細胞傷害を軽減し，AMDの進行を遅らせる．**図2**に，FDAで開示されているIzervayのヌクレオチド構造を示す[10]．Izervayの39のヌクレオチ

ドのうち天然型のヌクレオチドはわずか2つであり，Macugenと同様，PEGが5′末端に修飾され，3′末端はreverse dTで5′末端化されている．37のヌクレオチドは，糖の2′位にFやMeOが修飾されている．Macugenと同様，Izervayもまた"サイボーグRNAアプタマー"である．アプタマーの一塩基変異体などの結合親和性や薬効スクリーニングなどの配列最適化も行っている場合，研究開発段階での合成・製造費用は到底アカデミアレベルで賄えるものではないことが容易に予想できる．比較的新しい薬剤であるため，同薬剤の市場におけるシェアの変遷については，今後の経過を注意深く見守りたい．

4 DNAアプタマーによる創薬研究

1）RNAアプタマーとDNAアプタマー

GoldらとSzostakらのグループから最初のRNAアプタマーが報告された2年後，血液凝固因子であるトロンビンに結合するDNAアプタマー[11]をBockらのグループが，また低分子量の色素分子に結合するDNAアプタマー[12]がSzostakらのグループによって報告された．これがDNAアプタマーの最初の報告である．

核酸アプタマーを選抜するSELEX法は，一本鎖RNAライブラリーの替わりに一本鎖DNAライブラリーを用いても実施可能である．むしろ，DNAをライブラリーとして実施するSELEX法の方が，実験工程（逆転写の工程）が1つ減るので難易度が若干低くなる．核酸アプタマーの最初の報告がRNAアプタマーであったという事実は，生命のセントラルドグマにおける役割の違い，すなわち"生命の設計図"として二重鎖構造で存在するDNAよりも，"タンパク質合成の仲介者"の役割を担う一本鎖RNAの方が分子認識素子として優れている，と彼らが考えたからであろう．RNAの構造は，糖の2′位にヒドロキシル基（-OH基）が存在し，DNAよりも水素結合などを介して内部相互作用を形成しやすいため，DNAよりも多様な高次構造を形成する可能性は高い．しかし，2′位に-OH基がないことは，DNAアプタマーが分子認識素子として適さない決定的な理由とはならない．事実，高い結合親和性や複雑な高次構造をもつDNAアプタマーも多数報告されている．後述する著者らが獲得した抗トロンビンDNAアプタマーM08も，複雑な高次構造をもつDNAアプタマーの1つである．

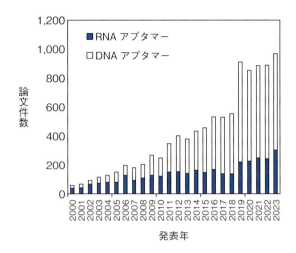

図3 2000～2023年における核酸アプタマーの研究論文数の推移

製造面にフォーカスすると，DNAアプタマーの方がRNAよりも安価に化学合成でき，生体の核酸分解酵素に対する耐性も高いため，特に1塩基～数塩基レベルの塩基配列の構造最適化が必要な研究開発ステージや治験ステージでは，分子・原薬の製造・保存面でDNAアプタマーの方に大きなアドバンテージがある．事実，最近では，RNAアプタマーよりもDNAアプタマーの研究開発の方が精力的に行われている．**図3**は，著者らがScifinderを用いて核酸アプタマー研究に関する論文数の推移を調査した結果であるが，核酸アプタマーの論文発表件数は年々右肩上がりに増加していることがわかる．さらに，2010年頃からDNAアプタマーに関する論文数がRNAアプタマーの論文数を上回り，最近5年間では全体の約7割程度がDNAアプタマーの論文であることがわかる．核酸アプタマーの用途は，治療薬のほかに，診断薬やセンサー素子，DNAオリガミなどの分析化学やナノ材料に関する研究などが含まれている．DNAがもつ分解耐性や製造におけるコストパフォーマンスの特長は魅力的であり，医療分野を含むさまざまな分野でRNAアプタマーよりもDNAアプタマーの方が選択されていることは，分子認識素子としてDNAはRNAに劣っていないことを示している．

2）核酸アプタマーの"相補鎖"を中和剤として活用する

現在上市されている創薬モダリティの多くは、低分子化合物やタンパク質である。核酸アプタマーが保有する、他の薬剤モダリティにはない大きな特徴の1つに"相補鎖配列をもつ"ことが挙げられる。核酸塩基間の水素結合やスタッキングなどの非共有結合が駆動力となり、相補鎖同士は二重鎖を形成する。核酸アプタマーの分子認識能は、一本鎖核酸が形成する高次構造に由来するため、アプタマーの塩基配列と相補な一本鎖配列を添加すると、アプタマーの高次構造は崩れ、二重鎖核酸を形成する。すなわち、核酸アプタマーの相補鎖は、アプタマーを標的分子から解離させ、薬理作用の停止（中和）を可能とする。中和剤が存在する治療薬はいくつかある。例えば、中毒量の薬剤物質を摂取した場合に解毒剤として投与する中和剤（ナロキソン、アセチルシステインなど）や、血栓症予防・治療時に使用する抗凝薬が引き起こす出血症状を緩和・停止するための中和剤（プロタミン硫酸塩、イダルシズマブなど）があるが、薬剤が発見・開発されたのと同時に中和剤が存在したわけではない。一方、核酸アプタマーの場合、塩基配列から相補塩基配列の設計は容易に可能であるため、ある標的分子に結合する核酸アプタマーが取れた時点で中和剤も一緒に獲得できることになる。これは核酸アプタマーが誇る、他のモダリティにはない大きな特長であると言える。

中和剤の重要性がきわめて高い疾患の1つとして、血栓症が挙げられる。血栓形成反応は外傷などによる出血を止めるために必要な生体防御反応である。しかし、過剰な血栓形成が時として血栓により血流を途絶させてしまう血栓症を引き起こすことがある。心筋梗塞や脳梗塞などの動脈血栓症、深部静脈血栓症や肺塞栓症などの静脈血栓症がよく知られている。このような血栓症（特に静脈血栓症）を予防・治療するために抗凝固薬が用いられるが本来の血栓形成能を低下させる抗凝固薬の使用には出血リスクが伴う。抗凝固薬使用中の出血は、時として生命を脅かす重篤なものとなることがある。投与後のオーダーメードな薬効制御が可能となる中和剤は、血栓症治療における安全性を大きく向上させることができる重要な役割を担う。

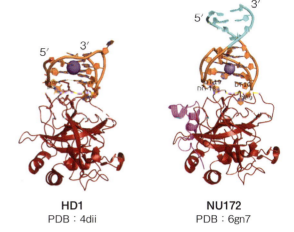

図4　抗トロンビンDNAアプタマーの構造

3）血栓症治療薬としての抗トロンビンDNAアプタマー

核酸アプタマーの特長をまとめると、①製造コストが安価、②高い保存安定性（輸送・保管時の低温管理が不用）、③相補鎖で薬効の調節（中和）が可能、などとなる。特に③は、抗凝固薬利用時に懸念される出血リスクを低減することができる核酸アプタマー特有のもので、安全性の高い血栓症治療の開発につながる。核酸アプタマー薬の特長の1つである中和剤に気が付いた研究者らは、血栓症治療薬としての核酸アプタマー薬の開発に精力的に取り組んでいる。例えば、Liuらの総説[13]には血液凝固因子に対するアプタマー研究の開発状況がまとめられているので、興味のある方は参照していただきたい。

血液凝固因子であるトロンビンはフィブリノーゲンを基質とするセリンプロテアーゼであり、フィブリノーゲンを限定分解し不溶性のフィブリンを生成することで血栓形成に寄与する。トロンビンに結合し、トロンビン-フィブリノーゲンの結合を阻害する薬は血液凝固反応の進行を妨げ、血栓症の予防・治療薬となりうる。トロンビンに結合するDNAアプタマーは、1992年にBockらのグループによって15塩基配列からなるTBA15がSELEX法で発見され、抗凝固薬HD1として開発された。Phase Iで開発中止となったが、その後、HD1の構造を改良することでトロンビンに対する結合親和性が大きく改善されたNU172が開発された。**図4**

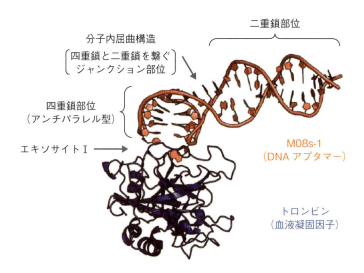

図5 抗トロンビンDNAアプタマーM08s-1とトロンビン複合体の結晶構造
(Protein data bank: 8BW5)

にX線結晶構造解析の結果から明らかとなったHD1とNU172の高次構造を示す．両アプタマーはともに保有する四重鎖構造でトロンビンと結合するが，トロンビンに対する結合親和性はNU172の方がHD1よりも約10倍程度高い．図4のシアンで示したNU172のステム構造の存在がHD1との大きな違いであるが，同ステム構造がトロンビンと結合している四重鎖構造の熱力学的安定性を向上させることでトロンビンとの結合親和性が向上したと推測される．2013年にNU172も抗凝固薬としてPhase Ⅱの治験がスタートしたが，その後の進捗については報告がない[14]．

著者らの研究グループは，独自に開発した核酸アプタマー選抜法MACE®-SELEX（東京大学とリンクバイオ社の共同特許技術，WO2017126646A1）を用い，これまでにタンパク質や低分子に結合する複数のDNAアプタマーの獲得に成功している[15]～[18]．なかでも，トロンビンに対して結合親和性をもつ10個のDNAアプタマー群・Mシリーズの獲得に成功し，DNAアプタマー史上最高の抗凝固作用を示すM08を発見した[15]．興味深いことに，M08のトロンビンに対する結合親和性は，NU172と同レベルであったが，in vitroにおける抗凝固活性はNU172を凌駕していた．同アプタマーの高い抗凝固活性の要因を明らかとするため，イタリア・ナポリ大学のグループと共同でX線結晶構造解析を行い，M08の短鎖化体（M08s-1）とトロンビンとの複合体の構造を明らかにした（図5）．その結果，M08s-1は，図4で示した既報の抗トロンビンDNAアプタマーにはないユニークな分子内屈曲構造をもつこと，さらに同構造が立体障害的に働き，フィブリノーゲンのトロンビンへの結合を効果的に抑制していることがわかった[19]．つまり，DNAアプタマーが形成するユニークな高次構造が高い薬理活性の要因であり，DNAであっても優れた性能をもつ結合性分子として機能することがわかる．著者らの研究グループは，既存薬が利用できない血栓症や指定難病の血栓症に対する抗凝固薬としてM08s-1を含む二重特異性DNAアプタマーの開発を現在進めているところである[20]．

5 核酸アプタマー薬の開発における課題と展望

抗体医薬品ムロモナブが1986年に世界で初めて承認された後，2つ目と3つ目の抗体医薬品ダグリズマブとリツキシマブが承認されたのは10年後の1997年であった．一方，核酸アプタマー薬の場合，最初にMacugenが承認されてから約20年後の2023年に2つ目のIzervayが承認された．同じ分子標的薬である抗体医薬品の歴史と比較してみるとわかるように，核酸アプタマー薬の産業界における開発進捗速度は非常に遅く，この20年間で産業界における核酸アプタマーに対する

期待感は大きく低下した印象が強い．核酸アプタマーの創薬モダリティとしての地位を回復・向上させるためには，今後，できるだけ多くの核酸アプタマーを短期間で承認・上市させる必要があると著者らは考える．

　産業界における核酸アプタマーの開発停滞の理由の1つとして，特許による制約があったことが挙げられる．GoldらのSELEX技術の特許が2013年に期限切れとなるまで，多くの企業は同技術を使用するために多額の費用の準備・捻出が必要であったため，研究開発が制限されていた．現在では，従来型SELEX法は自由に使える状況であり，またアプタマーの獲得成功率が大きく向上した改良型SELEX法もいくつか考案されている．核酸アプタマー探索や獲得した核酸アプタマーをソリューションとするベンチャーや企業なども海外を中心に複数存在する．核酸の製造コストや安定性の問題も新技術により改善されつつあるが，創薬市場にはすでに抗体という類似モダリティが存在するため，まだ長い道のりであることは間違いない．製造コストが高いサイボーグRNAをベースとした創薬開発戦略は，多額の資金が必要となるため研究開発が停滞しやすいというリスクがある．アプタマー熱がまだ冷めやらぬアカデミアを巻き込んでの研究開発を推進するためには，まずは製造面で大きなメリットがある天然型のDNAアプタマーで市場開拓に挑戦することが，現実的かつ効果的な筋道であると著者らは考える．核酸のホスホロチオエート（PS）化や，本稿でも取り上げた糖への化学修飾などは，標的分子に対する結合親和性を向上するという副産物的な効果が発生するが，標的分子への結合選択性が保証されるわけではなく，例えばPS化されたアンチセンス核酸は非標的分子である多くの血漿タンパク質と強く結合することが知られている[21]．化学修飾を利用しない天然型アプタマーの結合親和性向上のアプローチの1つとして，アプタマーの多価化がある．また，エキソヌクレアーゼ耐性を向上させたければ，四重鎖構造などの非ワトソン・クリック塩基対部位を配列末端に導入すればよい[22]．MacugenやIzervayに施されていたPEG修飾は，抗凝固薬アプタマーとして開発されていたRNAアプタマーREG1にも行われたが，治験中止の要因となっている．REG1は第Ⅸ因子を標的分子とする抗凝固薬として開発されたが，PhaseⅢにおける治験でpre-existing抗PEG抗体が関与するアナフィラキシー様反応が報告され，残念ながらPhaseⅢで治験が中止となっている[23)24)]．PEGは化粧品，飲み薬，一部のコロナワクチンなどに含まれており，pre-existing抗PEG抗体を保有する人は多い．治験を行う際に事前に治験対象から排除するということも可能であろうが，やはりまだ若いモダリティである核酸アプタマーに化学修飾はリスクが高いのではないだろうか．

おわりに

　以上のように，産業界での開発が停滞していた一方で，核酸アプタマーに関する知見や研究成果が，特許制約がおよびにくいアカデミアを中心に蓄積されてきた．このような新しい知見や手法を積極的に活用しつつ，大学や研究機関で大学や研究機関での教育プログラムを充実させ，核酸アプタマー開発に携わる人材を増やすことも，核酸アプタマーの創薬を最短・最速成功させるための重要な視点であると考える．

文献

1）Tuerk C & Gold L：Science, 249：505-510, doi:10.1126/science.2200121（1990）
2）Ellington AD & Szostak JW：Nature, 346：818-822, doi:10.1038/346818a0（1990）
3）Hristodorov D, et al：Prog Retin Eye Res, 99：101243, doi:10.1016/j.preteyeres.2024.101243（2024）
4）https://www.psmarketresearch.com/market-analysis/wet-age-related-macular-degeneration-market
5）Ng EW, et al：Nat Rev Drug Discov, 5：123-132, doi:10.1038/nrd1955（2006）
6）https://www.accessdata.fda.gov/drugsatfda_docs/nda/2004/21-756_Macugen.cfm
7）Colquitt JL, et al：Health Technol Assess, 12：iii-iv, ix, doi:10.3310/hta12160（2008）
8）https://www.biochempeg.com/article/379.html
9）Mullard A：Nat Rev Drug Discov, 22：774, doi:10.1038/d41573-023-00148-z（2023）
10）https://www.accessdata.fda.gov/drugsatfda_docs/nda/2023/217225Orig1s000TOC.cfm
11）Bock LC, et al：Nature, 355：564-566, doi:10.1038/355564a0（1992）
12）Ellington AD & Szostak JW：Nature, 355：850-852, doi:10.1038/355850a0（1992）
13）Liu M, et al：Int J Mol Sci, 22：3897, doi:10.3390/ijms22083897（2021）
14）https://clinicaltrials.gov/study/NCT00808964
15）Wakui K, et al：Mol Ther Nucleic Acids, 16：348-359, doi:10.1016/j.omtn.2019.03.002（2019）

16) Wakui K, et al：Anal Sci, 35：585-588, doi:10.2116/analsci. 18SDN04（2019）

17) Nagano M, et al：Chembiochem, 22：3341-3347, doi:10. 1002/cbic.202100478（2021）

18) Nagano M, et al：Anal Chem, 94：17255-17262, doi:10. 1021/acs.analchem.2c04182（2022）

19) Troisi R, et al：Nucleic Acids Res, 51：8880-8890, doi:10. 1093/nar/gkad634（2023）

20) Nagano M, et al：Mol Ther Nucleic Acids, 33：762-772, doi:10.1016/j.omtn.2023.07.038（2023）

21) Crooke ST, et al：Nucleic Acids Res, 48：5235-5253, doi:10.1093/nar/gkaa299（2020）

22) Yoshitomi T, et al：Mol Ther Nucleic Acids, 19：1145-1152, doi:10.1016/j.omtn.2019.12.034（2020）

23) Povsic TJ, et al：J Allergy Clin Immunol, 138：1712-1715, doi:10.1016/j.jaci.2016.04.058（2016）

24) Ganson NJ, et al：J Allergy Clin Immunol, 137：1610-1613. e7, doi:10.1016/j.jaci.2015.10.034（2016）

＜筆頭著者プロフィール＞

吉本敬太郎：東京大学大学院総合文化研究科広域科学専攻生命環境科学系・准教授. 2004年に東北大学で博士（理学）を取得後, 理化学研究所・基礎科学特別研究員, 筑波大学・講師を経て'10年より現職.'16〜'20年科学技術振興機構（JST）・さきがけ研究員.'21年より株式会社リンクバイオ・取締役兼最高技術責任者. 専門は核酸の分子認識科学を軸とする生体関連分子の分析, 創薬, 高分子界面の開発など.

第3章 RNAを"使う"──RNAを使い細胞を操作する

3. ブリッジRNA依存性 IS110リコンビナーゼの発見，機能，構造，応用

西増弘志

最近，筆者らは，IS110リコンビナーゼがブリッジRNAと協働し，ブリッジRNAと相補的な2分子のDNAの間の組換えを触媒する「プログラム可能な」DNA組換え酵素であることを発見した．本稿では，IS110ブリッジRNAシステムの発見，その作動メカニズム，および，応用技術について紹介する．

はじめに

「動く遺伝子」トランスポゾンは，ゲノム内を移動する遺伝因子であり，1950年代にバーバラ・マクリントックによって発見された[1]（1983年ノーベル生理学・医学賞）．トランスポゾンは，自身のコピーをゲノム内の別の位置に挿入することで，ゲノムの構造と機能に影響を与えるため，生物の進化やゲノムの多様性において重要な役割を果たしている．例えば，ヒトゲノムの約40％はトランスポゾン由来の配列で占められている．トランスポゾンはDNA型トランスポゾンとRNA型トランスポゾン（レトロトランスポゾン）に分類され，その転移メカニズムは長年にわたって研究されてきた[2]．しかし，その複雑性と多様性から，未解明な

点も多く残されている．また，トランスポゾンの転移を触媒する酵素はユニークな性質をもつため，長鎖DNA組込みなどのゲノム編集技術への応用においても注目されている．

1 IS110ファミリー因子

DNA型トランスポゾンは，「カット＆ペースト」メカニズムを用いてゲノム内を移動する．通常のDNA型トランスポゾンは，自身の転移を触媒する酵素（トランスポザーゼ）の遺伝子と両末端の逆向き反復（TIR：terminal inverted repeat）配列からなる．トランスポゾンから転写・翻訳されたトランスポザーゼはTIR配列を認識しトランスポゾン配列を切り出し，ゲノムDNAの異なる領域に挿入する[2]．挿入配列（IS：insertion sequence）因子は，原核生物のゲノムに存在する小型の転移因子であり，トランスポザーゼ遺伝子とTIR配列から構成される[3]．IS因子は，トランスポザーゼの種類や転移メカニズムの違いに基づき，約30

[略語]
IS：insertion sequence（挿入配列）
TIR：terminal inverted repeat（逆向き反復配列）

Discovery, function, structure, and application of bridge RNA-guided IS110 recombinases
Hiroshi Nishimasu：RCAST, The University of Tokyo（東京大学先端科学技術研究センター）

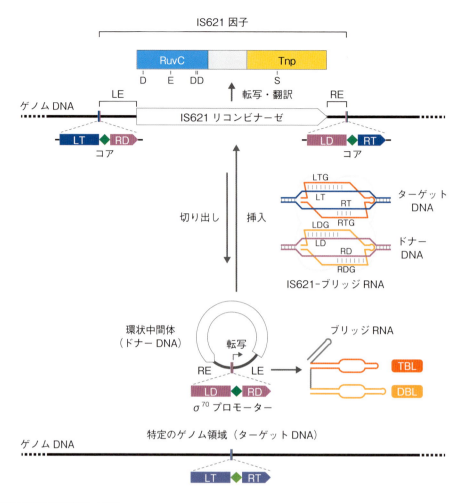

図1　IS621因子の転移サイクル
IS621因子が環状DNA中間体として切り出されるメカニズムは不明であり，今後の研究が待たれる．文献7をもとに作成．

のファミリーに分類される．通常のIS因子と異なり，大腸菌由来IS621因子を含むIS110ファミリー因子は，環状DNA中間体としてゲノムDNAから切り出され，特定の配列（ターゲット配列）をもつゲノム領域に転移する[4]（図1）．したがって，IS110ファミリー因子の転移を触媒する酵素は，標的DNAに対する特異性の低いトランスポザーゼではなく，Creなどの部位特異的リコンビナーゼに近い性質をもつため，リコンビナーゼに分類される．他のトランスポザーゼやリコンビナーゼと異なり，IS110ファミリーリコンビナーゼは特徴的なDEDDモチーフ（Asp-Glu-Asp-Asp）を含むRuvCドメイン，および，保存されたセリン残基を含むTnpドメインをもつ[5]（図1）．このような特徴から，IS110ファミリー因子の転移メカニズムは既知のIS因子と異なることが示唆されていたが，その詳細は不明だった．

2 ブリッジRNAの発見

大腸菌由来のIS621因子はIS110ファミリー因子に分類され，レフトエンド（LE），IS621リコンビナーゼ遺伝子，ライトエンド（RE）から構成される[5]（図1）．IS621因子の環状DNA中間体（ドナーDNA：dDNA）はレフトドナー（LD）配列，コア配列（シトシンとチミンの2塩基），ライトドナー（RD）配列をもつ（図1）．一方，転移先のゲノム領域（ターゲットDNA：

tDNA）はレフトターゲット（LT）配列，コア配列，ライトターゲット（RT）配列をもつ（**図1**）．dDNAとtDNAの間の組換え反応はコア配列の付近で起こる（**図1**）．しかし，IS621因子を含むIS110ファミリー因子の転移メカニズムは謎に包まれていた．

筆者らはArc研究所のPatrick D. Hsu博士らとの共同研究により，IS621因子が，IS621リコンビナーゼに加え，非コードRNA（ブリッジRNAと命名した）を産生すること，および，IS621リコンビナーゼはブリッジRNAと複合体を形成し，ブリッジRNAと相補的なdDNAおよびtDNAの間の組換え反応を触媒することを発見した[6]（**図1**）．まず，RNA-seq解析により，環状DNA中間体のRE-LEジャンクションから177塩基長のブリッジRNAが転写されることが明らかになった．注目すべきことに，環状DNA中間体が形成されると，σ^{70}プロモーターが再構成されるため，ブリッジRNAの転写が誘導される．

塩基配列解析から，ブリッジRNAはドナー結合ループ（DBL）およびターゲット結合ループ（TBL）と命名した2つのループ領域をもつことが明らかになった（**図1**）．さらに，バイオインフォマティクス解析から，TBLのレフトターゲットガイド（LTG）領域とライトターゲットガイド（RTG）領域はtDNAのボトム鎖（BS：bottom strand）に含まれるレフトターゲット（LT）領域，トップ鎖（TS：top strand）に含まれるライトターゲット（RT）領域とそれぞれ塩基相補性をもつ一方，DBLのレフトドナーガイド（LDG）領域とライトドナーガイド（RDG）領域はdDNAのレフトドナー（LD）領域，ライトドナー（RD）領域とそれぞれ塩基相補性をもつことが明らかになった（**図1**）．機能解析により，IS621リコンビナーゼはブリッジRNAと複合体を形成し，TBLおよびDBLと相補的な配列をもつtDNAおよびdDNAの間の組換え反応を触媒することが確認された（**図1**）．重要なことに，TBLとDBLのガイド配列は変更可能であるため，IS621リコンビナーゼとブリッジRNAを用いると，さまざまな塩基配列をもつtDNAとdDNAの間の組換えが可能である．以上の結果から，IS621リコンビナーゼは従来の常識を覆す「プログラム可能な」RNA依存性DNA組換え酵素であることが明らかになった．

3 IS621複合体の立体構造

機能解析の結果，IS621リコンビナーゼはブリッジRNAと協働して，dDNAとtDNAを認識し，2本の二本鎖DNA（4本のDNA鎖）の切断・交換・結合という複雑な反応を触媒することが示唆された．Cas9はガイドRNAと協働してtDNAを認識し，2本のDNA鎖を切断するが，Cas9と比較してもIS621リコンビナーゼが触媒する反応は複雑であるため，そのメカニズムは想像すらできなかった．そこで，筆者らはそのDNA組換えメカニズムの解明をめざし，クライオ電子顕微鏡解析を用いて，IS621リコンビナーゼ-ブリッジRNA-dDNA-tDNA複合体の立体構造を決定した[7]（**図2**）．この複合体には，4分子のIS621リコンビナーゼ（IS621.1～IS621.4と命名），TBL，DBL，tDNA，および，dDNAが含まれていた．ブリッジRNAの5′ステム領域とリンカー領域の密度が弱かったことから，これらの領域はフレキシブルであることが示唆された．また，TBLとDBLはそれぞれ別のブリッジRNA分子に由来することが明らかになった．2分子のIS621リコンビナーゼ（IS621.1/IS621.2およびIS621.3/IS621.4）からなる二量体が，それぞれTBLおよびDBLに結合し，tDNAおよびdDNAを認識していた．IS621リコンビナーゼはRuvCドメイン，コイルドコイル（CC）ドメイン，Tnpドメインから構成されていた．RuvCドメインの活性部位は保存された4つのアミノ酸残基（D11, E60, D102, D105）をもつ一方，Tnpドメインは触媒セリン残基S241を含んでいた．

機能解析の結果と一致して，TBLおよびDBLはそれぞれtDNAおよびdDNAと塩基対を形成していた（**図3**）．予想外なことに，IS621.1とIS621.2は別の二量体に含まれるIS621.4とIS621.3とそれぞれ活性部位を形成していた（**図2**）．IS621.1のRuvCドメイン（RuvC.1）とIS621.4のTnpドメイン（Tnp.4）が形成する活性部位では，tDNAのトップ鎖が切断され，Tnp.4のS241はtDNAのA10と5′-ホスホセリン共有結合中間体を形成し，3′-ヒドロキシ基をもつT9が生成していた（**図3**）．同様に，RuvC.3とTnp.2が形成する活性部位において，dDNAのトップ鎖が切断され，Tnp.2のS241とdDNAのT10が共有結合中間体を形成し，3′-ヒドロキシ基をもつT9が生成していた（**図

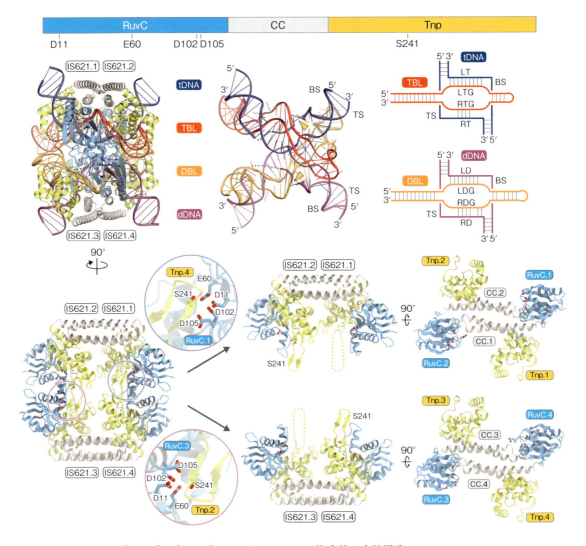

図2　IS621リコンビナーゼ-ブリッジRNA-dDNA-tDNA複合体の立体構造
下段にはIS621リコンビナーゼのみを示した．DNA切断部位を黄色の三角形（◁）で示した．文献7をもとに作成．

3）．活性部位の形成に関与していないTnp.1およびTnp.3のS241は特定の構造をとらずゆらいでいた．以上の結果から，この複合体構造はtDNAおよびdDNAのトップ鎖が切断され，交換される直前の状態であることが明らかになった．

4 DNA組換えメカニズム

切断されたtDNAおよびdDNAのトップ鎖はどのように交換されるのだろうか？既知のリコンビナーゼに関する文献を調査したところ，チロシンリコンビナーゼであるCreとIS621との間の予想外の類似性に気づいた．Creは特定の塩基配列（*loxP*）をもつ2分子のDNAを認識し，それらの間の組換え反応を触媒する[8]．CreはIS621とアミノ酸配列の類似性をもたないが，IS621と同様に，四量体として2分子のDNAに結合し基質DNAのトップ鎖を切断する．IS621と異なり，Creはチロシン残基を用いて2本のトップ鎖を切断し，3′-ホスホチロシン共有結合中間体と5′-ヒドロキシ基が生成される．次に，この5′-ヒドロキシ基が，もう一方のトップ鎖の3′-ホスホチロシン共有結合中間体に求核攻撃し，トップ鎖の再結合が起きる．この反応に

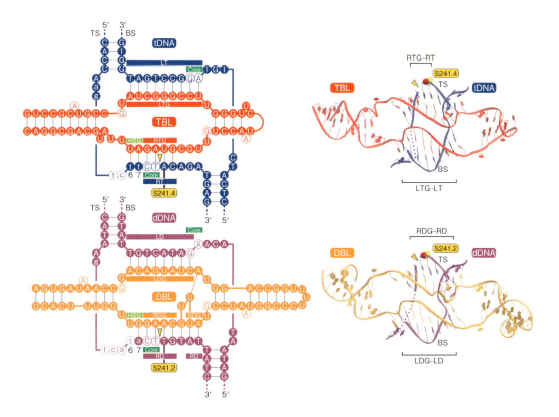

図3　ブリッジRNAによるdDNAおよびtDNA認識メカニズム
ブリッジRNAの5′ステム領域，リンカー領域は省略した．DNA切断部位を黄色の三角形（◀）で示した．構造解析のために導入したミスマッチ塩基を小文字で示した．構造中でゆらいでいた塩基を点線で示した．文献7をもとに作成．

より，トップ鎖が交換され，ホリデイジャンクション中間体が形成される．その後，同様にボトム鎖の切断，交換，再結合が起き，DNA組換え反応が完了する．したがって，IS621が触媒する組換え反応において，トップ鎖切断によって生じた3′-ヒドロキシ基が，反対側のトップ鎖の5′-ホスホセリン共有結合中間体に求核攻撃し，トップ鎖の再結合が起きると予想された．

さらに，トップ鎖（tDNAとdDNA）とブリッジRNA（TBLとDBL）との間の塩基対形成のパターンが交換効率に影響することが予想された．実際に，機能解析の結果，トップ鎖交換前にtDNAとdDNAの6～7位（コア配列の上流）がそれぞれTBLとDBLと塩基相補性をもつ場合（すなわちtDNA-TBL塩基対，dDNA-DBL塩基対が形成される場合），組換え反応が阻害された．一方，トップ鎖交換後にtDNAとdDNAの6～7位がそれぞれDBLとTBLと塩基相補性をもつ場合（すなわちtDNA-DBL塩基対，dDNA-TBL塩基

対が形成される場合），組換え反応が促進された．したがって，tDNAおよびdDNAの6～7位とTBLおよびDBLの間の塩基相補性が組換え効率を決定することが明らかになった．そこで，tDNAとdDNAの6～7位と塩基対形成するTBLおよびDBLの領域をhandshake guide（HSG）と命名した（図3）．

トップ鎖交換後にDBLおよびTBLのHSGとそれぞれ塩基対を形成するようなtDNAおよびdDNAを用いてクライオ電子顕微鏡解析を行った．その結果，トップ鎖交換後の2つの状態（ボトム鎖の切断前後の2状態）のIS621複合体の構造決定に成功した（図4）．2つの複合体構造において，tDNAおよびdDNAのトップ鎖の交換が起き，tDNAおよびdDNAの6～7位とコア配列（8～9位）はDBLおよびTBLと塩基対を形成し，tDNAとdDNAの間の再結合が起きていた．ボトム鎖の切断後の構造では，トップ鎖切断には関与していなかったRuvC.4/Tnp.1およびRuvC.2/Tnp.3が形

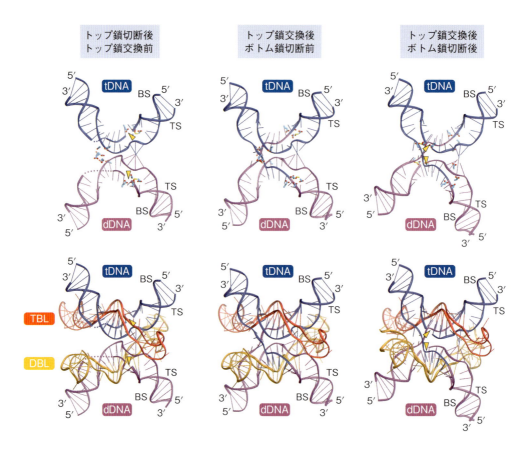

図4 IS621リコンビナーゼ-ブリッジRNA-dDNA-tDNA複合体の立体構造
見やすさのためIS621リコンビナーゼは示さず，DNAのみ（上段），DNAとRNAのみ（下段）を示した．DNA切断部位を黄色の三角形（◁）で示した．文献7をもとに作成．

成する活性部位によってボトム鎖が切断されていた．

これら3つの反応中間体の構造比較から，IS621リコンビナーゼがブリッジRNAと協働してtDNAとdDNAの間の組換え反応を触媒するメカニズムが明らかになった（図5）．まず，2分子のIS621リコンビナーゼがTBLとDBLに結合し，IS621-TBL二量体，IS621-DBL二量体が形成される．IS621-TBL，IS621-DBLはそれぞれtDNA，dDNAを認識し，IS621-TBL-tDNA，IS621-DBL-dDNAが形成される．その後，2つの複合体が組合わさりIS621-TBL-DBL-tDNA-dDNA複合体が形成される．複合体が形成されると，tDNAおよびdDNAのトップ鎖の切断・交換・再結合が起き，続いてボトム鎖の切断・交換が起こる．最終的に，ミスマッチ塩基が修復され，組換え反応が完了すると考えられる．

5 IS110ブリッジRNAシステムの応用

「プログラム可能な」IS110ブリッジRNAシステムは，CRISPR-Cas9では不可能だった長鎖DNA組込みを可能にする．現時点では，このシステムが哺乳類細胞で機能するかは不明だが，ゲノムの大規模欠失に起因する遺伝病などの治療やゲノムデザインといったさまざまな応用が期待される．

おわりに

IS621リコンビナーゼを含むIS110ファミリーリコンビナーゼはブリッジRNAと協働し，dDNAとtDNAを認識し，4本のDNA鎖のうち2本を切断・交換・結合した後，残りの2本を切断・交換するというきわめて複雑な反応を触媒する．このような酵素の存在は予期

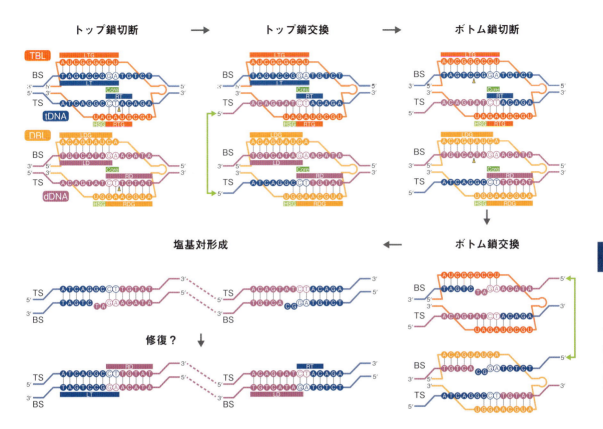

図5　IS621リコンビナーゼによるDNA組換えメカニズム
DNA切断部位を黄色の三角形（◁）で示した．文献7より引用．

されておらず，自然界にはわれわれの想像を超える酵素が存在することを再認識させられた．共同研究者であるPatrickとは彼がFeng Zhangラボの大学院生だったころからの知り合いであり，2014年のCRISPR-Cas9の結晶構造解析に関する論文[9]の共著者でもある．それから10年が経ち，互いに研究室を主宰することになり，新たな共同研究を通じて大きな発見を成し遂げることができたことを非常にうれしく思う．

文献

1) McClintock B：Proc Natl Acad Sci U S A, 36：344-355, doi:10.1073/pnas.36.6.344（1950）
2) Curcio MJ & Derbyshire KM：Nat Rev Mol Cell Biol, 4：865-877, doi:10.1038/nrm1241（2003）
3) Siguier P, et al：Microbiol Spectr, 3：MDNA3-0030-2014, doi:10.1128/microbiolspec.MDNA3-0030-2014（2015）
4) Perkins-Balding D, et al：J Bacteriol, 181：4937-4948, doi:10.1128/JB.181.16.4937-4948.1999（1999）
5) Choi S, et al：J Bacteriol, 185：4891-4900, doi:10.1128/JB.185.16.4891-4900.2003（2003）
6) Durrant MG, et al：Nature, 630：984-993, doi:10.1038/s41586-024-07552-4（2024）
7) Hiraizumi M, et al：Nature, 630：994-1002, doi:10.1038/s41586-024-07570-2（2024）
8) Meinke G, et al：Chem Rev, 116：12785-12820, doi:10.1021/acs.chemrev.6b00077（2016）
9) Nishimasu H, et al：Cell, 156：935-949, doi:10.1016/j.cell.2014.02.001（2014）

＜著者プロフィール＞
西増弘志：東京大学先端科学技術研究センター構造生命科学分野教授．東京大学大学院工学系研究科化学生命工学専攻教授（兼任）．2007年東京大学大学院農学生命科学研究科応用生命工学専攻博士課程修了．博士（農学）．東京工業大学大学院生命理工学研究科特任助教，東京大学医科学研究所基礎医科学部門助教，東京大学大学院理学系研究科生物科学専攻助教，同准教授などを経て'20年より現職．趣味はボクシング，食べ歩き．

> 第3章 RNAを"使う"―RNAを使い細胞を操作する

4. RNA合成生物学による細胞制御の新潮流

秦 悠己，齊藤博英

> RNAは，DNAからタンパク質への変換過程の中間物質にとどまらない，より多くの役割を担っ
> ていることがわかっている．特定のRNAは高度な三次構造を形成し，遺伝子発現の制御や触
> 媒作用を行う．こうした多様な特性を有するRNAは合成生物学において利用され，特定分子
> に応じて遺伝子発現を調整できるさまざまなRNAベースの細胞制御技術が開発されてきた．ま
> た，近年ではAIによる機能性RNA設計支援技術の発展も目覚ましく，新たな技術により既存
> のRNAによる細胞制御技術の課題を克服し，さらなる発展を遂げることが期待される．

はじめに

　分子生物学におけるセントラルドグマでは，DNAからタンパク質への変換過程の中間物質としてRNAが記述されている．しかし現代の生物学においてRNAが単なる中間物質以上の機能をもつことは明白である．タンパク質の鋳型以外の役割をもつRNAの多くは，遺伝子発現の制御において非常に重要な役割をはたす[1]．また特定のRNAは高度な三次構造を形成し，これにより特異的な分子認識や触媒作用を発揮することができる．リボザイムとよばれる触媒機能をもつRNA酵素はその典型例であり，リボザイムの発見はRNA分子が単なる情報伝達物質以上の生化学的役割をもつこ

[略語]
ADAR：adenosine deaminase acting on RNA（RNA脱アミノ化酵素）
IRES：internal ribosome entry site（内部リボソーム進入配列）

とを示す重要な証拠となっている．このようにさまざまな特性を有するRNAは，合成生物学のツールとして以前から利用されてきた[2]．特に，特定の分子に応じて目的遺伝子の発現を調節するシステムを設計することは，細胞の機能をオンデマンドで制御することにつながり，合成生物学において高い需要がある．

　本稿では初めに，RNAを用いた内在RNA応答の細胞制御技術について，われわれの取り組みも交えて解説する．その後，リボザイムをはじめとする機能性RNAによる細胞制御研究や，近年のAIを用いた機能性RNAを創出する取り組みについて紹介する．

1 RNA検出系

1）Toeholdスイッチ

　Toeholdスイッチとは塩基対の形成によって遺伝子発現を制御するシステムである[3]．ToeholdスイッチはレポーターをコードするスイッチRNAと，スイッ

New trends in cellular control through RNA synthetic biology
Yuki Hada[1,2]/Hirohide Saito[1,3]：Institute for Quantitative Biosciences, The University of Tokyo[1]/Graduate School of Engineering, The University of Tokyo[2]/Institute for Quantitative Biosciences, The University of Tokyo/Center for iPS Cell Research and Application, Kyoto University[3]（東京大学定量生命科学研究所[1]/東京大学大学院工学系研究科バイオエンジニアリング専攻[2]/京都大学iPS細胞研究所[3]）

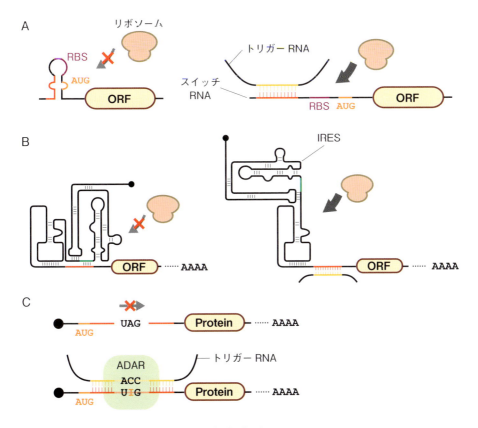

図1　ToeholdスイッチとADARによるRNA検出系の概略図
A) Toeholdスイッチの図．トリガーRNAの非存在下ではリボソーム結合部位（RBS）が隔離されオープンリーディングフレーム（ORF）の翻訳が行われないが，トリガーRNA存在下ではステムループの構造が崩れRBSが露出しORFの翻訳が行われる．**B**) eToeholdスイッチの図．トリガーRNAが存在する場合のみIRESが適切に折りたたまれORFの翻訳が行われる．**C**) 標的RNA非存在下では終止コドンにより下流のタンパク質は翻訳されないが，標的RNA存在下ではADARによりRNA編集が起こり下流のタンパク質も翻訳される．

チRNAが認識するRNAであるトリガーRNAの2つのRNAから構成される．スイッチRNAではレポーター配列の上流部分にインターナルループを含むステムループモチーフが挿入されている．このステムループのループ部分にはリボソーム結合部位（RBS）が，インターナルループ部分には開始コドンが配置されている．トリガーRNAの非存在下ではRBSと開始コドンはステムの塩基対によりレポーター配列と隔離され翻訳は行われない．一方でトリガーRNAの存在下ではステムループ領域の上流にある一本鎖領域からトリガーRNAが結合しながらステムループをほどく．その結果RBSと開始コドンが露出しレポーターの翻訳が開始される（**図1A**）．

このシンプルなステムループを利用したシステムは原核生物では動作するが[3]，真核生物ではRBSのような短い配列を使用して翻訳を制御することは困難だった[4]．哺乳類細胞で動作するToeholdスイッチは2022年にZhaoらによって「eToehold」として発表された[5]．eToeholdにはmRNAの5′キャップ非依存的に翻訳を開始できるウイルス由来の内部リボソームエントリー配列（IRES）が用いられる．トリガーRNAの非存在下ではIRESがスイッチRNA内の相補鎖と塩基対を形成し，IRESの高次構造が崩れる．これにより翻訳開始活性が失われ，レポーターの翻訳は行われない．トリガーRNAの存在下ではスイッチRNA内の相補鎖とトリガーRNAが塩基対を形成し，IRESの構造を復元することでレポーターの翻訳が行われる（**図1B**）．

2）ADARを用いたRNA検出系

2022年にRNA編集酵素，ADAR（adenosine deaminase acting on RNA）を利用したRNA検出技術が3つのグループにより発表された．CellREADR（cell access through RNA sensing by endogenous ADAR）[6]，RADARS（reprogrammable ADAR sensors）[7]，そしてRADAR（RNA sensing using ADAR）[8] である．ADARとは二本鎖RNAのアデノシン（A）をイノシン（I）に変換する酵素である．これらADARを利用したRNAセンサーでは，レポーター配列の上流に終止コドン（UAG）を含む標的RNAの相補配列を含むRNAがセンサーRNAとして用いられる．標的RNAはセンサーRNAの結合部分と相補的な配列をもっているが，終止コドンUAGのAに対応する塩基がCとなるように設計される．このセンサーを用いると標的配列の非存在下ではレポーター配列上流の終止コドンによりレポーターの翻訳は行われない（**図1C**）．一方で標的RNA存在下では標的RNAとセンサーRNAが相補配列で二本鎖を形成する．するとADARがこれを認識し終止コドンのUAGをUIGへと変換する．タンパク質翻訳時にIはGとして認識されるため下流のレポーターの翻訳が行われる（**図1C**）．

ToeholdスイッチとADARを用いたRNA検出系はどちらも塩基対形成という単純な現象を利用してRNAの検出を行っている．そのシステムのシンプルさゆえに対象RNAが特別な制御機能を保有していなくとも一定の長さ以上あれば検出が可能であり，多くの内在RNAを標的とすることが可能となっている．しかしながらまだ課題も残されている．特にToeholdスイッチではステム構造が適切に折りたたまれる配列となるように，そしてオフターゲット効果が発生しにくいように[9] 標的配列を調整する必要がある．eToeholdスイッチのON状態ではIRESによって翻訳が開始される．しかしIRESの翻訳能力は5′キャップ構造由来の翻訳能力よりも低いことが知られている[10]．そのためeToeholdスイッチでは高いON-OFF比が達成しづらいという問題もある．

3）miRNA応答型mRNAスイッチ

一方でわれわれは特定のmiRNAの有無によってmRNAの翻訳制御を行うmiRNA応答型mRNAスイッチを開発してきた．「OFFスイッチ」とは標的miRNAの存在下で翻訳を抑制するmiRNAセンサーである[11]．miRNAはArgonauteタンパク質に組込まれるとRISCを形成し，相補鎖をもつmRNAを標的として翻訳の抑制やRNAの分解を行う（**図2A**）．通常miRNAの結合部位は3′UTRに存在していることが多いが，miRNA結合部位を5′UTRに配置することによりmiRNAによるmRNAの翻訳制御のパフォーマンスが大幅に向上することをわれわれは確認した．この理由として，細胞に導入するmRNAの5′UTRに標的miRNAの完全相補配列を挿入しているため，miRNAの結合に伴いmRNAが切断され，リボソームがmRNA上を進行する以前に翻訳を抑制していることが考えられる．このmiRNAの結合配列挿入による発現の制御は環状RNAでも可能であることが確認されている[12]．環状RNAとはその名の通り環状のRNAであり末端をもたない．この末端をもたないという特徴ゆえエキソヌクレアーゼによる分解に対して耐性をもち，直鎖状mRNAよりも長い半減期をもつ[13]．環状RNAのUTRにmiRNA結合部位を挿入することで標的miRNA非存在下では環状状態を維持し翻訳が行われるが，存在下ではmiRNA結合部位で切断が行われRNAの分解が誘導される（**図2B**）．miRNA応答型環状mRNAスイッチでは直鎖状のRNAスイッチより遺伝子発現の持続時間が延長されることも確認された．

先述したセンサーはmiRNA非存在下においてレポーター発現を行うセンサーであったが，miRNA存在下においてレポーター発現を行うセンサー，「ONスイッチ」の開発にも成功している[14]．ONスイッチのデザインにおいてmiRNA結合部位は，ポリAテールの下流に配置される．ポリAテールの下流に配置されたmiRNA結合部位を含む余剰配列はmRNAの翻訳を抑制する効果が確認された（**図2C**）．そして標的miRNAが存在する場合にはRISCによってポリAテール以降の余剰配列が切断され，mRNAの翻訳能が回復することが確認された（**図2C**）．このように，ポリAテールの下流にmiRNA結合配列や人工RNA配列を挿入し，遺伝子発現制御を試みた研究はこれまでに存在せず，ポリAテールの下流は，今後mRNAエンジニアリングの足場として活用することが期待される．

miRNAは細胞内制御ネットワークに複雑に関与していることが知られており，各組織や細胞種によって固

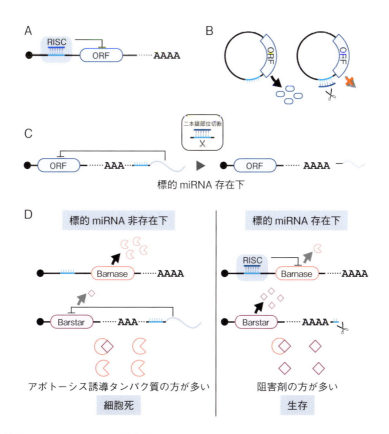

図2　miRNA応答型mRNAスイッチの概略図
　A）miRNA-OFFスイッチの図．miRNA存在下ではRISCによって翻訳を抑制する．**B**）環状miRNAスイッチの図．標的miRNA存在下では環状RNAが切断され分解が誘導される．**C**）miRNA-ONスイッチの図．miRNA非存在下では余剰配列が翻訳を抑制するが，標的miRNA存在下ではmiRNA結合領域以下の余剰配列が切断され翻訳が行われるようになる．**D**）ONスイッチとOFFスイッチを組合わせた細胞精製システム．標的miRNA非存在下ではアポトーシス誘導タンパク質の方が多く細胞死が誘導される．標的miRNA存在下では阻害剤の方が多いため細胞は生存する．

有のmiRNA発現パターンをもつことが知られている[15]．したがってmiRNAは異なる細胞種を識別するマーカーとしても利用可能である．細胞集団から目的の細胞のみの精製やアポトーシス誘導を行うことを目的とした薬剤耐性遺伝子やアポトーシス誘導遺伝子の制御はこれまでも行われてきた[16]．しかしこのRNAスイッチシステムでは，miRNAの発現量が十分でない場合はmiRNAによる翻訳抑制やRNA切断が適切に行われず期待しない翻訳が発生する可能性がある．またRNAの導入量にムラがあった場合，細胞によってはコードされたタンパク質の発現量が低くなり望まない細胞を適切に除去することが難しくなる．こういった問題に対して，強力なRNase活性により細胞死を誘導する因子Barnaseとその阻害剤であるBarstarを使用

し，ONスイッチとOFFスイッチの両方でこれらの制御を行うことにより目的の細胞の純度を高められることが示されている[14]（**図2D**）．このシステムでは同じmiRNA標的のBarnaseがコードされたOFFスイッチと，BarstarがコードされたONスイッチ，そしてブラストサイジン耐性遺伝子をコードしたRNAを用いる．これらが細胞に導入されると，標的miRNA発現量の多い細胞ではBarnaseの翻訳が抑制されBarstarの翻訳が活性化される．翻訳の抑制が弱くBarnaseが少量翻訳されたとしても阻害剤Barstarの量が多いため細胞死は抑制される．一方で標的miRNA発現量の少ない細胞では翻訳されるBarnaseの量がBarstarを上回るため細胞死が誘導される．RNAがトランスフェクションされなかった細胞はブラストサイジン処理によっ

て除去する.

RNAスイッチは配列の改変によって標的配列とレポータータンパク質の組合わせを自在にデザインすることができる. 加えて複数のRNAスイッチを組合わせることによってさらに複雑な細胞制御が行えるようになった. この技術を細胞精製技術に応用することによりセルソーターのような高価な機器を使用することなく高純度に細胞を精製できることが確認されている. miRNA応答型mRNAスイッチは再生医療分野においての低コストでの細胞精製の手段や, mRNA医薬品分野においての細胞特異的な制御を可能にするツールとしての活用が期待されている.

2 リボザイムを利用した分子検出

タンパク質を介在しないRNAによる直接的な分子センサーとしてリボスイッチとよばれるRNAも存在する. 1998年, WerstuckとGreenらにより特定の分子に特異的に結合するアプタマーとよばれるRNA配列を利用した翻訳制御手法が発表された[17]. このシステムではアプタマー配列をmRNAの5′UTRに挿入することによりリガンドに応答してリボソームの結合を阻害することにより翻訳制御を行っていた. 2004年にはYenらによってmRNAに自己切断型リボザイムを挿入することによりリボザイム阻害剤を利用して遺伝子発現を制御できることが発表された[18]. 自己切断型リボザイムとは自身のRNA配列の切断反応を触媒するRNA配列である. リボザイムを挿入されたmRNAはリボザイム阻害剤の存在下ではRNAは切断されずに翻訳が行われるが, 阻害剤の非存在下ではリボザイムの作用によってRNAは切断され翻訳は抑制される.

そして2014年にはアプタマーと自己切断型リボザイムを組合わせた「アプタザイム」を利用した翻訳制御手法がAusländerらとKennedyらにより報告された[19][20]. アプタザイムは標的分子の存在下では標的分子が結合することによりリボザイムの構造が変化し不活性型へと切り替わり, 翻訳が行われる. 一方で標的分子の非存在下ではリボザイムの活性によりRNAの自己切断が起こりRNAは分解され, 翻訳が抑制される.

しかしこれらのアプタザイムの多くは十分な翻訳制御を行うために比較的高濃度の標的分子が必要な場合

が多かった. 福永らは試験管内分子進化によって得た神経疾患医薬品ASP2905のアプタマーを利用したアプタザイムを作製することで標的分子5μMの濃度でもアプタザイムを機能させることに成功している[21]. さらに2016年にBoyneらによって取得されたアプタマーを用いてexon-skipping※を制御する特許技術[22]と組合わせることにより, 最終的に296倍のタンパク質発現という非常に高いON/OFF比を実現している.

3 AIによる最適化の可能性

RNAを用いた細胞制御を行ううえでアプタマーやリボスイッチをはじめとした機能性RNAは非常に重要なツールである. RNAの三次構造は機能性RNAの働きにおいて重要な役割を果たす[23]. しかしこうした高次構造を保持させながらRNA配列の最適化を行うことは難しく, RNA配列最適化のボトルネックとなっていた. そこで近年, 人工知能（AI）によるRNA設計支援が注目されている. 2022年には早稲田大学浜田研究室の岩野らによって, アプタマー探索のために行われるin vitro selectionの結果を入力とすることでアプタマー配列の最適化を行うことができる.「RaptGen」とよばれるRNAアプタマー設計支援AIが開発された[24]. 本年度われわれは浜田博士と共同研究を実施し, CM（共分散モデル）とVAE（変分オートエンコーダー）を利用したRNAファミリー生成モデル「RfamGen」が角らにより開発された[25]（図3）. RfamGenでは入力にCMを用いることによって配列情報や二次構造情報を入力とするモデルを超えるパフォーマンスを達成した. 通常AIを利用するには大量の学習データを準備し学習を行う必要があり, これがAIの導入を行ううえでの大きな課題であった. しかしRfamGenでは高いデータ効率性を有しており, 与える学習データを意図的に減らしても安定的な配列の生成が可能となっている. 実際にRfamGenに小分子応答性リボザイムである

※ **exon-skipping**

選択的スプライシングの1形式. 通常RNAのスプライシングでは, mRNA前駆体からイントロンが取り除かれエキソンが残される. しかし特定の配列では, ある条件下においてexon-skippingが起こり, エキソン部位がイントロンとともに取り除かれ成熟mRNAから欠落する.

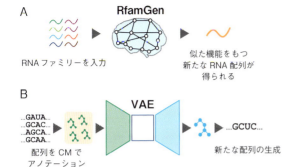

図3 RfamGenを用いた機能性RNA配列設計の概略図

A）RfamGenの概略図．特定の機能をもつRNAファミリーを入力とすることで似た機能をもつ新たなRNA配列を生成する．B）RfamGenではRNAファミリー配列を共分散モデル（CM）でアノテーションされVAEに入力される．そして似た構造をもつ新たなRNA配列が得られる．

glmSリボザイムの配列やさまざまな自己切断リボザイムを入力すると，進化的に保存された二次構造やリボザイムの活性を維持した新たな配列が生成されることも確認されている．大変興味深いことに，RfamGenで生成したglmSリボザイムの酵素活性を生化学的に解析した結果，天然のglmSリボザイム活性と同等以上の活性をもつRNAが多く含まれていた．このことは，RfamGenの機能性RNAの高次情報を学習する能力と，幅広い機能性RNAに対する応用の可能性を裏付けている．

RNAを対象としたAIについては，GPT-2をベースに開発されたRNA生成モデル「GenerRNA」がZhaoらによって発表された[26]．GenerRNAは調整を行うことで機能性RNAの生成が可能であり，特定のタンパク質に結合するRNA配列の生成に成功している．2022年にはChenらから2,370万個のncRNA配列で学習を行った1億パラメーターのRNA基盤モデル「RNA-FM」[27]が発表され，2024年2月にはPenićらによって3,600万個のncRNA配列で学習を行った6億5,000万パラメーターのRNA基盤モデル「RiNALMo」[28]が発表されている．基盤モデルとは大規模言語モデルを利用して作成された幅広い下流タスクに応用可能な機械学習モデルである．こうしたRNAの高次情報を学習したRNA基盤モデルを利用すれば，構造予測や機能予測そしてRNA設計支援などさまざまなタスクに転用することが可能となる．そして2024年5月にはGoogleのDeepMind社によりタンパク質だけでなく核酸や小分子，イオンなどの複合体の結合予測が可能なAlphaFold3が発表された[29]．こうしたRNAを対象としたAIの開発は現在進行形で進められており，今後のRNAの開発，解析において大きな追い風となるだろう．

おわりに

本稿ではRNAベースの細胞制御技術に焦点を当て紹介を行った．前述の通り細胞内分子を検出し細胞を制御するためのさまざまなRNAベースのセンサーが開発されている．しかしながらこれらシステムにも感度や特異度などの改善すべき点はまだ多く残っている．こうした課題に対して複数のシステムやセンサーを組合わせることによりON/OFF比の改善が試みられ一定の効果が確認されている[14,21]．また感度，特異度の高い機能性RNAを得ることも重要である．近年の大規模言語モデルの進歩は目覚ましく，これらは配列型の分子であるタンパク質の研究にも利用され大きな成果を上げている[30,31]．近年では大規模言語モデルを同じ配列型の分子であるRNAにも応用する動きがみられている[27,28]．RNAの大規模データベースが充実することによりAIを利用したRNA設計支援の可能性も大きく開かれることが予想される．

高度な細胞制御を行ううえでさまざまなシグナルに応答して適切な出力を行うシステムはその基盤となる技術であり，今後も需要が高まることが想定される．そのためにもON/OFF比や感度，検出対象の分子の拡張などのさらなる改良が今後も期待される．

文献

1）Statello L, et al：Nat Rev Mol Cell Biol, 22：96-118, doi:10.1038/s41580-020-00315-9（2021）
2）Isaacs FJ, et al：Nat Biotechnol, 24：545-554, doi:10.1038/nbt1208（2006）
3）Green AA, et al：Cell, 159：925-939, doi:10.1016/j.cell.2014.10.002（2014）
4）Siu KH & Chen W：Nat Chem Biol, 15：217-220, doi:10.1038/s41589-018-0186-1（2019）
5）Zhao EM, et al：Nat Biotechnol, 40：539-545, doi:10.1038/

s41587-021-01068-2（2022）

6）Qian Y, et al：Nature, 610：713-721, doi:10.1038/s41586-022-05280-1（2022）

7）Jiang K, et al：Nat Biotechnol, 41：698-707, doi:10.1038/s41587-022-01534-5（2023）

8）Kaseniit KE, et al：Nat Biotechnol, 41：482-487, doi:10.1038/s41587-022-01493-x（2023）

9）McSweeney MA, et al：ACS Synth Biol, 12：681-688, doi:10.1021/acssynbio.2c00641（2023）

10）Mizuguchi H, et al：Mol Ther, 1：376-382, doi:10.1006/mthe.2000.0050（2000）

11）Miki K, et al：Cell Stem Cell, 16：699-711, doi:10.1016/j.stem.2015.04.005（2015）

12）Kameda S, et al：Nucleic Acids Res, 51：e24, doi:10.1093/nar/gkac1252（2023）

13）Enuka Y, et al：Nucleic Acids Res, 44：1370-1383, doi:10.1093/nar/gkv1367（2016）

14）Fujita Y, et al：Sci Adv, 8：eabj1793, doi:10.1126/sciadv.abj1793（2022）

15）Bartel DP：Cell, 116：281-297, doi:10.1016/s0092-8674(04)00045-5（2004）

16）Xie Z, et al：Science, 333：1307-1311, doi:10.1126/science.1205527（2011）

17）Werstuck G & Green MR：Science, 282：296-298, doi:10.1126/science.282.5387.296（1998）

18）Yen L, et al：Nature, 431：471-476, doi:10.1038/nature02844（2004）

19）Ausländer S, et al：Nat Methods, 11：1154-1160, doi:10.1038/nmeth.3136（2014）

20）Kennedy AB, et al：Nucleic Acids Res, 42：12306-12321, doi:10.1093/nar/gku875（2014）

21）Fukunaga K, et al：J Am Chem Soc, 145：7820-7828, doi:10.1021/jacs.2c12332（2023）

22）Boyne A, et al, WO2016/126747 A1, PCT/US2016/016234, 2016-08-11

23）Doherty EA & Doudna JA：Annu Rev Biochem, 69：597-615, doi:10.1146/annurev.biochem.69.1.597（2000）

24）Iwano N, et al：Nat Comput Sci, 2：378-386, doi:10.1038/s43588-022-00249-6（2022）

25）Sumi S, et al：Nat Methods, 21：435-443, doi:10.1038/s41592-023-02148-8（2024）

26）Zhao Y, et al：bioRxiv, doi:10.1101/2024.02.01.578496（2024）

27）Chen J, et al：arXiv, doi:10.48550/arXiv.2204.00300（2022）

28）Penić RJ, et al：arXiv, doi:10.48550/arXiv.2403.00043（2024）

29）Abramson J, et al：Nature, 630：493-500, doi:10.1038/s41586-024-07487-w（2024）

30）Anishchenko I, et al：Nature, 600：547-552, doi:10.1038/s41586-021-04184-w（2021）

31）Jumper J, et al：Nature, 596：583-589, doi:10.1038/s41586-021-03819-2（2021）

＜著者プロフィール＞

秦　悠己：2024年京都大学医学部卒業，同年4月より東京大学定量生命科学研究所RNP生命工学分野大学院生．主に液-液相分離ドロップレットの形成制御，リボザイムの試験管内分子進化の研究を行っている．

齊藤博英：1997年東京大学工学部卒業，2002年東京大学大学院工学系研究科博士課程修了．学振特別研究員，CREST研究員，京都大学大学院生命科学研究科助手を経て'07年助教，科学技術振興機構（JST）ICORPグループリーダーとなる．'10年京都大学次世代研究者育成センター特定准教授．'14年から現職，京都大学iPS細胞研究所教授．'24年より東京大学定量生命科学研究所教授を兼任．RNA・RNPを基盤とする合成生命システム創成についての研究を行っている．

第3章 RNAを"使う"—RNAを使い細胞を操作する

5. RNAを標的とする低分子化合物

堂野主税，中谷和彦

> ncRNAの理解が飛躍的に進み，RNAを標的とする低分子化合物の重要性も幅広く認知されるようになってきた．RNA標的低分子化合物は，標的RNAに結合することによって，それがもつ機能を阻害，促進，あるいは変化させる．疾患にかかわるRNAを標的とすることで，モデル細胞・生物において治療効果を示す化合物も数多く見出されており，新しい創薬戦略となりつつある．本稿では，われわれの開発したRNA標的低分子化合物を中心にその開発から，RNAを操作する分子プローブ，創薬にむけた展開まで概説する．

はじめに

　近年，RNAを標的とした創薬研究が加速している．脊髄性筋萎縮症（spinal muscular atrophy）の治療薬として開発されたアンチセンスオリゴヌクレオチド「スピンラザ®」（化合物名：ヌシネルセン）は，survival motor neuron 2（SMN2）遺伝子のpre-mRNAのスプライシングにおける，エキソン7の取り込みを促進し，機能性SMNタンパク質を増加させる．さらに2020年に，低分子化合物である「Evrysdi™」（化合物名：リスジプラム）が，SMA患者の運動機能および生存の改善と維持を示す初の経口薬として，米国FDAにおいて，そしてわが国において承認された[1]．驚くべきことに，Evrysdi™の機能はスピンラザ®と同様にSMN2のpre-mRNAのスプライシングを改善することにあった．分子量約400の有機化合物が，RNAに結合することが容易に予測されるアンチセンスオリゴヌクレオチドと同じ働きを示し，薬として承認されたことは，RNAを標的とした低分子化合物が，創薬モダリティとして十分に認められるということを如実に示している．ヒトゲノムの解析終了後のENCODEプロジェクトの結果，ヒトゲノムの大半はnon-coding RNA（ncRNA）として，われわれの生命維持にかかわっていることがわかっている．スピンラザ®，Evrysdi™で示されるmRNAを標的とした創薬研究に加え，non-coding RNA（ncRNA）を対象とした創薬研究が進めば，細胞内にあふれる多様な機能性RNAの発現調節や機能調節が可能となり，これまでのタンパク質の発現と機能調節とは異なる治療戦略が視野に入る．また，創薬に限ることなくRNAに結合する低分子化合物は，細胞内でのRNAの挙動を調べる，そして操作する分子ツールとして，生命科学研究を支える可能性がある．本稿では，われわれが開発してきた核酸の特異構造に

[略語]
MBNL1：muscleblind-like 1
SMA：spinal muscular atrophy（脊髄性筋萎縮症）
SMN2：survival motor neuron 2

Expectations and challenges for RNA-targeted small molecule as RNA-manipulating tools and therapeutic drug
Chikara Dohno/Kazuhiko Nakatani：SANKEN, Osaka University（大阪大学産業科学研究所）

結合する低分子化合物とその機能をご紹介する[2].

1 低分子-RNAに関するデータベース

核酸，特にRNAに結合する低分子化合物研究の高まりは，近年多くの総説が発表されていることからわかるが，データベースからみてもよくわかる．従来のタンパク質を標的とした創薬研究に重要な役割を果たしてきたDBとして，PDB（Protein Data Bank）がある．タンパク質の構造解析データやタンパク質と低分子の複合体構造など，創薬研究，特に低分子モダリティには不可欠な構造情報を提供している．PDBには核酸構造も登録されてはいるが，登録されている情報は核酸の構造情報，核酸とタンパク質複合体などが主であり，核酸と低分子の複合体構造などの情報は非常に限られている．そもそも，核酸と低分子の複合体の解析件数が少ないことが原因である．しかし，RNAに結合する化合物にかかわるDBは，今後の創薬戦略を左右するきわめて重要な研究資源となりつつあり，欧米ではデータベースの整備が進みつつある．現在アクセス可能な低分子とRNAの相互作用，および関連するDBとAIツールの主なものを**表**に挙げておく．これら以外にも多くのRNAにかかわる研究ツールがインターネット上に公開されている．

2 RNAに結合する低分子化合物の開発と機能

われわれの研究室では，核酸に結合する低分子化合物の開発研究を進め，特徴的な機能をもつ化合物を創成してきた．以下ご紹介する[2].

1）リピートRNAに結合する低分子化合物

リピート病は，遺伝子内の特定位置にあるリピート配列の異常伸長が原因となって発症する神経，筋疾患である．異常伸長リピートDNAから転写により産生されるリピートRNAは，核内で凝集体を形成してRNA結合タンパク質を捕捉し，RNA代謝過程を撹乱することで障害を引き起こすと考えられている．すなわち，RNAが毒性を獲得する，RNA毒性（RNA toxicity）である[3]．また，リピート関連非ATG依存性（RAN）翻訳[※1]とよばれる異常翻訳により，リピートRNAから

産生されるリピートペプチドに起因する障害も報告されている．リピートRNAに結合する化合物がこれらの障害を解消することができれば，新しい創薬戦略を提示できる．

トリヌクレオチドリピート病に多くみられる，5′-CXG-3′（Xは任意の塩基，以降配列は5′側からの表記）の3塩基くり返し配列が折りたたまれると，X-Xミスマッチ塩基対を含む二次構造を形成する．ミスマッチ塩基対を標的とした分子開発を進めるなかで，われわれのミスマッチ結合分子が5′-CXG-3′/5′-CXG-3′（CXG/CXG）をとりわけ好んで結合することが明らかになった．われわれの核酸標的化合物の創成研究の初期から，リピートDNA/RNAは重要な標的であり，リピート核酸に結合する有望な分子を数多く見出している．このような経緯から，RNAではなくリピートDNAに結合する化合物から紹介を始めることにする．

i）CAGリピートDNA（ハンチントン病）に結合する化合物

ナフチリジン-アザキノロン（NA）は初期にG-Aミスマッチに結合する分子として設計したが，後にハンチントン病の原因となるCAGリピートDNAに，結合することを知ることとなった．「セレンディピティ」の申し子のような分子である（**図1A**）．開発の経緯についてはここでは述べないが，2分子のNAがCAG/CAGに結合して，A-Aミスマッチと隣接G-C塩基対を認識する．その際，G-C塩基対は開裂して，シトシンがフリップアウトするという非常にユニークな結合様式であった（**図1B**）．さらにNAは，ハンチントン病マウスモデルの脳線条体に反復投与すると，線条体細胞中のゲノムのCAGリピートが短縮されるという，にわかには信じがたい効果を示した[4]（**図1C**）．NAのリピート短縮効果は，リピート病発症の根本原因を取り除く，全く新しい治療法につながる可能性がある．

ハンチントン病は，昔はポリグルタミン病とよばれ

※1 リピート関連非ATG依存性（RAN）翻訳

リピートRNAを鋳型とする，開始コドンATGを必要としない非古典的翻訳現象．リピートの異常伸長が原因となるリピート病に関連したリピートRNAで発見され，産生するリピートペプチドの毒性が報告されている．翻訳開始の詳細な機構は解明されていないが，リピートRNAの形成する高次構造の関与が示唆されている．

表 代表的な化合物-RNAのデータベースと予測AIツール

DB名称	①Web URL，②参考文献，③主な研究者，④特徴
Inforna	①https://disney.scripps.ufl.edu/software/（Disney Labのページからリクエスト） ②Disney MD, et al：ACS Chem Biol, 11：1720-1728, doi:10.1021/acschembio.6b00001（2016） ③Dr. Matthew. D. Disney, Scripps Research Institute, USA ④潜在的なRNA-低分子相互作用を配列ベースで予測．RNAモチーフ-低分子相互作用の収集，整理されたデータベース．
R-BIND	①https://rbind.chem.duke.edu/ ②Morgan BS, et al：ACS Chem Biol, 14：2691-2700, doi:10.1021/acschembio.9b00631（2019） ③Dr. Amanda E. Hargrove, Duke University, USA ④ターゲット，デザイン，探索戦略，プローブの生化学的特性を理解するためのデータベース．細胞培養および/または動物モデルで活性が実証された生理活性リガンドのみが含まれ，低分子と高分子の2つのライブラリが提供されている
NALDB	①https://iiti.ac.in/people/~amitk/bsbe/naldb/HOME.php ②Kumar Mishra S & Kumar A：Database (Oxford), 2016：baw002, doi:10.1093/database/baw002（2016） ③Dr. Amit Kumar, Indian Institute of Technology, India ④G-四重鎖DNA，G-四重鎖RNA，二本鎖DNA，二本鎖RNA，核酸アプタマー，特殊構造核酸を含むさまざまな核酸ターゲットの詳細な薬物動態および薬力学的データ（K_d, K_i, IC_{50}，ターゲット配列，ターゲット名および構造など）を収集したケモインフォマティクス専用リソース．
R-SIM	①https://web.iitm.ac.in/bioinfo2/R_SIM/index.html ②Ramaswamy Krishnan S, et al：J Mol Biol, 435：167914, doi:10.1016/j.jmb.2022.167914（2023） ③Dr. M. Michael Gromiha, Indian Institute of Technology, India ④実験的に検証された2,501のRNA-低分子複合体の結合親和性データが含まれている．データは既存の2つのデータベースSMMRNA（現在はアクセスできない）とR-BIND，および発表文献から収集されている．結合親和性だけでなく，各エントリーには，実験条件，RNAの配列と分類，SMILES，2次元構造，各小分子のさまざまな主要な物理化学的特性，RNA-小分子複合体の実験的またはモデル化された構造も含まれている．
RNALigands	①http://rnaligands.ccbr.utoronto.ca/php/?PHPSESSID=lt3poeeemf8r3ervna6c6vmgm0 ②Sun S, et al：RNA, 28：115-122, doi:10.1261/rna.078889.121（2022） ③Dr. Zhaolei Zhang, University of Toronto, Canada ④RNAモチーフ検索に基づく低分子化合物の予測サーバー．PDB, Inforna, R-BINDからRNAモチーフ-低分子相互作用のキュレーションデータベースを利用し，与えられたRNA配列に対する分子を予測する．
HARIBOSS	①https://hariboss.pasteur.cloud/ ②Panei FP, et al：Bioinformatics, 38：4185-4193, doi:10.1093/bioinformatics/btac483（2022） ③Dr. Paraskevi Gkeka, Sanofi, France; Massimiliano Bonomi, Institute Pasteur, France ④PDBから検索されたRNA-低分子構造のキュレーションされたデータベース．X線，NMR，低温電子顕微鏡によって解析された，薬物様特性をもつリガンドがRNA分子と相互作用する構造を含む．各エントリには，リガンドとRNAポケットの物理化学的特性がアノテーションされており，低分子でRNAを標的とする合理的な設計戦略の開発を支援．
DrugPred_RNA	①https://github.com/ruthbrenk/DrugPred_RNA（GitHubからパッケージをダウンロード） ②Rekand IH & Brenk R：J Chem Inf Model, 61：4068-4081, doi:10.1021/acs.jcim.1c00155（2021） ③Illimar Rekand Ruth Brenk, University of Bergen, Norway ④構造ベースの創薬可能性予測AIツールで，創薬可能な結合部位を同定．RNA結合部位とタンパク質結合部位の両方について計算できる記述子のみを使用して，タンパク質ポケットで予測器をトレーニングし，選択されたRNA結合部位に対して，よい予測結果を与えた．
RNAmigos	①https://rnamigos.cs.mcgill.ca/（GitHubからパッケージをダウンロード） ②Oliver C, et al：Nucleic Acids Res, 48：7690-7699, doi:10.1093/nar/gkaa583（2020） ③Dr. Jérôme Waldispühl, McGill University, Canada ④RNA構造のネットワーク表現を構築・コード化し，新規結合部位のリガンド候補を予測するAIツール．

たように，異常伸長したCAGリピートがコード領域にあるため，タンパク質上にポリグルタミンの領域が生じ，凝集などによる機能不全が原因と考えられていた．

しかし現在はリピート病発症の原因として，翻訳されるかどうかに関係なく，異常伸長したリピート配列が転写されて生じるリピートRNAが，RNA結合タンパ

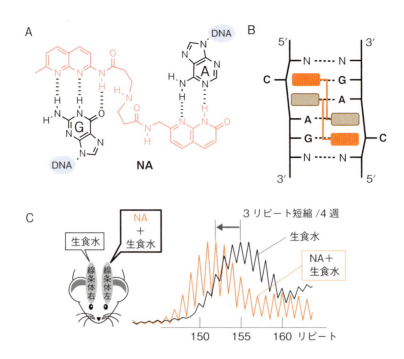

図1　NAによるCAGリピートの短縮
A）NAとG、Aとの水素結合形成．B）CAG/CAGとの結合様式．C）ハンチントンマウスモデルの左脳線条体にNAを、右に生理食塩水を、1週間隔で4回投与すると平均3リピートの短縮がみられた．文献4をもとに作成．

ク質などを吸着する機能を獲得することにより疾患が発症することも要因と考えられている．

ⅱ）CUGリピートRNA（筋強直性ジストロフィー1型）に結合する化合物

筋強直性ジストロフィー1型（DM1）では，異常伸長したCUGリピートが，MBNL1などのmRNA代謝関連タンパク質を捕捉し，選択的スプライシングの異常を引き起こすことが，発症機序に重要とされている．計算機シミュレーションと表面プラズモン共鳴（SPR）による合成分子の結合データを用いた構造活性相関研究から，ジアミノイソキノリン構造をもつCUGリピート選択的結合分子，JM608とその二量体であるJM642を見出した[5]（図2）．ウラシルを水素結合で認識する場合には，水素原子間などの反発（図2A，赤矢印）による不安定化を避けることができない．JM642では，ウラシルとジアミノイソキノリン部位との水素結合形成に加えて，ピペラジン部位がリン酸等と多点相互作用することで親和性を補完している．

大阪大学の中森先生（現：山口大学医学部教授）との共同研究で，DM1マウスモデルを用いて，5日間JM642を腹腔内投与（20 mg・kg^{-1}）し，病原性につながるスプライシング異常の軽減効果を調べた．野生型マウスにおけるAtp2a1遺伝子からは，エキソン22を含むアイソフォーム（+ex22）のみが発現する．一方，DM1マウスモデルでは，+ex22アイソフォームの発現量は，野生型に比べて15.8％であったが，JM642を投与したマウスでは73.6％に大きく回復した（図2B）．DM1患者由来の筋芽細胞で高頻度に観測されるRNA凝集体形成を調べたところ，JM642を添加した細胞では大きく減少することを確認した．以上の結果は，JM642がCUGリピートに結合し，RNA凝集体生成を阻害した結果，捕捉されていたスプライシング因子が解放される作用機序を強く支持している．

ⅲ）UGGAAリピートRNA（脊髄小脳変性症31型）に結合する化合物

脊髄小脳変性症31型（SCA31）は，異常伸長したTGGAAリピート配列の挿入を原因とする神経変性遺伝子疾患であり，挿入されたTGGAAリピートの転写により産生するUGGAAリピートがRNA毒性を示すことが報告されている．SCA31の発症機構は，リピー

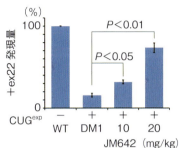

図2　JM642によるスプライシング異常の緩和
A) JM642はCUGリピートRNAのヘアピン構造に生じるU-Uミスマッチに結合．B) マウスモデルで，Atp2a1 pre-mRNAのスプライシング異常を改善．文献5をもとに作成．

トRNAの核内凝集体形成やRNA結合タンパク質の捕捉など，トリヌクレオチドリピート病と共通する部分も多い．研究室保有のリピート結合分子ライブラリーからUGGAAリピートを固定化したセンサーチップを用いたSPR法によりスクリーニングを実施して，UGGAAリピート結合分子としてナフチリジンカルバメートダイマー（NCD）を見出した[6]（図3）．

SCA31への治療効果を検証するために，ショウジョウバエの複眼にUGGAAリピートを発現することで，複眼変性を呈するSCA31ショウジョウバエモデルを用いて，NCDのRNA毒性に対する効果を検証した．NCDをSCA31ショウジョウバエモデルの幼虫に給餌することにより，成虫のショウジョウバエにおける複眼面積の減少や色素の欠落などの複眼変性が，緩和されることを見出した（図3B）．またUGGAAには結合しないNCD誘導体QCDを給餌した際には，複眼変性の緩和はみられず，NCDがUGGAAリピートによるRNA毒性を個体レベルで緩和することを実証した．作用機序については今後の研究を待つ必要があるが，NCDがRNA−タンパク質相互作用やRNA凝集体形成を阻害することによりRNA毒性を緩和していると考えている．

最初に紹介したNAは，DNAのCAGリピートに結合する優れた化合物であるが，RNAのCAGリピートに対してはほとんど結合しない．核酸結合分子からみたDNAとRNAの違いを明確に示す好例である．UGGAAリピートに結合したNCDも，もともとはDNAのG-Gミスマッチに結合する分子として設計，創成した分子であるが，NCDはDNAだけでなくRNAのグアニン豊富な配列に結合した．UGGAAリピートがヘアピン構造を取ると仮定すると，生じる内部ループはグアニン豊富な配列であり，結合するチャンス有りと見て，スクリーニングしたことが成功の鍵であった．真面目に研究しているとたまには神様も微笑んでくれるのかもしれない．

2）RNA構造と機能を操作する分子ツール

前項で述べたUGGAA/UGGAAモチーフは，G-A，G-Gミスマッチが連なることになるため塩基対形成は安定ではなく，周辺配列や環境に依存してループ構造など局所的に対形成の崩れた状態，あるいは全体にわたって一本鎖状態で存在する．NCDが結合すると，ナフチリジン部位とグアニン間で擬似的な塩基対を形成することで，2つのUGGAA部位が会合した状態がより安定となる（図3A）．このようにNCDは，RNAの不対領域を貼り合わせる糊のような特性をもつ．われわれの開発した核酸結合分子が，DNAやRNAの鎖を

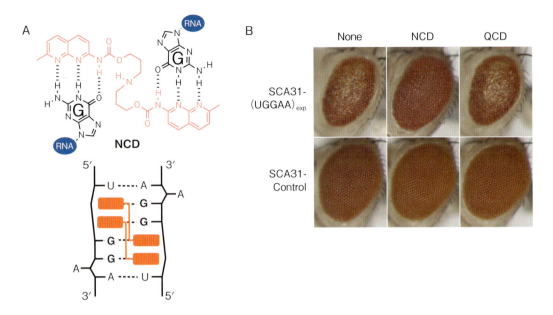

図3 NCDによるSCA31ショウジョウバエモデルの複眼変性の緩和
A) NCDの分子構造およびUGGAA/UGGAAとの結合様式．B) NCDによる複眼変性の緩和．文献6をもとに作成．

貼り合わせる「分子糊」として働くことについては以前の総説等を参考にされたい[7]．転写により生成された一本鎖RNAは，多様な高次構造を形成し，取り得る構造は機能とも深くかかわる．高次構造を形成するncRNAに対して，適切なRNA結合低分子化合物の結合サイトを導入すれば，化合物によって標的RNAの高次構造形成を誘導し，ncRNAの機能を活性化することも可能である．以下，RNA結合低分子化合物による標的RNAの構造変化に着目した機能制御について述べる．

i）環状RNAのアップレギュレーション

環状RNA（circRNA）は，pre-mRNAのバックスプライシング，すなわち，ブランチポイントアデノシン（BPA）[※2]の2′-OHが，下流側の5′-スプライスサイトを攻撃することにより生成する（**図4**）．circRNAの生成量ががんなどの疾患と相関があることが示され

> **※2 ブランチポイントアデノシン（BPA）**
> イントロンの3′スプライスサイトの上流にあり，5′スプライスサイトの切断にかかわるアデノシン．イントロンラリアットの枝分かれ部分に相当する．通常のスプライシングでは，BPAの2′水酸基が上流の5′スプライスサイトのホスホジエステル結合を求核攻撃し，エステル交換反応により切断する．

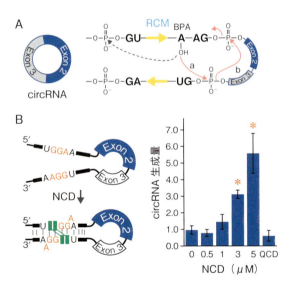

図4 NCDによるバックスプライシングの活性化
A) circRNAは，pre-mRNAのバックスプライシング（ピンク矢印）により生成．点線矢印は通常のスプライシング．B) イントロンにあるNCD結合サイトにNCDが結合すると，circRNAの生成量が5倍以上に増加．文献8をもとに作成．

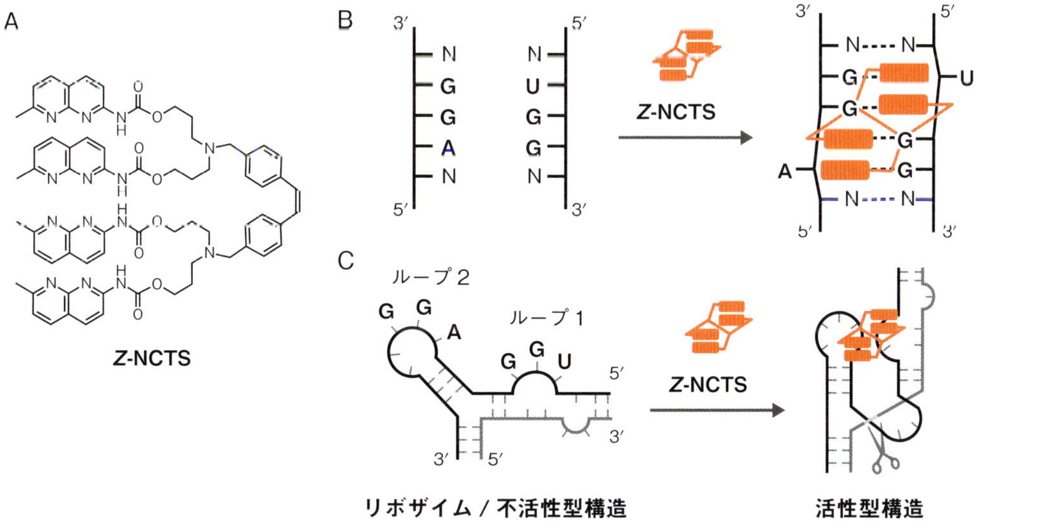

図5　RNA結合分子によるリボザイムの高次構造変化誘導
A）RNA結合分子Z-NCTSの分子構造．B）Z-NCTSの推定結合様式．結合すると二本鎖構造形成を促進する．C）Z-NCTS存在下，高次構造形成することで活性化するリボザイム．文献9をもとに作成．

て以来，circRNAは重要なRNA標的と認識されている．circRNAが生成するバックスプライシングが効率的に進むには，環状化する2つのエキソンを挟むイントロンに存在する，部分的に相補的なRCM（reverse complementary match）間の相互作用が重要であることがわかっていた．低分子の結合によりRCM間の相互作用を増強すれば，circRNAのアップレギュレーションが実現できるのではと考え，NCDが結合するUGGAA/UGGAA配列をRCMに導入したプラスミドを作製した．このプラスミドをHeLa細胞に導入した後にNCD存在下で培養し，circRNAの生成量を調べた結果，NCDの濃度を上げるとともにcircRNAの生成量が最大5倍以上に増加することを確認し，細胞内において低分子がスプライシング反応を調節し，circRNAの生成を促進することを初めて示した[8]（**図4**）．

ⅱ）リボザイムの活性化

　ハンマーヘッドリボザイム[※3]は構造と機能が詳しく研究されているncRNAの1つであり，ループ−ループ相互作用[※4]を介して折りたたまれた構造をとることで，そのRNA切断触媒活性が最大化する．ループ−ループ相互作用のON/OFFを切り替え，高次構造形成を制御することができれば，リボザイムの活性も自ずと制御することができる．2つのループ内の5塩基を置き換えて，RNA結合分子であるZ-NCTSの結合部位を導入したリボザイム変異体を設計した[9]（**図5**）．ヘアピンループ2と内部ループ1の接触部位は，それぞれAGGとUGG配列からなり，連続したA-G，G-Gミスマッチから予測されるように，Z-NCTSの非存在下では2つのループは非会合状態をとる（**図5C**）．この開いた高次構造をもつリボザイムは不活性である．一方，Z-NCTSの存在下では，化合物がAGGとUGGとの結合を介して，2つのループ間の接合を安定化，高活性な折りたたみ構造形成を誘導する（**図5B，C**）．Z-NCTSが結合して活性化されたリボザイムは，天然

※3　ハンマーヘッドリボザイム

ウイロイドや植物感染ウイルスのサテライトRNAから自己切断活性をもつRNA（リボザイム）として発見された．3本のステムからなる金槌の頭様の二次構造がハンマーヘッドの由来である．マグネシウムイオン存在下，二次構造が折りたたまれることで，RNAエンドヌクレアーゼとして機能する．

※4　ループ−ループ相互作用

ループ構造は，標準的なワトソン−クリック塩基対形成を含まない二次構造であり，インターナル（内部）ループやステム（ヘアピン，末端部）ループがある．特定の2つのループが，水素結合形成やスタッキングを介して会合するループ−ループ相互作用は，RNAの三次構造形成に重要である．

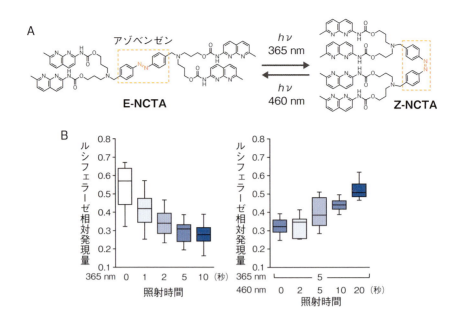

図6　光刺激を用いた可逆的制御
A) 光応答性RNA結合分子NCTAの光異性化．**B**) 下流に化合物依存性リボザイムを導入したルシフェラーゼの発現量．NCTA存在下365 nm光照射時（左）と365 nm光照射に続いて460 nm光照射時（右）．文献10をもとに作成．

型のハンマーヘッドリボザイムと同等以上の触媒活性を有しており，HeLa細胞中でも機能することを確認している．リボザイムの活性化は，2つのループに埋め込まれたAGG，UGG，いずれか一方を欠いても機能しないし，類似のRNA結合分子（例えば，前述のNCD）の存在下でも機能しない．化合物とRNA配列の組合わせが合致した場合にのみ，触媒活性を再現する精密な三次構造形成を誘導することができる．

ⅲ）光で操作する分子ツール

ここまで概説してきたように，われわれの核酸結合分子は，標的核酸との結合を介してさまざまな効果を発揮する．化合物添加によって一度現れた効果を不活性化したり，任意のタイミングや位置で作動したりすることができれば，より精密な制御を実現する分子ツールとなる．前項で述べたRNA結合分子Z-NCTSの分子構造の一部を光応答性分子であるアゾベンゼンに置き換えて，光応答性RNA結合分子としたNCTAを開発した[10]．NCTAは，導入したアゾベンゼン部位に由来するE型（E-NCTA），Z型（Z-NCTA）の2つの異性体があり，365 nm付近の近紫外光と460 nm付近の可視光照射を行うことで可逆的に相互変換することができる（**図6A**）．化学構造上も類似するZ型のみが，

Z-NCTSと同様のRNAに対する結合能と構造変化誘導効果を有する．以下にNCTAをリボザイムに適応した例を示す（**図6B**）．下流にリボザイム配列を挿入したルシフェラーゼをレポーター遺伝子としてHeLa細胞中で発現させ，NCTA存在下，光照射後の発現量を追跡した．結合分子非存在下ではリボザイムは不活性構造をとりルシフェラーゼの発現に影響しないが，化合物がリボザイムに結合して活性化すると，mRNAが分解されてルシフェラーゼの発現量が低下する．365 nm光を照射してZ-NCTAを発生させるとルシフェラーゼの発現量が低下し（**図6B左**），いったん低下させた細胞に対して460 nm光を照射すると発現量が元の水準まで回復していることがわかる（**図6B右**）．光応答性RNA結合分子を用いることで，RNAのかかわる生命現象を光によって可逆的かつ時空間的に制御できることを実証した．

おわりに

本稿では，RNAを標的とする低分子化合物により実現できることと今後の可能性について概説した．本稿で紹介した化合物は，われわれの研究室から生まれた

選りすぐりのエリート分子であり，全く異なるRNA標的が与えられた場合にそのような分子を直ちに創成できるかと問われれば，現状では難しいと言わざるを得ない．設計した化合物が標的RNAとは結合せずに，意図していなかった標的に考えたこともない様式で結合していることがある．理解が及んでいないことを痛感するとともに，新しい発見に感動する瞬間である．実用的なRNA結合低分子化合物を新たに創成するためには，現状不足している多様な化合物と標的RNAの組合わせについて質の高い結合・構造情報を蓄積して，道具箱のなかに使える化合物-RNAペアを拡充していく必要がある．そこから情報を効果的に抽出する情報科学やAIの活用も重要となるだろう[11]．核酸標的低分子化合物に携わる新しい研究者の参画とさらなる発展を期待したい．

文献

1）Ratni H, et al：J Med Chem, 61：6501-6517, doi:10.1021/acs.jmedchem.8b00741（2018）
2）Nakatani K：Proc Jpn Acad Ser B Phys Biol Sci, 98：30-48, doi:10.2183/pjab.98.003（2022）
3）Donnelly CJ, et al：Neuron, 80：415-428, doi:10.1016/j.neuron.2013.10.015（2013）
4）Nakamori M, et al：Nat Genet, 52：146-159, doi:10.1038/s41588-019-0575-8（2020）
5）Matsumoto J, et al：Chemistry, 26：14305-14309, doi:10.1002/chem.202001572（2020）
6）Shibata T, et al：Nat Commun, 12：236, doi:10.1038/s41467-020-20487-4（2021）
7）Dohno C & Nakatani K：Chem Soc Rev, 40：5718-5729, doi:10.1039/c1cs15062f（2011）
8）Ni L, et al：Chem Commun（Camb）, 58：3629-3632, doi:10.1039/d1cc06936e（2022）
9）Dohno C, et al：Angew Chem Int Ed Engl, 57：506-510, doi:10.1002/anie.201709041（2018）
10）Dohno C, et al：Nucleic Acids Res, 51：9533-9541, doi:10.1093/nar/gkad690（2023）
11）Chen Q, et al：Digit Discov, 3：243-248, doi:10.1039/D3DD00160A（2024）

＜著者プロフィール＞

堂野主税：大阪大学産業科学研究所准教授．1997年京都大学工学部工業化学科卒業．2002年博士（工学）（京都大学大学院工学研究科合成・生物化学専攻）．同年から日本学術振興会博士研究員（カリフォルニア工科大学J.K. Barton教授），'03年科学技術振興機構博士研究員（京都大学大学院工学，理学研究科）を経て，'05年大阪大学産業科学研究所助教．'11年より大阪大学産業科学研究所准教授（現職）．

中谷和彦：大阪大学産業科学研究所教授．1982年大阪市立大学理学部化学科卒業．'85〜'88年米国コロンビア大学化学科研究員．'88年理学博士（大阪市立大学）．同年財団法人相模中央化学研究所博士研究員，'91年大阪市立大学理学部助手，'93年京都大学大学院工学研究科合成・生物化学専攻助手，助教授を経て，2005年より大阪大学産業科学研究所教授（現職）．'15〜'18年産業科学研究所所長．'19〜'23年大阪大学理事（財務・施設担当）・副学長．

第3章 RNAを"使う"—RNAを使い細胞を操作する

6. アンチセンス核酸医薬
—最近の核酸医薬の進歩・課題と福山型先天性筋ジストロフィーに対するアンチセンス核酸医薬品の開発

長坂美和子, 池田（谷口）真理子

> アンチセンス核酸（ASO）は短い核酸ポリマーであり, 特定のmRNAに結合し, mRNAの分解・発現抑制, スプライシングの制御等により遺伝子発現を制御する. この作用を応用し, 近年ASO医薬品の開発が進み, さまざまな疾患を対象に実用化され, 本邦でも脊髄性筋萎縮症, 筋ジストロフィー等に対し臨床応用されている. ASO医薬品は標的遺伝子に高い特異性を示せるため, 幅広い疾患を対象とすることが可能である. 本稿ではASO医薬品の基本・現状・課題ならびにわれわれが研究開発に携わってきた福山型筋ジストロフィーに対するASO医薬品開発について述べる.

はじめに

核酸医薬品とは一般に,「核酸が十数～数十塩基連結したオリゴ核酸で構成され, タンパク質発現を介さず直接生体に作用するもので, 化学合成により製造される医薬品」と定義される[1]. 核酸医薬品には, 構造, 標的, 作用機序などの違いからさまざまな種類が存在し, アンチセンス核酸（antisense oligonucleotide：ASO）, small interfering RNA（siRNA）, microRNA（miRNA）, アプタマーなどが開発されているが, 現在承認されているものの多くはASOとsiRNAである.

ASOは, 特定のRNAと相補的な配列をもつ一本鎖のRNA/DNA類似核酸ポリマーで, 標的となるRNAの配列と逆向きに相補性に結合し, RNAの分解促進, miRNAの機能阻害, スプライシングの制御, 遺伝子発現の制御, 標的遺伝子に対する遺伝子編集などのさまざまな作用機序により遺伝子発現を制御し, 標的タンパク質の発現や配列を変化させる. 本稿では前半はASO医薬品の基礎と課題について, 後半は福山型筋ジストロフィー（FCMD）におけるASO医薬品開発について述べる.

[略語]
ASO：antisense oligonucleotide（アンチセンス核酸）
FCMD：Fukuyama congenital muscular dystrophy（福山型先天性筋ジストロフィー）

miRNA：microRNA
mRNA：messenger RNA
PE：pseudoexon（偽エキソン）
pre-mRNA：pre-messenger RNA

Antisense oligonucleotide therapeutics : Recent advances in antisense oligonucleotide therapeutics and antisense oligonucleotide therapy for Fukuyama congenital muscular dystrophy
Miwako Nagasaka[1] /Mariko T. Ikeda[2] : Department of Neonatology, Takatsuki General Hospital[1] /Department of Clinical Genetics, Fujita Health University Hospital[2]（高槻病院新生児科[1] / 藤田医科大学病院臨床遺伝科[2]）

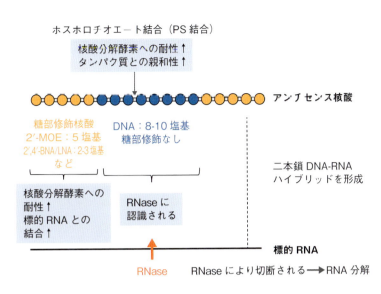

図1　ギャップマーの構造と作用機序

1 アンチセンス核酸医薬品（ASO医薬品）の基本

1）構造や作用機序

ASO医薬品は，標的とするRNAの配列と相補的な短いASO（通常は18〜30塩基）から構成される．標的はpre-messenger RNA（pre-mRNA），messenger RNA（mRNA），microRNA（miRNA）である．ASOの3つの代表的な作用機序について述べる．

1つめはRNA分解型である．通常8〜10塩基程度の一本鎖のDNA両端に，RNAと結合能の高い糖部修飾核酸（人工核酸）を2〜5塩基分ずつ挿入した合計14〜20塩基のASOを用いる．ギャップマー型ともよばれる（図1）．このASOが標的RNAに相補的に結合することにより，二本鎖DNA-RNAハイブリッドが形成される．これが分解酵素であるリボヌクレアーゼH（RNase H）に基質として認識され，RNA側を分解しその機能が消失する[2)3)]．代表的なものにサイトメガロウイルス感染性網膜炎に対する治療薬（fomivirsen, 現在廃止）や，mipomersen, inotersenがある（表）．

2つめはmiRNAやsiRNAによるRNA転写の機能阻害である．miRNAは非コードRNA（ncRNA）で，主にmRNAの3′非翻訳領域に結合することによりmRNAの機能を阻害し，遺伝子の発現を制御する．これにより細胞の増殖や分化，アポトーシスなどに関与する．

miRNAを標的とするASOは，miRNAに結合し標的mRNAへの結合を抑制することにより，標的mRNAの発現を上昇させることが期待される[4)5)]．miRNAを標的としたASOの代表はHCVウイルスの抑制を誘導したmiravirsenがある（現在廃止）．またsiRNAでは，ASOによる遺伝子抑制の目的で使用される．一方siRNAは標的mRNAと結合しアルゴノート2タンパク質（AGO2），DICER1，TARBP2からなるRNA誘導サイレンシング複合体（RISC）に入り本来のmRNAの転写をキャンセルさせるものである．siRNAの代表的なものには遺伝性ATTRアミロイドーシスに対するpatisiranや急性肝性ポルフィリン症に対するgivosiranがある（https://www.nihs.go.jp/mtgt/index.html）．

3つめはスプライシング制御型である．ASOが特定のスプライシング部位に結合することで，mRNAのスプライシングパターンを変更し，異常なスプライシングを防止する．mRNAがスプライシングされる前のmRNA前駆体の特定の部位に結合することで立体構造を変化させ，スプライシングを制御し，エキソンのスキップまたはインクルージョンにより最終的なmRNA機能を調節する[6)7)]．代表的なものとして脊髄性筋萎縮症に対するエキソンインクルージョンを促すnusinersen，デュシェンヌ型筋ジストロフィー（DMD）に対するeteplirsen，本邦でその開発が行われたviltolarsenなどがある（表）．

表　日欧米のいずれかで承認されたアンチセンス核酸医薬品（2024年6月15日現在）

商品名	一般名	化学修飾	DDS など	承認国 / 年	標的	適応	投与経路
Vitravene	fomivirsen	PS-oligo	Naked	US 1998 EU 1999	CMV IE2 mRNA	CMV 性網膜炎 （AIDS 患者）現在廃止	硝子体内
Kynamro	mipomersen	PS-oligo 2′-MOE	Naked	US 2013	ApoB-100 mRNA	ホモ接合型家族性 高コレステロール血症	皮下
Exondys 51	eteplirsen	モルフォリノ 核酸	Naked	US 2016	Dystrophin pre-mRNA	デュシェンヌ型 筋ジストロフィー	静脈内
Spinraza	nusinersen	PS-oligo 2′-MOE	Naked	US 2016 EU 2017 JP 2017	SMN2 pre-mRNA	脊髄性筋萎縮症	髄腔内
Tegsedi	inotersen	PS-oligo 2′-MOE	Naked	US 2018 EU 2018	TTR mRNA	遺伝性 ATTR アミロイドーシス	皮下
Waylivra	volanesorsen	PS-oligo 2′-MOE	Naked	EU 2019	ApoC Ⅲ mRNA	家族性 高カイロミクロン血症	皮下
Vyondys 53	golodirsen	モルフォリノ 核酸	Naked	US 2019	Dystrophin pre-mRNA	デュシェンヌ型 筋ジストロフィー	静脈内
Viltepso	viltolarsen	モルフォリノ 核酸	Naked	JP 2020 US 2020	Dystrophin pre-mRNA	デュシェンヌ型 筋ジストロフィー	静脈内
Amondys 45	casimersen	モルフォリノ 核酸	Naked	US 2021	Dystrophin pre-mRNA	デュシェンヌ型 筋ジストロフィー	静脈内
Qalsody	tofersen	PS（partial） 2′-MOE	Naked	US 2023 EU 2024	SOD1 mRNA	筋萎縮性側索硬化症	髄腔内
Wainua	eplontersen	PS（partial） 2′-MOE	Naked（GalNAc- conjugate）	US 2023	TTR mRNA	遺伝性 ATTR アミロイドーシス	皮下
Rytelo	imetelstat	thiophos- phoramidate	Naked（C16- conjugate）	US 2024	テロメラーゼに 含まれる RNA 鎖	輸血依存性貧血を伴う 骨髄異形成症候群	静脈内

国立医薬品食品衛生研究所遺伝子医薬部ホームページより作成

2）アンチセンス核酸医薬品の安全性

　ASO 医薬品は設計により高い特異性をもつことが可能で，幅広い疾患に対応可能であることが強みである．また免疫原性も低く，分解されるため蓄積される毒性も低いことが期待される．これらの強みを発揮するためには，安全性が重要である．安全性を高めるにあたり，ASO の安定性および毒性が課題となる．

ⅰ）安定性をもたらす化学修飾

　天然の DNA は体内でさまざまな核酸分解酵素による加水分解の影響を受けるため，分解を防ぐ化学修飾が必要である．リン酸ジエステル結合の改変はさまざまな核酸分解酵素に対する耐性を高めるのに有効であり，糖部の修飾はさまざまな核酸分解酵素への耐性を高めるとともに標的 RNA との結合性を上昇させる．

　リン酸ジエステル結合については，ホスホロチオエート結合（phosphorothioate bond：PS 結合）がさまざ

まな核酸分解酵素による認識や切断に影響を与えないため広く用いられている．PS 結合ではリン酸結合の非架橋酸素原子のうち1つが硫黄原子に置き換わっている．これによりさまざまな核酸分解酵素への耐性が高まり，また血中タンパク質との親和性向上により血中にとどまりやすいという効果[8]が挙げられるが，タンパク質との非特異性結合が毒性の増加につながる可能性も指摘されている[9]．

　糖部の化学修飾として用いられる 2′-O-Methyl（2′-OMe）や 2′-Methoxyethyl（2′-MOE）も同様に RNase H に対する耐性を向上させる．通常 PS 結合と併用され，さらに安定性が増す．脊髄性筋萎縮症に対して開発された核酸医薬品である Nusinersen はすべてのヌクレオチドが 2′-MOE に置換されており，エキソンインクルージョンを誘導し，完全長の SMN タンパク質を発現させることが可能である．

モルフォリノ核酸（Phosphorodiamidate Morpholino Oligomer：PMO）はリボース環がモルフォリノ環に置換され，かつリン酸ジエステル結合に代わりホスホロジアミデート結合を有し，より特異的に標的RNAに結合する．本邦で開発されたDMDに対するエキソン53スキップを誘導するViltolarsenはPMOを使用している[10) 11)]．

架橋型人工核酸とはヌクレオシドの糖部立体配座を架橋構造によって固定化したもので，1997年に今西・小比賀らによって，本邦発の2′-O,4′-C-Methylene-bridged nucleic acid：2′,4′-BNA，別名Locked nucleic acid：LNA）が合成された[12)]．これらのASOは標的RNAとの結合性が大幅に向上している．その他，さまざまな架橋人工核酸が開発され，臨床応用に向けて研究がなされている．

ii）ASOの毒性について

ASO医薬品の毒性として，ASOの成分に由来するオンターゲット作用（標的配列への作用が強く出る），狭義のオフターゲット作用（標的配列と類似した配列にハイブリダイズすることにより標的以外の配列に意図しない作用を生じる），あるいはクラスエフェクト（核酸分子特有の構造や物理的化学的特性による作用）などがある[13) 14)]．

クラスエフェクトとして，凝固時間の延長や補体の活性化など血漿タンパク質の結合に起因する変化，免疫刺激による炎症反応惹起，ASOが分布しやすい肝臓・腎臓への影響などが報告され懸念されている[14)]．ASOは基本的にゲノム構造をかえることがないため，毎週あるいは隔週などでの連続投与が必要となる．一般的に治療効果は進行性の疾患であれば早期や発症前の治療が望ましく，難病などでは生涯にわたり治療が必要となるため，長期使用における安全性に留意しなければならない．これらは適切に施行された動物実験により評価できる可能性があり，また化学修飾の進歩により毒性の低減を図ることもなされている．しかし，実験動物種とヒトでは作用が異なる可能性もあるためデータの蓄積が重要である．

狭義のオフターゲット作用については動物を用いた毒性試験では検出できない懸念があるため，配列設計時にヒトのRNAデータベースを用いた*in silico*解析やヒト細胞を用いた*in vitro*解析を行い，あらかじめオフターゲット作用を排する配列を選択してヒトでのリスク最小化を図るプロセスがとられている．

iii）核酸のデリバリーに関する課題

この20年程の核酸医薬品開発の劇的進歩にもかかわらず，いまだに課題となっているのが核酸医薬品の効率的な標的組織への送達（デリバリー）である．ASOは肝組織への移行は良好であるが，肝外組織についてはまだ課題がのこる．実際現在承認されているASOのほとんどがNaked（修飾なし）である．そのため，今後はその効率や組織での効果を上げるためさまざまな化学修飾やペプチド付加，ナノ粒子，アプタマー，抗体とのコンジュゲートなどの適切なデリバリー媒体を開発することも大変重要である．オリゴヌクレオチドは一般的に大きく，親水性のポリアニオン（一本鎖ASOは4〜10 kDa，二本鎖siRNAは14 kDa）であり，細胞膜を容易に通過しない性質をもっている．核酸医薬を活性化させるためには，全身注射された核酸医薬は細胞外腔でのヌクレアーゼ分解に抵抗し，腎クリアランスを迂回し，細網内皮系による除去を回避しなければならない[15)]．特に中枢神経系への送達が課題である．本邦では最近，上述のLNAを発展させた2′,4′-BNA/LNA with 9-(aminoethoxy) phenoxazine（BNAP-AEO）が開発され，これを導入した核酸分子を用いて，強いRNA結合能をもち，中枢神経組織への送達，そして治療効果を証明するなどの画期的な技術が生み出されており実用化が待たれる[16)]．

3）アンチセンス核酸医薬品の開発状況

核酸医薬品の最初の上市はFomivirsenで，サイトメガロウイルス網膜症の治療薬として1998年に米国で承認された．その後2013年にMipomersenが家族性高コレステロール血症治療薬として米国にて承認されたが，世界的には市場拡大されなかった．2016年に新薬承認がなされたDMD治療薬であるEteplirsenおよび脊髄性筋萎縮症治療薬のNusinersenの発売を皮切りにアンチセンス核酸医薬品の市場は世界に拡大され，2024年6月現在，日欧米のいずれかで承認されている核酸医薬品は20品目で，そのうちASO医薬品は12品目を占める（**表**）．本邦で現在薬事承認されているものはNusinersenとViltolarsenのみで，特にViltolarsenは本邦で開発されたはじめてのASO医薬品である．日欧米いずれかで承認された核酸医薬品20品目のうち，半

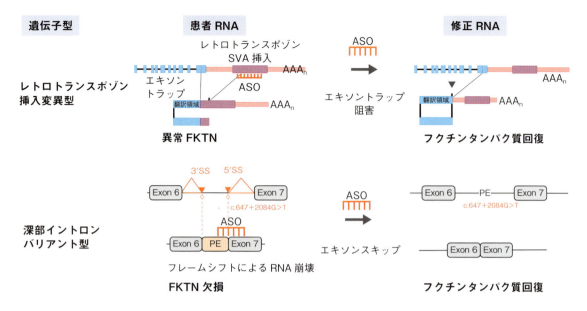

図2 アンチセンス核酸を用いたFCMDの治療構想

数が2020年以降に承認されており，急速に市場が拡大している．今後さらなる臨床応用が期待される．

2 福山型筋ジストロフィーに対するアンチセンス核酸医薬品

1）福山型筋ジストロフィー（FCMD）の臨床症状と発症機序

FCMDは重度の先天性筋ジストロフィー，Ⅱ型滑脳症，眼症状の3症状を示す常染色体潜性遺伝形式の希少難病である[17]．日本ではDMDに次いで2番目に多い小児の筋疾患で，生後〜乳児早期に筋緊張低下，筋力低下で発症し，10代のうちに死に至る重篤な疾患であり，眼，骨格筋，心筋，脳・神経系が侵される．FCMD患者は，少なくとも片アレルにフクチン（*FKTN*）遺伝子のタンパク質をコードしない3′非翻訳領域に約3 kbのSINE-VNTR-Alu（SVA）型レトロトランスポゾンの挿入型変異を認める．原因遺伝子は*FKTN*で，標的タンパク質である α-ジストログリカン（α-DG）のOマンノース型糖鎖の転移酵素をコードしている．FCMD患者ではこの糖鎖が欠損する．*FKTN*は10個のエキソンと長い3′非翻訳領域（3′-UTR）をもつ．患者の異常スプライシングは，SVA挿入配列内に存在する強力なスプライシング受容部位が，タンパク質

をコードする最終エキソン内の潜在的なスプライシング供与部位を新たに活性化し（エキソントラッピング），SVA挿入配列との間に新たにスプライシングを起こす[18]．この変異は約100世代前，日本人祖先の1人に生じた創始者変異であり，日本人の約90人に1人が保因者とされ，本邦に特に多い疾患である．SVA挿入配列を検出する遺伝学的検査によりFCMDの確定診断となるが，挿入変異をホモ型にもつのは全体の約8割で，残りは挿入変異とイントロン6内の深部にある点変異[19]やエキソン3のナンセンス変異などによる複合ヘテロ接合型である．特にイントロン6の点変異をもつ症例は重症度が高いと報告されている．FCMD患者の主要な変異保有者は，スプライシング異常により発症することがこれまでの研究で明らかになった．

2）FCMD SVAホモ型に対するアンチセンス核酸医薬品

エキソントラップ阻害療法はASOにより異常なスプライスを誘発する部位をブロックすることで正常なスプライシングを回復させ，正常なフクチンタンパク質の回復を図るという構想である（図2上）．池田らは3種のアンチセンス核酸の混合カクテルを選び，患者筋芽細胞および尾静脈経由のモデルマウスへの混合カクテル全身投与を行ったところ，糖鎖の回復を示唆する糖化型α-DGの劇的な増加がみられた．ラミニン凝集

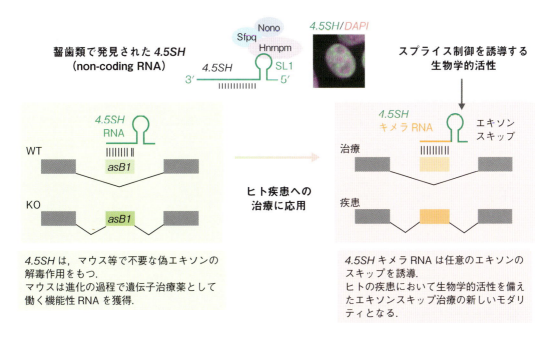

図3 深部イントロンバリアントをもつFCMDに対する4.5SHを用いた新規治療法の構想
文献23をもとに作成.

アッセイにおいても正常と同程度のラミニンの凝集能が観察され，FCMD筋管での機能的回復が示唆された[17]．その後日本新薬との共同研究において詳細なスクリーニングがなされ，アクセプターサイトに設計した1種類の配列のアンチセンス核酸で十分に効果を示すことが証明され，NS-035と命名された．このNS-035によるfirst in humanでの医師主導治験が2021年夏から開始されており[20]，実用化が待たれている．

3）FCMD深部イントロンバリアント型に対するASO医薬品

深部イントロンバリアントは，新たなpseudoexon（偽エキソン）を作成することでフレームシフトが誘導され，Nonsense mediated mRNA decay[※]によりフクチンタンパク質を欠失することが報告されていた[21]．そこでわれわれは，この偽エキソンの生成をpre-mRNAレベルでブロックさせるASOとして，16個の2′-OMeRNAを使用したASOを設計し，イントロン6に変異をもつ患者の細胞系に投与したところ，特定の

ASOにより正常フクチンタンパク質の回復を認め，α-DGの糖鎖が回復した[22]（図2下）．しかし本ASOでのエキソンスキップ率には課題があった．ごく最近，芳本，中川らが画期的な新規モダリティを発見した[21]（第2章-3参照のこと）．ごく簡単に言うと，中川は齧歯類特異的non-coding RNAである4.5SHの機能を調べるため，マウスでのノックアウトラインを作製したところ胎生致死であった．この原因を芳本が調べたところ，ノックアウトマウスではマウスがもつレトロトランスポゾン配列がさまざまな遺伝子に挿入し偽エキソン化していたことを見出した．すなわちこの4.5SHは齧歯類が自然発生的に獲得し生存し得た，偽エキソンをスキップさせる遺伝子治療薬だったのである．それを応用し，芳本は4.5SHの配列のうち，スプライシングを促進するタンパク質が結合する促進配列と，エキソンをスキップさせるための標的遺伝子の特異的な配列に相補的な配列を接続することで，機能性をもつ任意のエキソンスキップを誘導できるキメラRNA分子を作製し，デュシェンヌ型筋ジストロフィーのモデルマウスにおけるエキソンスキップに成功した[23]．このモダリティを用いて，FCMDの深部イントロンバリアントの治療ができないか，現在芳本，中川らと共同

> ※ **Nonsense mediated mRNA decay**
> ナンセンス変異媒介性mRNA分解．早期終止コドンを含むmRNA，最終エキソン以外では転写産物が破壊される．

研究を開始している（**図3**）．今後，モデル動物を作製し，われわれが樹立した疾患iPS細胞を用いた実験などを経てヒトへの応用をめざしている[24]．

おわりに

　本稿ではASO医薬品についての基本事項とその課題，現在開発中のFCMDに対するASO医薬品について述べた．この20年間で遺伝子治療，特に核酸医薬については，実用化が進んできた．課題は各組織へのデリバリー，効率の改良である．核酸医薬は大変高価であり，長期投与や頻回投与で医療経済的な問題も懸念されるため，デリバリーの問題や，投与量の調節などにより，より多くの人が本治療法に届くことを願っている．遺伝子治療は欧米諸国での開発が目覚ましいが，新しい核酸医薬のモダリティなどは本邦の基礎研究者の発見や開発の貢献度が高く注目されている．今後ますます本邦発の治療法が発展し，臨床応用が進むことを願う．

謝辞
本研究は，AMEDの課題番号JP24ek0109703，23bm0804028，JSPS挑戦的萌芽21K19457，24K22099および基盤B 23K21430の支援を受けた．

文献

1）国立医薬品食品衛生研究所，遺伝子医薬部，第2室（核酸医薬担当室）．https://www.nihs.go.jp/mtgt/section2.html
2）Sahu NK, et al：Curr Pharm Biotechnol, 8：291-304, doi:10.2174/138920107782109985（2007）
3）Kurreck J：Eur J Biochem, 270：1628-1644, doi:10.1046/j.1432-1033.2003.03555.x（2003）
4）Davis S, et al：Nucleic Acids Res, 34：2294-2304, doi:10.1093/nar/gkl183（2006）
5）Lennox KA & Behlke MA：Gene Ther, 18：1111-1120, doi:10.1038/gt.2011.100（2011）
6）Crooke ST, et al：Cell Metab, 27：714-739, doi:10.1016/j.cmet.2018.03.004（2018）
7）Crooke ST, et al：Nat Rev Drug Discov, 20：427-453, doi:10.1038/s41573-021-00162-z（2021）
8）Gaus HJ, et al：Nucleic Acids Res, 47：1110-1122, doi:10.1093/nar/gky1260（2019）
9）三上敦史，小比賀聡：核酸医薬毒性機序概論．実験医学，39：140-150（2021）
10）Komaki H, et al：Sci Transl Med, 10：eaan0713, doi:10.1126/scitranslmed.aan0713（2018）
11）Watanabe N, et al：Mol Ther Nucleic Acids, 13：442-449, doi:10.1016/j.omtn.2018.09.017（2018）
12）Obika S, et al：Tetrahedron Lett, 38：8735-8738, doi:10.1016/S0040-4039(97)10322-7（1997）
13）ICH S6対応研究班：核酸医薬の非臨床安全性を考える．医薬品医療機器レギュラトリーサイエンス，PMDRS, 46：286-289（2015）
14）ICH S6対応研究班：核酸医薬のクラスエフェクトの評価．医薬品医療機器レギュラトリーサイエンス，PMDRS, 46：846-851（2015）
15）Roberts TC, et al：Nat Rev Drug Discov, 19：673-694, doi:10.1038/s41573-020-0075-7（2020）
16）Matsubayashi T, et al：Mol Ther Nucleic Acids, 35：102182, doi:10.1016/j.omtn.2024.102182（2024）
17）Fukuyama Y, et al：Brain Dev, 3：1-29, doi:10.1016/s0387-7604(81)80002-2（1981）
18）Taniguchi-Ikeda M, et al：Nature, 478：127-131, doi:10.1038/nature10456（2011）
19）Kobayashi K, et al：J Hum Genet, 62：945-948, doi:10.1038/jhg.2017.71（2017）
20）Lim BC, et al：Neuromuscul Disord, 20：524-530, doi:10.1016/j.nmd.2010.06.005（2010）
21）福山型先天性筋ジストロフィー患者を対象としたNS-035の多施設共同第I相臨床試験｜関連する治験情報【臨床研究情報ポータルサイト】（https://rctportal.niph.go.jp/detail/jr?trial_id=jRCT2031210252）
22）Enkhjargal S, et al：Hum Mol Genet, 32：1301-1312, doi:10.1093/hmg/ddac286（2023）
23）Yoshimoto R, et al：Mol Cell, 83：4479-4493.e6, doi:10.1016/j.molcel.2023.11.019（2023）
24）Taniguchi-Ikeda M, et al：iScience, 24：103140, doi:10.1016/j.isci.2021.103140（2021）

＜著者プロフィール＞
長坂美和子：高槻病院新生児科，島根大学医学部卒，博士（医学）（神戸大学）．普段は臨床医として新生児医療に携わっていますが，池田先生の元で微力ながら福山型筋ジストロフィーの研究にも関わらせていただいています．核酸医薬は多くの患者様の希望の光であると感じています．

池田真理子：藤田医科大学病院臨床遺伝科．高知大学医学部卒業，博士（医学）（大阪大学）．自身で見出した核酸治療が実用化され，患者さんやご家族の笑顔に会える日を夢見ています．最近はあらたな低分子治療薬や新規キメラRNA分子など，あらたな治療法の開発にむけてチャレンジしつづけています．

第3章 RNAを"使う"—RNAを使い細胞を操作する

7. 修飾mRNAを用いた遺伝子発現技術

河﨑泰林, 高羽未来, 阿部 洋

> コロナワクチンが承認されて以降, mRNA医薬の研究開発は勢いを増している. mRNAは特定のタンパク質をコードする遺伝物質であり, その化学修飾はさらなる機能を付与する手段として重要な役割を果たしている. 本稿にて, ワクチン実用化の鍵となった免疫原性回避を目的とする化学修飾について解説した後, われわれが提唱する, 疎水性タグで修飾を施した5′cap を利用したmRNAの精製手法（PureCap法）を紹介する. また本稿の後半にて, mRNAの化学的合成により達成される精密な修飾導入がmRNAの機能向上に資する可能性について述べる.

はじめに

コロナ禍でのmRNAワクチンの緊急承認を皮切りに, mRNAの医薬展開が熱を帯びている. mRNAは特定のタンパク質をコードした遺伝物質であり, 投与されると体内で医薬効果のあるタンパク質が産生される. 比較的安価で迅速に供給できることが利点として挙げられる. 実際にコロナワクチンで初めて治験が行われたのは, mRNAの配列が決定してからわずか2カ月後である. またmRNAは細胞質ですみやかに翻訳され, これは細胞核に到達する必要のあるDNA医薬と異なる. 投与したDNAが遺伝子に挿入して変異を起こす心配もmRNAにはない.

特に真核生物のmRNAがメッセンジャーたるには以下のいくつかの特徴的な構成要素（**図1A**）を満たす必要がある. 5′cap構造はmRNAの5′末端に存在しており, 7位の窒素がメチル化されたグアノシン（m7G）とmRNAの1番目の塩基とが5′-5′トリリン酸結合を

［略語］
ARCA：anti-reverse cap analog
DMSO：dimethylsulfoxide
dsRNA：double-stranded RNA（二本鎖RNA）
HPLC：high-performance liquid chromato graphy（高速液体クロマトグラフ法）
IVT：*in vitro* transcription（試験管内転写反応）
LNP：lipid nano particle（脂質ナノ粒子）

mRNA：messenger RNA（メッセンジャー RNA）
ORF：open reading frame（翻訳領域）
RIG-I：retinoic acid-inducible gene-I
ssRNA：single-stranded RNA（一本鎖RNA）
TLR：Toll-like receptor（Toll様受容体）
UTR：untranslated region（非翻訳領域）

Gene expression with modified mRNAs
Tairin Kawasaki[1] /Miki Takaba[1] /Hiroshi Abe[1]~[4]：Department of Chemistry, Graduate School of Science, Nagoya University[1] /Research Center for Materials Science, Nagoya University[2] /CREST, Japan Science and Technology Agency[3] /Institute for Glyco-core Research（iGCORE）[4]（名古屋大学大学院理学研究科理学専攻化学[1] /名古屋大学物質科学国際センター[2] /科学技術振興機構CREST[3] /東海国立大学機構糖鎖コア研究所[4]）

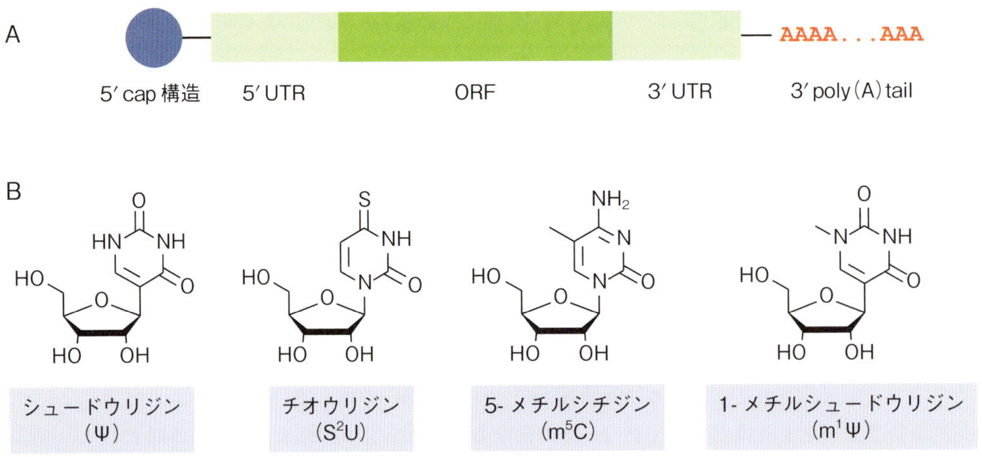

図1　mRNAの構造と修飾核酸
A）mRNAは5′cap構造・5′UTR・ORF・3′UTR・3′poly（A）tailから構成される. **B**）合成したmRNAを投与する際, これらの修飾核酸を導入すると免疫刺激が抑制される.

なしている. また3′末端には連続したアデノシン配列をもち3′poly（A）tailとよばれている. 遺伝子がコードされている領域であるORF〔またはCDS（coding sequence）〕はスタートコドン・ストップコドンで挟まれている. ORFの上流（5′側）／下流（3′側）には翻訳されない領域であるUTRが存在する. これらの構成要素は他の生体分子と複雑に作用し合っており, mRNAが機能するために重要である.

1 mRNA医薬の勃興

1961年にmRNAが初めて観測され[1], その10年後には単離したmRNAからのタンパク質への翻訳[※1]が*in vitro*で確認された[2]. 1984年にはSP6 RNAポリメラーゼを用いてIVT（*in vitro* transcription）でmRNAを合成する技術も開発された[3]. 1990年, Wolffらによって合成mRNAをマウスに筋肉注射するとタンパク質が発現することが示された[4]. mRNA医薬なるコンセプトを打ち出すには十分な結果であろう. LNPを用いるデリバリー技術の発展とともに, 90年代には

> **※1　翻訳**
> mRNAからタンパク質が合成される過程. mRNA, 翻訳開始因子, poly（A）結合タンパク質の複合体にリボソームがよび込まれスタートコドンから翻訳が始まる. ストップコドンに達すると合成されたタンパク質, リボソームは乖離する.

さまざまな病症に対してmRNAの投与効果が報告された. しかし実際に応用するのはそう簡単ではなかった. 問題になったのは免疫原性, すなわち副作用である. 細胞は外来RNAに対するさまざまな受容体を有しておりウイルスの侵攻に備えている. 例えばエンドソームではTLR3, TLR7, TLR8がdsRNAやssRNAを, 細胞質ではRIG-I, MDA-5がdsRNAや5′末端がトリリン酸化されたRNAを認識して免疫を活性化する. このようなシステムは, 合成したmRNAの投与により重篤な副作用を起こしかねない. 合成したmRNAを医薬品として用いるには安全性の担保が必要不可欠であった. また, 免疫シグナルが過剰に分泌されるとタンパク質の翻訳が抑制されることも問題で薬効に大きくかかわる.

2 免疫原性を回避する修飾mRNA

1）コロナワクチンに使われた修飾ウリジン

ブレイクスルーは修飾核酸についての基礎的な研究を発端にもたらされた. 例えばtRNAが多くの修飾核酸で構成されるように, 自然界には数多くの修飾核酸がみられる. 2005年, Karikó, Weissmanらは合成mRNAによる遺伝子発現において, 天然に存在するさまざまな修飾核酸, シュードウリジン（Ψ）, チオウリジン（S²U）, 5-メチルシチジン（m⁵C）（**図1B**）など

を非修飾核酸の代わりに用いた[5]．この研究において
これら修飾核酸は免疫刺激を著しく抑制することが認
められた．後年，1-メチルシュードウリジン（m¹Ψ）
（**図1B**）が免疫原性を抑えながらもさらにタンパク質
発現を向上することが発見された[6]．m¹Ψはコロナワ
クチンにも応用され人類を未曾有の危機から救った．

　mRNAに特徴的な構造はすでに述べたとおりであり，
この構造を有していれば免疫系統を著しく刺激するこ
とはない．問題となるのはcap構造をもたないssRNA
またはdsRNAが，RNA合成時に不純物として混ざっ
てしまうことにある[7]．実際に，非修飾UTPを用いて
IVT合成したRNAをある程度精製することで，免疫
応答を低下させることが可能である[8]．m¹Ψという修
飾はssRNAの高次構造や，受容体との相互作用に影響
を与えて免疫原性を回避するといわれている．また
RNA合成時にdsRNAの生成量を減少する効果も示唆
されている[9]．これらはmRNAの高度な精製工程を省
けることを意味しており，パンデミックのような迅速・
大量に供給が求められる事態にも対応できた点でメリッ
トとして働いた．

2）修飾mRNAから意図しないタンパク質が 生成しうる

　近年，コロナワクチンが世に普及した後で，m¹Ψ修
飾されたmRNAによる翻訳において目的とするタンパ
ク質とは異なるものも生成する可能性が指摘された[10]．
これはm¹Ψ上でリボソームが＋1フレームシフト，す
なわちm¹Ψをスキップしてコドンの解読にずれが生じ
ることで引き起こされる．塩基の修飾がtRNAやリボ
ソームとの相互作用に影響を与えた結果であると考え
られる．使用されたコロナワクチンでは問題にならな
かったが，今後修飾核酸を使用してmRNA医薬品を開
発する場合には無視できない事実である．

　上記のようなリスクを孕む修飾核酸m¹Ψの使用を避
け天然型のUを採用するためには，合成mRNAの純度
がきわめて重要で，合成中に混ざる不要なssRNAや
dsRNAを完全に取り除く必要がある．このmRNAの
精製方法について，5′ capの修飾を利用したわれわれ
の提案を紹介する前に，いかにしてRNA合成のなか
に不要物が生成するのかをより詳しく述べる．

3）試験管内転写反応で合成されたmRNAは 不純物を含む

　すでに述べた通り，真核生物のmRNAは5′ 末端に
5′-5′ トリリン酸結合を介してm⁷Gを有している．こ
の5′ cap構造は，その発見以来，翻訳活性の向上，プ
ロセシングの制御，RNA切断酵素に対する安定性の向
上，核外輸送などの重要な機能が解明されてきた[11]．
とりわけcap構造による翻訳活性化効果はmRNA医薬
分野においても決定的な役割を果たすため，その導入
方法が研究されている．なかでも共転写法を利用する
ことが現在の主流といえる．共転写法ではcapアナロ
グとよばれる，cap構造を有する数塩基からなるオリ
ゴ核酸が用いられる．ヌクレオシド三リン酸（NTP）
と鋳型DNAに加えcapアナログを混合させれば，RNA
ポリメラーゼによってcapアナログからRNAを伸長で
き，合成されたRNAにcap構造が付与される．しかし
広く使用されているT7 RNAポリメラーゼはグアノシ
ンを起点にしてRNAを伸長するため，RNA伸長起点
に関する2つの問題①②が発生する．①m⁷Gの3′ 位酸
素もRNAの伸長起点として機能しうる．この問題は
同酸素をメチル化することで完全に克服された．cap
アナログとして3′ O-7N- ジメチルグアノシンとグアノ
シンで構成されたARCAが広く使われている．②cap
アナログからの伸長に競合してグアノシン三リン酸
（GTP）からもRNAが合成される．すなわち共転写法
によるmRNA合成は常にcap化／未cap化RNAの混
合物を与える[12]．特にこの2種類のRNAは似通った物
理的性質をもつため分離することが困難である．この
問題が重大であることは，わずかな5′-トリリン酸
ssRNAの存在が重篤な免疫応答を引き起こすという
Moradianらの報告からも明らかである[13]．

　またmRNAの転写合成中にはdsRNAも生成しうる．
これはT7 RNAポリメラーゼがDNAテンプレートの
相補鎖を鋳型にRNAを伸長した結果である．転写開
始を指示するプロモーター配列がなくても，相補鎖
RNAは合成されうることが報告されている[7]．

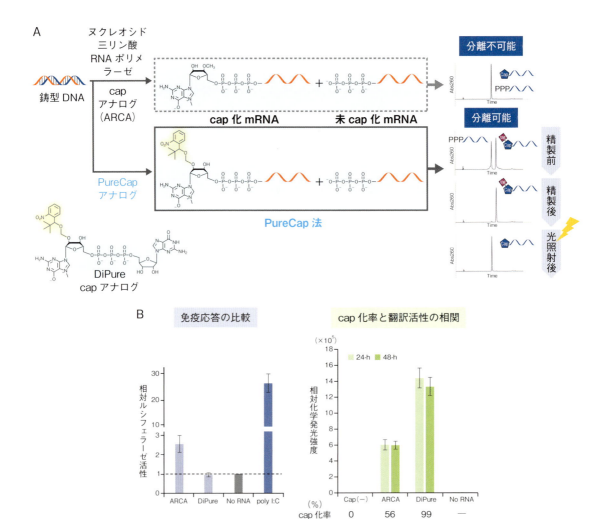

図2　PureCap法によるmRNAの精製とその効果
A）一般的なARCAを使用してmRNAを合成した場合，物理的性質の似ているcap化RNAと未cap化RNAとを分離することは困難である．残存する未cap化RNAは免疫を刺激しうる．一方で開発したPureCapアナログを使えば逆層HPLCにより分離できる．B）免疫誘導が起こるとレポーターとしてルシフェラーゼが発現する．NF-κB reporter(Luc)-HEK293細胞を用いて免疫の活性化を評価した．ARCAを用いて合成したmRNAが免疫を誘導したのに対して，PureCap（DiPure）を用いたものではほとんど観測されなかった．poly I:CはTLRのアゴニストとなるdsRNAであり，高い免疫誘導を示す．また，NanoLucルシフェラーゼをコードしたmRNAを合成して翻訳活性を評価した．PureCap法で合成したmRNAは高純度であり，ARCAを用いて合成したものより高い翻訳活性を示した．

3 化学修飾capアナログが高純度mRNA合成を可能にする

1）疎水性タグを利用したmRNAの精製：PureCap法

果たして完璧な純度のmRNAを合成することはできないのかという問いには，単純な化学修飾capアナログを使ったアプローチで応えることができた[14]．新たに開発したcapアナログ（PureCap）において，m7Gの2'位酸素にオキシメチル基を介してa-$tert$-ブチル-2-ニトロベンジル基を導入した（**図2A**）．共転写反応によって得られるcap化mRNAの5'末端には同様の化学修飾が付与されることになる．例により未cap化RNAの生成は避けられないが，この2者を逆層HPLCで簡便に分離することができた．数百〜数千塩基からなるRNAに対してわずか1塩基に導入した化学

修飾の疎水性が分離可能なまでに影響を及ぼしたことになる．このようにしてcap化RNAと未cap化RNAとを分離した後に365 nmの光を照射するのみで，応答したニトロ基由来の反応により人工的に導入した置換基は迅速に切り出され99％を超える純度のmRNAが得られる．実際に合成した高純度のmRNAは不純物に起因する免疫を誘導しないことが実験により明らかになった（**図2B**）．ARCAを用いて合成されたmRNAが免疫を活性化した結果と対照的である．精製の恩恵は翻訳効率にもみられ，HeLa細胞を用いた実験においてARCAと比べ約2倍高い値を示した．

2）5′capに隣接する塩基の2′-Oメチル化修飾（cap 1・cap 2）

自然界においてmRNAのcap構造付近は活発に修飾を受ける領域であることが知られている．1番目の塩基の2′位酸素はm7G特異的2′-Oメチルトランスフェラーゼ（CMTR）によりメチル基が付加される[15]．この1番目の塩基がメチル化された構造をcap 1構造とよぶ．同様にメチル化を受けていないものはcap 0，2番目の塩基までメチル化されたものはcap 2とそれぞれよばれている（**図3A**）．

cap 1構造を有するmRNAはcap 0のものに比べてRIG-Iに対する親和性が弱化されることが報告されている[16]．すなわちcap 0よりも免疫系を刺激しないということである．またRIG-Iが外来RNAを検知すると抗ウイルス因子IFITの産生が促進される．この因子はcap 0型mRNAを認識してその翻訳を阻害するのに対して，cap 1型を認識しない[17]．このようにcap 1構造は自己RNAを外来RNAと区別するために重要な修飾であることがわかる．

cap 2構造の生物学的意義は未解明なところが多いものの，近年，cap 1に比べてさらにRIG-Iから認識されにくいことが示された[18]．生体内では転写により産生されるmRNAがすみやかにcap 1型になるのに対して，cap 2は細胞質に長時間存在するcap 1型RNAがCMTR2によって徐々にメチル化されることで生じる．この修飾がRIG-I以外のタンパク質とどのようにかかわるのかを解明することは今後の課題といえるだろう．

3）capアナログによるcap 1・2構造の付与

cap構造付近のメチル化は重要であり，mRNAのIVT合成においてこれらを導入する手法が開発されている．cap 1構造を導入するためには，あらかじめ2′-Oがメチル化されたトリヌクレオチドのcapアナログを使用する必要がある[19]．似たようにcap 2構造を導入する場合は2カ所の2′-Oがメチル化されたテトラヌクレオチドのcapアナログが用いられる[20]．われわれが提案したPureCap法でもcap 1，2構造を導入するためにトリヌクレオチドさらにテトラヌクレオチドのcapアナログ（TriPure_1，TetraPure_2）を開発した（**図3A**）．これらをIVTに用いて目的とするmRNAを合成できることを確認した．また合成したmRNAを上述と同様にHPLCで精製することが可能で純度の高いcap 1，cap 2型のmRNAが得られる．

PureCap法で調製したcap 1，2型のmRNAを用いて翻訳活性を評価した（**図3B**）．cap 1型mRNAはcap 0とさほど変わらない翻訳活性を示したのに対して，cap 2型のものでより高い活性がみられた．cap 1と比較すると，HeLa細胞では投与後48時間後に約1.7倍，JAWS II細胞では72時間後に約2.7倍高い活性を示した．この傾向はマウスに対する投与で顕著に現れ，肝臓においては約6倍，脾臓においては約2.5倍高い活性を示した．この一連の研究はcap 2構造の導入がmRNA医薬の新たな指針となりうることを示している．

4 位置特異的な修飾mRNAが拓く新境地

1）mRNAの完全化学合成は精密な修飾を可能にする

ここまででmRNAに対する修飾が免疫原性を回避し，それにより翻訳活性の向上につながることをおわかりいただいた．用いるmRNAはIVTという酵素反応により調整される．精巧にデザインされたcapアナログを用いれば末端の塩基に特異的に修飾を加えることもできる．しかしながらT7 RNAポリメラーゼはそれ以外の塩基を選んで特異的に修飾を施すことはできない．また施される修飾は必然的に酵素反応と調和性のある構造に限られる．一方で化学的にRNAを重合する手法も開発されている．確立された反応のくり返しにより，核酸のアミダイト試薬をモノマーとして1塩基ずつ伸長していく．RNAは3′→5′方向で伸長され，これはポリメラーゼの伸長方向と反対である．技術的に最長150塩基程度と鎖長の制限はあるが，化学

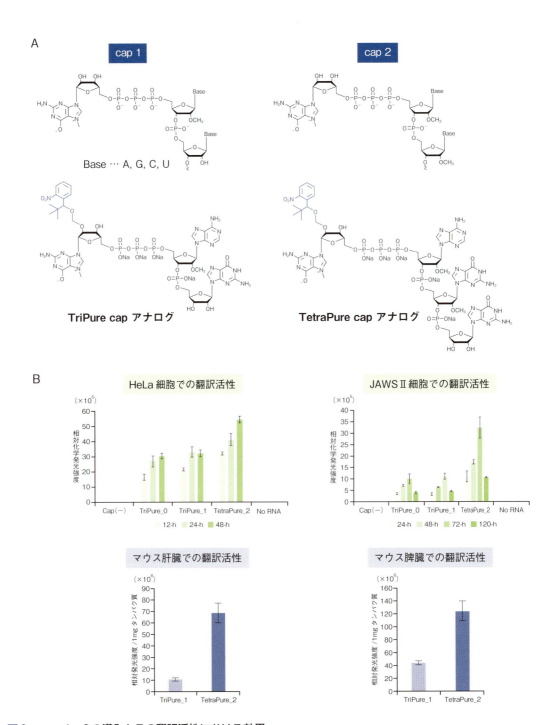

図3 cap 1・2の導入とその翻訳活性における効果
A) トリヌクレオチド型・テトラヌクレオチド型のcapアナログを用いてcap 1・2構造をそれぞれ導入できる．B) NanoLucルシフェラーゼをコードしたmRNAを，PureCap法を用いて合成し，cap 1および2構造の翻訳活性を評価した．HeLa細胞，JAWSⅡ細胞，マウスへの投与においてcap 2型のmRNAが他のものと比べて高い翻訳活性を示した．

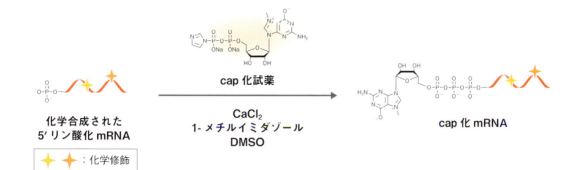

図4 mRNAの完全化学合成におけるcap化反応
核酸合成機で調製した5′-モノリン酸化RNAに対して，DMSO溶媒中，塩化カルシウム，1-メチルイミダゾールの存在下でcap化試薬を反応させてcap化mRNAを調製できる．

合成[※2]によって修飾位置を精密に指定できることに加え，多様な修飾が可能となる．

2) 化学的cap化反応

mRNAでは5′ capという特徴的な構造が重要な役割を果たしていることはすでに述べた．mRNAの化学合成に見る問題はcap構造をいかに導入するかというところにある．自然界では転写により産生されるRNAは直ちにポリヌクレオチド-5′-ホスファターゼ，グアニル酸転移酵素，N7-メチル化酵素により5′ cap構造を付与される．化学合成したRNAに対して酵素的にcap化することも可能であるが，最も簡便な手法の1つは化学的なcap導入反応であると考えられる．かつて畑らは化学合成した9塩基のRNAに対して5′位のリン酸をカルボニルジイミダゾールで活性化した後にm7GDPとの反応によりcap化RNAを合成している[21]．中村（尾崎）らはm7GDPをイミダゾリド化してあらかじめ活性化させたcap化試薬（Im-m7GDP）を開発した．この試薬と化学合成した72塩基の5′リン酸化RNAとを塩化マンガンの存在下，水系で反応させてcap化RNAを合成した[22]．この手法ではcapの導入率は40％にとどまり，実用的に用いるには改善の余地があった．われわれは先行研究に着想を得て高効率な化学的cap導入反応の開発に取り組み，位置特異的な修飾を含むmRNAの完全化学合成をめざした[23]．

上述のIm-m7GDPは水の存在下で比較的すみやかに加水分解される．そのため先行研究のような水系での使用は理想的でない．近年有機溶媒中での化学反応に核酸を用いる研究が行われている．われわれは中村らの反応が有機溶媒中で進行するかを，19塩基のRNAを基質に用いて検討した．溶媒にDMSOを用い塩化カルシウムの存在下で55℃に加熱すると目的のcap化RNAの生成が確認された．メチルイミダゾールの添加が反応を促進する効果も認められ，添加量を増加させることで90％程度までcap導入率が向上した（**図4**）．

本反応はcap導入反応と同時にRNAの分解も起こるため，反応時間の制御が重要である．より長い109塩基のRNAを反応に用いた際に分解が顕著に観測され，6時間後のRNA回収率は反応開始時の44％にまで減少した．結果的に95％のcap導入率，58％のRNA回収率でcap化RNAを得られる3時間を最適条件とした．この化学的にcap構造を導入する手法の開発によりmRNAの完全化学合成を確立したといえる．

3) ORF以外にリンカー構造をもつmRNAは翻訳活性が保たれる

開発したmRNAの化学合成法によって位置特異的な修飾を加えたmRNAを迅速に調製し，HeLa細胞に投与して翻訳における効果を調べることができた．興味深い結果が観測されたのは，トリエチレングリコールリンカーを計5カ所のさまざまな位置に導入した際である．Linker_1～5と名付けたそれぞれのRNAにトリエチレングリコールリンカーを，5′ capと5′ UTRの間，

※2 化学合成
核酸アミダイトをモノマーとして，①脱保護 ②カップリング ③キャッピング ④酸化をくり返し，1塩基ずつ伸長する固相合成法．アミダイトや酸化剤の種類を指定することで酵素反応では導入できない構造を付与できる．

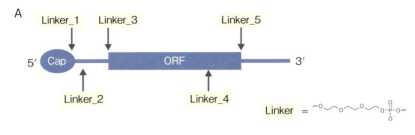

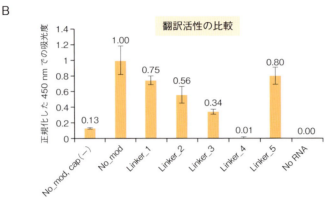

図5 トリエチレングリコールリンカーの導入とその翻訳活性における影響
A）FLAGタグをコードしたmRNAを化学合成した．その際，トリエチレングリコールリンカーを，cap構造と5′UTRの間（Linker_1），5′UTRの中（Linker_2），5′UTRとORFの間（Linker_3），ORFの中（Linker_4），ORFと3′UTRの間（Linker_5）に導入した．B）発現するFLAGタグに対してELISA法を用いて翻訳活性を評価した．No_modは何も修飾を施していない天然型のmRNAを表し，最も高い翻訳活性が見られた．Linker_4で翻訳が著しく抑制されたものの，それ以外ではある程度の活性を示した．

5′UTR内，5′UTRとORFの間，ORF内，ORFと3′UTRの間に挿入した（図5A）．これらの修飾mRNAのなかでORFに修飾を加えたLinker_4のみで翻訳がほぼ完全に抑制された．それ以外に関しては一定の活性の低下がみられたものの著しく抑制されることはなかった（図5B）．この結果はUTRに対する修飾が一定の許容範囲をもつことを示唆しており，適した修飾を施すことで安定性や翻訳活性の向上が望めることを意味する．これはmRNAの完全化学合成により初めて見えた展望であり，今後有望な修飾のスクリーニングを行うなど，より詳細な検討が必要である．

また5′cap付近の修飾が翻訳に与える影響も調べることができた．mRNAの化学合成でcap2さらにはcap4構造を導入したところ，翻訳活性は非修飾のものと比べてそれぞれ2.6倍，1.6倍に向上することが認められた．cap2構造が翻訳活性を向上する結果は，PureCap法を用いた検討と矛盾ないものであった．

おわりに

ここまでmRNA医薬の実用化や品質管理に化学修飾が重要であることをおわかりいただいた．特にmRNAの完全化学合成は緻密に修飾を導入できる反面，合成できる鎖長に限りがある．この限界値を広げるような今後の合成技術の発展に期待したい．また小さなタンパク質の発現であれば，短い化学合成mRNAでも十分に利用可能と考えられる．例えばワクチンを設計する際にも，大きな抗原タンパク質から，免疫を誘導しうる最小単位のユニットを特定するような技術の開発も望まれる．mRNA医薬分野は比較的新しく発展の余地を残している．さまざまな分野の研究者が分野横断的に参入し，当分野がますます活性化することを願うばかりだ．

文献

1) Brenner S, et al：Nature, 190：576-581, doi:10.1038/190576a0 (1961)
2) Gurdon JB, et al：Nature, 233：177-182, doi:10.1038/233177a0 (1971)
3) Krieg PA & Melton DA：Nucleic Acids Res, 12：7057-7070, doi:10.1093/nar/12.18.7057 (1984)
4) Wolff JA, et al：Science, 247：1465-1468, doi:10.1126/science.1690918 (1990)
5) Karikó K, et al：Immunity, 23：165-175, doi:10.1016/j.immuni.2005.06.008 (2005)
6) Andries O, et al：J Control Release, 217：337-344, doi:10.1016/j.jconrel.2015.08.051 (2015)
7) Mu X, et al：Nucleic Acids Res, 46：5239-5249, doi:10.1093/nar/gky177 (2018)
8) Nelson J, et al：Sci Adv, 6：eaaz6893, doi:10.1126/sciadv.aaz6893 (2020)
9) Nance KD & Meier JL：ACS Cent Sci, 7：748-756, doi:10.1021/acscentsci.1c00197 (2021)
10) Mulroney TE, et al：Nature, 625：189-194, doi:10.1038/s41586-023-06800-3 (2024)
11) Furuichi Y & Miura K：Nature, 253：374-375, doi:10.1038/253374a0 (1975)
12) Vlatkovic I, et al：Pharmaceutics, 14：328, doi:10.3390/pharmaceutics14020328 (2022)
13) Moradian H, et al：Mol Ther Nucleic Acids, 27：854-869, doi:10.1016/j.omtn.2022.01.004 (2022)
14) Inagaki M, et al：Nat Commun, 14：2657, doi:10.1038/s41467-023-38244-8 (2023)
15) McCracken S, et al：Genes Dev, 11：3306-3318, doi:10.1101/gad.11.24.3306 (1997)
16) Devarkar SC, et al：Proc Natl Acad Sci U S A, 113：596-601, doi:10.1073/pnas.1515152113 (2016)
17) Daffis S, et al：Nature, 468：452-456, doi:10.1038/nature09489 (2010)
18) Despic V & Jaffrey SR：Nature, 614：358-366, doi:10.1038/s41586-022-05668-z (2023)
19) Ishikawa M, et al：Nucleic Acids Symp Ser (Oxf), 53：129-130, doi:10.1093/nass/nrp065 (2009)
20) Drazkowska K, et al：Nucleic Acids Res, 50：9051-9071, doi:10.1093/nar/gkac722 (2022)
21) Iwase R, et al：Nucleic Acids Res, 20：1643-1648, doi:10.1093/nar/20.7.1643 (1992)
22) Sawai H, et al：J Org Chem, 64：5836-5840, doi:10.1021/jo990286u (1999)
23) Abe N, et al：ACS Chem Biol, 17：1308-1314, doi:10.1021/acschembio.1c00996 (2022)

＜著者プロフィール＞

河﨑泰林：京都大学での学生時，また博士研究員としてColumbia大学在籍時に光エネルギーや遷移金属触媒，カルベン触媒を用いた分子変換手法の開発に従事．その後，名古屋大学阿部洋研究室に参加し，mRNAの機能向上・拡大をめざした化学的な方法論の開発に取り組む．

高羽未来：2024年に名古屋大学理学部化学科を卒業，同大学院理学研究科に在学中．生物有機化学研究室にて，化学合成を用いたmRNAの分子設計に取り組み，核酸医薬への寄与をめざす．

阿部　洋：2001年に北海道大学で博士号を取得．博士研究員として米国MIT，スタンフォード大学に渡った後，理化学研究所専任研究員，北海道大学准教授を経て，2015年より名古屋大学理学研究科にて教授として生物有機化学研究室を主宰．

索 引

数 字

1-メチルシュードウリジン … 195
2-ニトロベンジル基 ………… 196
3′ poly（A）tail …………… 194
4.5SH ………………… 74, 77
4.5SH RNA ………………… 77
5′-3′エキソヌクレアーゼ XRN2
………………………………… 23
5′cap 構造 ………………… 193

和 文

あ

アクロセントリック染色体…… **134**
アデノシンデアミナーゼ … 77
アプタザイム……………… 174
アプタマー……………… 12, 174
アポトーシス……………… 62
アミロイド………………… **136**
アレル特異的発現……………… 17
アンチセンス lncRNA ……… 148
アンチセンスオリゴヌクレオチド
………………………………… 77, 99
アンチセンス核酸……………… 186

い・う

異常 RNA ………………… 124
異常発現………………… 117
遺伝子治療………………… 148
遺伝子の新生……………… 54
インシュレータータンパク質
……………………… 105, **106**
ウイルスセンサー……………… 63

え

液-液相分離 ………… 83, 98, **134**
エキソンインクルージョン…… 188
エキソンスキップ………… 12, 78
エキソントラッピング……… 190
エピジェネティックな転写制御
………………………………… **135**

お

塩化カルシウム…………… 199
エンハンサー…………… 102, 111
エンハンサー RNA …………… 98

お

オーガナイザー…………… 144
オーキシンデグロン法……… **107**
オックスフォードナノポア
テクノロジーズ …………… 36
オフターゲット作用……… 189
オンターゲット作用……… 189

か

界面…………………………… 84
改良 RNA 抽出法 ………… 45
化学合成…………………… **199**
化学プロービング法………… 28
化学量論…………………… 131
核移行……………………… 145
核酸アプタマー…………… 154
核スペックル……………… 84
核内ストレス体……………… 89
核マトリクス……………… 109
カルバック・ライブラー距離…… 41
がん………………………… 116
環状 RNA ……… 12, 127, 172, 182

き

機能性 ncRNA 探索 ………… 47
機能性 RNA ……………… 170
キャップ構造………………… 10
ギャップマー型…………… 187
近接ライゲーション………… 28

く

グアニル酸転移酵素………… 199
クライオ電子顕微鏡………… 165
クラスエフェクト………… 189
クロスリンク（架橋）………… 28
クロマチンアクセシビリティ…… 70

け

ゲノム空間配置……………… 68
原始遺伝子………………… 54

こ

コア-シェル構造…………… 83
酵素プロービング法………… 28
ゴノサイト期……………… **70**
コヒーシン………………… 103
コピー数異常……………… 118
混合ガウスモデル…………… 41
コンパートメント………… 111

さ

細胞性粘菌………………… 140
サイボーグ RNA …………… 154

し

シード領域………………… 59
シグナルアラインメント法…… 41
試験管内転写反応………… 195
修飾核酸………………… 194
シュードウリジン…………… 10
腫瘍形成………………… 116
少数細胞解析……………… 71
新規転写物………………… 47
親水性ドメイン……………… 84
新生 RNA ………………… 20
新生遺伝子………………… **54**

す

スーパーエンハンサー……… 98
スプライシング…………… 14, 91
スポンジ機能……………… 85

せ

生殖細胞…………………… 66
生体分子凝縮体……………… 95
脊髄小脳変性症 31 型 ………… 93
センス・アンチセンス転写物
……………………… 148, **149**
選択的スプライシング……… 143
セントロメア……………… 15

そ

挿入配列…………………… 163
相分離……………………… 131

※**太字**は本文中に『用語解説』があります

疎水性···197

た
多価性···8
多価相互作用································82

ち
長距離クロマチン間相互作用······95
長鎖ノンコーディングRNA
　（lncRNA）·································80
長鎖非コードRNA（lncRNA）···20

て
低複雑性領域································82
テザリング·····································69
転移因子·······································15
転写···20
転写開始点·····································21
転写凝縮体·····································97
転写産物終了点································21
転写調節·······································98
転写抑制·······································67
天然変性領域··········10, 82, 98, 131

と
トポロジカルドメイン·····················96
トランスポザーゼ···························163
トランスポゾン·······················66, 163
トリエチレングリコールリンカー
　···199

な
内在性レトロウイルス···················114
ナノポアシークエンサー··················36
難抽出性································11, 44
難抽出性RNA-seq解析··················45
難抽出性RNA調製·······················45

に・ぬ・の
乳がん···98
ヌードマウス································119
ノンコーディングRNA·····················8
ノンコーディングリピート病···········91

は
パキテンpiRNA·····························70
パキテン期·····································**70**
ハプロタイプフェージング···············17
ハプロ不全症の治療······················152
パラスペックル······························82
晩期再発·······································**98**

ハンマーヘッドリボザイム······**183**

ひ
非コードRNA（ncRNA）··········95
非コード領域································116
ヒストン脱アセチル化酵素······111
ヒストンメチル化酵素···········112
非膜オルガネラ·················9, 45, 80

ふ
福山型筋ジストロフィー···········186
ブランチポイントアデノシン
　（BPA）································**182**
ブリッジRNA······························165
プレパキテンpiRNA·····················70
ブロック共重合体··························83
プロモーター································111
分子コンデンセート·························9
分子スポンジ·······························128

へ
ベースコーラー··························**36**
ヘテロクロマチン······67, 109, 112,
　114, **135**
ペリセントロメア··························92

ほ
ホスホロチオエート結合··········188
ポリコーム群（PcG）タンパク質
　複合体····································112
ホリデイジャンクション中間体
　···167
ポリヌクレオチド-5′-ホスファ
　ターゼ····································199
ポリペプチド·································50
翻訳···**194**

み・め・ゆ
ミスマッチ塩基対··························178
ミセル化·······································83
メチルイミダゾール·······················199
ユビキチン化・脱ユビキチン化
　···**120**

り
リードスルーRNA·····················**25**
リコンビナーゼ···························164
リピート関連非ATG依存性（RAN）
　翻訳··**178**
リピート配列······················8, 82, 90
リピート病···································178

リボザイム··············133, 170, 183
リボスイッチ································174
リボソームRNA··························133
リボソームプロファイリング
　（Ribo-seq）·························9, 51
リボヌクレアーゼH······················187
リン酸化·······································145

る
ループ-ループ相互作用········**183**
るつぼ機能·····································85

れ
レトロトランスポゾン···················148
レトロトランスポゾン配列······191

ろ
ロングリードシークエンス···**14**, 124
ロングリードシークエンス技術
　··8, 14

欧　文

A
α-ジストログリカン（α-DG）
　···190
adaptive sampling···················16
ADAR·······································172
ADAR1································60, 77
age-related macular degeneration
　···155
AGPC試薬···································43
AI··174
Alu··**75**
AMD···155
ANRIL······································120
antisense oligonucleotide（ASO）
　···186
APEX2··86
ARCA···195
architectural RNA（arcRNA）
　··46, 81
arcRNA································12, 46
Argonaute（AGO）···········59, 67
ASBEL······································120
ASO···77

B
Barnase·····································173

Barstar ···························· 173
BC1 ···························· 74, 75
BC1 RNA ······················· 75
BC200 ·························· 74, 76
BC200 RNA ····················· 76

C

cap 1 ····························· 197
cap 2 ····························· 197
cap アナログ ··················· 195
cap 化反応 ······················ 199
CCAT1 ························· 122
cDNA シークエンス ··········· 15
ChAR-seq ························ 86
CHART ··························· 86
ChIRP ···························· 86
circular RNA ··················· 127
ciRS-7/CDR1as ················ 129
CLK1 ···························· 92
CPA (cleavage and polyadenyla-
tion) 複合体 ················· 23
Cre ······························· 166
CRISPR/Cas9 ·················· 140
CTCF ···························· 103
Cyrano ···················· 127, **128**

D

DamID-seq ······················ 69
DAPALR ······················ 141
dChIRP 法 ······················ 86
de novo DNA メチル化 ········· 70
Dicer ····························· 58
Dictyostelium discoideum ····· 144
Direct RNA sequencing ········· 36
direct RNA (dRNA) シークエンス
································· 15
DMSO ··························· 199
DNA アプタマー ················ 158
DNA ハイドロキシメチル化 ··· **120**
DoG ······························ 47
Dorado ··························· 37
downstream-of-gene transcript
································· 47
Drosha ··························· 58
dsRBD ··························· 60
Dsx1 ···························· 141
dutA ···························· 144

E

E3 リガーゼ ···················· 112
ELEANOR ····················· 12
enod40 ························· 143
eRNA ···························· 122
exon-skipping ··················· **174**

F

FAPS ····························· 86
FCMD ··························· 186
Functional ANnoTation of the
Mammalian Genome (FANTOM)
国際プロジェクト ··········· **149**

G

Gapmer ·························· **118**
GAS5 ··························· 121
Gaussian Mixture Model ········ 41
GENCODE ······················ 117
Genotype-Tissue Expression
(GTEx) ······················ 16
glmS リボザイム ················ 175
GRID-seq ························ 86
GRO-seq (Global Run-On
sequencing) 法 ·············· 22
GUARDIN ····················· 123

H

H19 ······························ 127
H2AK119ub ···················· 112
H3K27me3 ······················ 112
H3K9me3 ························ 68
Hi-C ····························· **96**
HiC-seq ·························· 70
hnRNPK ························· 113
HNRNP ファミリー ············· 91
HOTAIR ························ 119
HRP ······························ 86
HSAT Ⅲ ···················· 12, 89
HSAT Ⅲ lncRNA················ 85
HSF1 ····························· 92
HUSH (human silencing hub)
複合体 ······················· 25
HyPro 法 ························· 86

I

IAP (IAPEz-int) ··············· **114**
icSHAPE 法 ················ 150, **151**
IFN 応答························· 62

iMARGI ·························· 86
Integrator 複合体 ················ 24
intron detention ················· 92
IRES ····························· 171
IS110 ファミリー因子 ·········· 164
IS110 ファミリーリコンビナーゼ
································· 164
IS621 因子 ······················ 165
IS621 リコンビナーゼ ·········· 165
IS 因子 ··························· 164

K・L

k-mer 解析 ······················ **47**
Lamin DamID-seq ·············· **69**
lamina-associated domain (LAD)
································· 69
LED ····························· 123
let-7 ····························· 57
LGP2 ····························· 62
lincRNA-p21 ··················· 123
lncRNA ················· 20, 80, 116

M

m6A 修飾 ························ 92
m6A リーダータンパク質 ······· 93
MALAT1 ·················· 12, 122
MEG3 ··························· 123
MELAS ··························· 40
MERRF ··························· 40
microRNA (miRNA) ············ 57
MILIP ··························· 123
miRNA ····················· 10, 172
miRNA 応答型 mRNA スイッチ
································· 172
miRNA スポンジ ················ 142
MLO ····························· 45
mRNA ··························· 193
MUSIC ··························· 87

N

N6- メチルアデノシン············ 112
N^6- メチルアデノシン (m^6A) ··· 36
N7- メチル化酵素················· 199
ncRNA ··················· 8, 28, 95
NEAT1 ·························· 10
NET (Native Elongating
Transcript)-seq 法 ············· 23
NEXT (nuclear exosome targeting)
複合体 ························ 25

NONCODE ···················· 117
Nonsense mediated mRNA decay
················· **191**
NORAD ··············10, 119, 127
NP ボディ ························· 131
Nuclear Run-On アッセイ ········ **22**

O

O-MAP 法···················· 86
ORF（open reading frame）
·····················**50**, 194

P

p21 ························· **110**
p53 ························· **123**
PACT ······················· 60
PANDA ····················· 123
PARIS ···················· 28, 86
PCA3 ····················· 117
PCAT1 ···················· 119
PCGEM1 ···················· 117
phosphorothioate bond（PS 結合）
···························· 188
PIC 法······················· 87
piRNA ···················· 11, 66
PIWI ························ 67
PIWI サブファミリータンパク質
···························· **67**
POINT（POlymerase Intact
Nascent Transcript)-seq 法 ··· 23
PRC1 ······················· 112
PRC2 ······················· 112
PRO（Precision nuclear Run-On)-
seq 法 ······················ 22
pseudoexon（偽エキソン）······ 191
PTEN ····················· 121
PTENP1 ···················· 122
Pumilio ···················· 129
Pumilio 依存的 RNA 分解 ······ 130
PURPL ···················· 123
PVT1 ····················· 119

R

R-loop ······················ **23**
RADICL-seq····················· 86

RAP ························· 86
RD-SPRITE ·················· 86
Red-C························· 86
Remora ···················· 37
Restrictor 複合体 ·············· 25
RIC-seq ···················· 86
RIP ························· 118
RISC ························· 58
RNA pull-down ·············· 117
RNA-RNA 相互作用 ··········· 28
RNA-seq ···················· 28
RNase H····················· 187
RNA アプタマー ············· 155
RNA 医療 ··················· 153
RNA 凝集体 ············ 180, 181
RNA クラウド ················ 97
RNA 結合タンパク質 ······ 81, 145
RNA 構造 ··················· 150
RNA シークエンシング ········ 140
RNA 修飾 ··················· 35
RNA 修飾病 ················· 40
RNA 抽出法 ················· 43
RNA 毒性 ············· 178, 180
RNA 毒性モデル ············· 91
RNA 品質管理機構 ············· 17
RNP（RNA-タンパク質複合体)
···························· 83
Rosa26 ···················· 127
rRNA ························· 29

S

SAMMSON ·················· 119
SAT ペア ··················· 30
Sequential FISH/ 免疫染色 ····· 86
Shep ························· 141
SINE B1····················· 77
SINE-VNTR-Alu（SVA）型
レトロトランスポゾン ········· 190
SINEUP ················ 12, 148
siRNA ······················· 30
small ORF ··················· 52
sORF ························· 143
SPEN ························· 111

SPOC（SPEN paralog ortholog
C-terminal）ドメイン ········ 111
SRSF ファミリー ·············· 91
STATa ······················· 144
structured small non-coding RNA
（ssncRNA)···················· 28

T

T2T ゲノム ··················· 8
TAD ······················**96**, 103
TARID ···················· 120
TDMD（target-directed
microRNA degradation)······ 128
Telomere-to-Telomere（T2T)
····························· 14
Telomere-to-Telomere（T2T)
コンソーシアム ··················· **15**
TES ························· **21**
tmRNA ······················· **27**
TNRC6 ······················· 59
Toehold スイッチ ·············· 170
Tombo ······················· 37
TRBP ························· 60
TREX 法 ····················· 86
TRIzol ······················· 44
tRNA 修飾···················· 39
TT（Transient Transcript)-seq 法
···························· 22

U

U8 snoRNA ·················· 28
UPAT ······················· 120
UTR ························· 194

V・W

vsfold5 ······················· **32**
WGCNA······················· 143
Wnt/ β-catenin 経路 ·········· 120

X・Z

XIST ······················· 10
Xist ························· 109
ZNNT1 ····················· 124

執筆者一覧

●編 集

中川真一	北海道大学薬学研究院
廣瀬哲郎	大阪大学大学院生命機能研究科/大阪大学先導的学際研究機構
松本有樹修	名古屋大学大学院理学研究科分子発現制御学グループ

●執 筆（五十音順）

浅野吉政	東京大学大学院理学系研究科生物科学専攻/日本大学薬学部
東 将太	東京大学大学院理学系研究科生物科学専攻
阿部 洋	名古屋大学大学院理学研究科理学専攻化学/名古屋大学物質科学国際センター/科学技術振興機構CREST/東海国立大学機構糖鎖コア研究所
池田（谷口）真理子	藤田医科大学病院臨床遺伝科
井手 聖	東京都医学総合研究所ゲノム医学研究センター
稲見有希	株式会社リンクバイオ
岩崎由香	理化学研究所生命医科学研究センター
牛田千里	弘前大学農学生命科学部分子生命科学科
梅村悠介	東京大学定量生命科学研究所遺伝子発現ダイナミクス研究分野/東京大学大学院総合文化研究科広域科学専攻生命環境科学系
大西 遼	理化学研究所生命医科学研究センター
河合剛太	千葉工業大学先進工学部生命科学科
河﨑泰林	名古屋大学大学院理学研究科理学専攻化学
川田健文	東邦大学理学部生物学科分子発生生物学研究室
清澤秀孔	千葉工業大学先進工学部生命科学科
斉藤典子	がん研究会がん研究所がん生物部
齊藤博英	東京大学定量生命科学研究所/京都大学iPS細胞研究所
嵯峨幸夏	東邦大学理学部生物学科分子発生生物学研究室/札幌医科大学医学部薬理学講座
坂田飛鳥	奈良県立医科大学血栓止血医薬生物学
佐渡 敬	近畿大学農学部生物機能科学科, アグリ技術革新研究所
白石大智	名古屋大学大学院理学研究科分子発現制御学グループ
鈴木絢子	東京大学大学院新領域創成科学研究科メディカル情報生命専攻
鈴木 勉	東京大学大学院工学系研究科化学生命工学専攻
鈴木 穣	東京大学大学院新領域創成科学研究科メディカル情報生命専攻
高羽未来	名古屋大学大学院理学研究科理学専攻化学
髙橋葉月	理化学研究所生命医科学研究センタートランスクリプトーム研究チーム
谷上賢瑞	東京大学アイソトープ総合センター/旭川医科大学内科学講座消化器内科学分野
程 久美子	東京大学大学院理学系研究科生物科学専攻
堂野主税	大阪大学産業科学研究所
中川真一	北海道大学薬学研究院
長坂美和子	高槻病院新生児科
中谷和彦	大阪大学産業科学研究所
中山千尋	九州大学生体防御医学研究所腫瘍防御学分野/九州大学大学院医学系学府医学専攻
西増弘志	東京大学先端科学技術研究センター
二宮賢介	大阪大学大学院生命機能研究科
野口 亮	東京大学大学院工学系研究科化学生命工学専攻
野島孝之	九州大学生体防御医学研究所腫瘍防御学分野
秦 悠己	東京大学定量生命科学研究所/東京大学大学院工学系研究科バイオエンジニアリング専攻
廣瀬哲郎	大阪大学大学院生命機能研究科/大阪大学先導的学際研究機構
深谷雄志	東京大学定量生命科学研究所遺伝子発現ダイナミクス研究分野/東京大学大学院総合文化研究科広域科学専攻生命環境科学系
藤原奈央子	大阪大学大学院生命機能研究科
松本有樹修	名古屋大学大学院理学研究科分子発現制御学グループ
山崎智弘	大阪大学大学院生命機能研究科
吉田豊珍	東京大学大学院理学系研究科生物科学専攻
吉本敬太郎	東京大学大学院総合文化研究科広域科学専攻/株式会社リンクバイオ
芳本 玲	摂南大学農学部応用生物科学科
Maierdan Palihati	がん研究会がん研究所がん生物部
Piero Carninci	理化学研究所生命医科学研究センタートランスクリプトーム研究チーム/ヒューマン・テクノポール

編者プロフィール

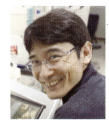
中川真一（なかがわ　しんいち）

1998年京都大学理学研究科生物物理学教室で学位取得．英国ケンブリッジ大学解剖学教室でポスドク後，京都大学生命科学研究科助手，理化学研究所発生再生科学総合研究センター研究員，理化学研究所独立主幹研究員，理化学研究所准主任研究員を経て2016年より北海道大学薬学研究院教授．配列から機能が予測できないノンコーディングRNAや天然変性タンパク質のマウス変異体を作り表現型を日々探しています．趣味は顕微鏡観察．

廣瀬哲郎（ひろせ　てつろう）

1995年名古屋大学にて理学博士．その後，名古屋大学助手，米国イェール大学ポスドク，東京医科歯科大学特任准教授，JSTさきがけ研究員，産業技術総合研究所グループ長，北海道大学教授を経て，2020年より現職．この間，植物から動物までの様々な生物種でRNAが織りなす多彩な現象に触れてきた．現在はノンコーディングRNAが相分離を介して細胞内現象を統御する機構と意義についての手垢のついていない涼しげな研究を目指している．

松本有樹修（まつもと　あきのぶ）

2017～'23年，九州大学生体防御医学研究所分子医科学分野准教授．'23年～現在，名古屋大学大学院理学研究科分子発現制御学グループ教授．オミクス解析とマウスモデルを用いて翻訳の基本原理や疾患メカニズムの解明をめざす．

実験医学　Vol.42　No.15（増刊）

"情報" から "マテリアル" へ
ノンコーディングRNA研究
機能分子としてのRNAを見つけ、知り、創薬に使う新時代
編集／中川真一，廣瀬哲郎，松本有樹修

実験医学 増刊

Vol. 42　No. 15　2024〔通巻743号〕
2024年9月15日発行　第42巻　第15号
ISBN978-4-7581-0421-0
定価6,160円（本体5,600円＋税10％）［送料実費別途］
年間購読料
　定価30,360円（本体27,600円＋税10％）
　　［通常号12冊，送料弊社負担］
　定価79,640円（本体72,400円＋税10％）
　　［通常号12冊，増刊8冊，送料弊社負担］
　※海外からのご購読は送料実費となります
　※価格は改定される場合があります

© YODOSHA CO., LTD. 2024
Printed in Japan

発行人　　一戸敦子
発行所　　株式会社 羊 土 社
　　　　　〒101-0052
　　　　　東京都千代田区神田小川町2-5-1
　　　　　TEL　　03 (5282) 1211
　　　　　FAX　　03 (5282) 1212
　　　　　E-mail　eigyo@yodosha.co.jp
　　　　　URL　　www.yodosha.co.jp/
印刷所　　三美印刷株式会社
広告取扱　株式会社　エー・イー企画
　　　　　TEL　　03 (3230) 2744代
　　　　　URL　　http://www.aeplan.co.jp/

本誌に掲載する著作物の複製権・上映権・譲渡権・公衆送信権（送信可能化権を含む）は（株）羊土社が保有します．
本誌を無断で複製する行為（コピー，スキャン，デジタルデータ化など）は，著作権法上での限られた例外（「私的使用のための複製」など）を除き
禁じられています．研究活動，診療を含み業務上使用する目的で上記の行為を行うことは大学，病院，企業などにおける内部的な利用であっても，
私的使用には該当せず，違法です．また私的使用のためであっても，代行業者等の第三者に依頼して上記の行為を行うことは違法となります．

JCOPY ＜（社）出版者著作権管理機構 委託出版物＞
本誌の無断複写は著作権法上での例外を除き禁じられています．複写される場合は，そのつど事前に，（社）出版者著作権管理機構（TEL 03-5244-
5088，FAX 03-5244-5089，e-mail：info@jcopy.or.jp）の許諾を得てください．

乱丁，落丁，印刷の不具合はお取り替えいたします．小社までご連絡ください．